机器学习图解

[加] 路易斯·G. 塞拉诺(Luis G. Serrano) 著

郭 涛 译

清华大学出版社

北 京

北京市版权局著作权合同登记号　图字：01-2023-0461

Luis G. Serrano
Grokking Machine Learning
EISBN: 978-161729-591-1

Original English language edition published by Manning Publications, USA © 2021 by Manning Publications. Simplified Chinese-language edition copyright © 2023 by Tsinghua University Press Limited. All rights reserved.

图书在版编目(CIP)数据

机器学习图解 / (加) 路易斯·G. 塞拉诺(Luis G. Serrano) 著；郭涛译. —北京：清华大学出版社，2023.6（2024.7重印）
书名原文：Grokking Machine Learning
ISBN 978-7-302-63464-5

I. ①机… II. ①路… ②郭… III. ①机器学习—图解 IV. ①TP181-64

中国国家版本馆 CIP 数据核字(2023)第 083816 号

责任编辑：王　军
封面设计：孔祥峰
版式设计：思创景点
责任校对：成凤进
责任印制：杨　艳

出版发行：清华大学出版社
　　　　网　　　址：https://www.tup.com.cn，https://www.wqxuetang.com
　　　　地　　　址：北京清华大学学研大厦 A 座　　　　邮　　编：100084
　　　　社 总 机：010-83470000　　　　　　　　　　邮　　购：010-62786544
　　　　投稿与读者服务：010-62776969，c-service@tup.tsinghua.edu.cn
　　　　质 量 反 馈：010-62772015，zhiliang@tup.tsinghua.edu.cn
印 装 者：三河市春园印刷有限公司
经　　销：全国新华书店
开　　本：170mm×240mm　　　　印　　张：23.75　　　　字　　数：539 千字
版　　次：2023 年 7 月第 1 版　　　印　　次：2024 年 7 月第 2 次印刷
定　　价：128.00 元

产品编号：095566-01

译 者 序

近年来，"人工智能""机器学习"和"深度学习"蓬勃发展，各种新的技术和算法层出不穷，且大规模走向应用，在计算机视觉、自然语言处理和数据挖掘与模式识别等方面尤其如此。当前，国家制定并推出了新一代人工智能发展规划，从战略态势、总体要求、战略目标、重点任务和保障措施等方面进行系统布局，将构建新一代人工智能基础理论体系、建立新一代人工智能关键共性技术体系和加快培养人工智能高端人才作为重中之重，鼓励开展跨学科探索性研究。

目前，该领域中将理论与实践相结合、通俗易懂的著作较少。机器学习是人工智能的一部分，很多初学者往往把机器学习和深度学习作为人工智能入门的突破口，非科班出身的人士更是如此。当前，国内纵向复合型人才和横向复合型人才奇缺；具有计算机背景的人才主要还是以传统人工智能研究为主，跨学科人才较少。非科班人员在将机器学习应用于自己的研究时，往往对理论理解不透彻，且编程能力不足。针对这一现象，译者长期与出版社合作，翻译了一些经典实用、符合实际需求的著作，借此帮助人工智能、机器学习等相关领域的人士(包括非专业人士)使用机器学习解决自己所在领域的问题。

《机器学习图解》就是这样的著作！本书作者拥有密歇根大学数学博士学位，曾担任 Google 和 Apple 工程师，是机器学习布道者。本书是他这些年的成果结晶。本书将理论与实践结合，以图的形式讲解机器学习经典算法。全书共 13 章。第 1 章、第 2 章、第 4 章主要对机器学习基本概念、机器学习类型、优化训练过程进行介绍。这对初学者形成机器学习思维习惯非常有益。第 3 章和第 5～12 章对 9 类经典的机器学习算法进行了系统介绍，包含问题提出、原理解释、代码实现等方面。第 13 章列举了真实示例。本书提供了丰富的代码和视频资源。建议读者一边阅读本书，一边动手实践，调试源码，并根据自己的实际需要研究问题，阅读文献并改进源码，解决自己的问题。本书可作为本科高年级和研究生教材，面向对编码感兴趣但不擅长数学的读者(非专业人士)。同时可作为计算机科学学者、企业工程师的参考书。

在翻译本书的过程中，我得到了很多人的帮助。电子科技大学外国语学院研究生吴丽华对整本书进行了校对和审核工作，对外经济贸易大学英语学院研究生许瀚和吉林财经大学外国语学院研究生张煜琪进行了复审，感谢他们在这个过程中所做的工作，以期译著能达到"信、达、雅"的境界。最后，感谢清华大学出版社的编辑，他们进行了大量的编辑与校对工作，保证了本书的质量符合出版要求。

由于本书涉及的内容较为广泛、深刻，加上译者翻译水平有限，在翻译过程中难免有不足之处，若各位读者在阅读过程中发现问题，欢迎批评指正。

推 荐 序

你是否认为机器学习十分复杂且难以掌握？阅读本书，你会发现事实并非如此！

Luis G. Serrano 非常擅长用通俗易懂的语言解释事物。我第一次见到他时，他正在优达学城(Udacity)讲授机器学习。他让我们的学生觉得机器学习就像数字的加减法一样简单。最重要的是，他让学习材料也变得生动有趣。他为优达学城制作的视频引人入胜，一直是该平台上最受欢迎的内容之一。

本书甚至更胜一筹！Serrano 揭开了机器学习的奥秘，所以即使是最害怕机器学习的人也会喜欢本书提供的材料。本书将带你逐步了解该领域的每个关键算法和技术。即使你不喜欢数学，也可以成为机器学习的爱好者。Serrano 最大限度地减少了复杂的数学问题(许多核心学者都热衷于此)，取而代之的是依靠直觉和务实的解释进行教学。

本书的真正目标是使你能自己掌握这些方法。所以本书包含许多有趣的练习，在这些练习中，可以自己尝试运用那些神秘的(现在已经揭开神秘面纱的)技巧。你是更愿意观看 Netflix 的最新电视节目，还是花时间将机器学习应用于计算机视觉和自然语言理解方面呢？如果是后者，那么这本书就很适合你。你无法想象，掌握最新的机器学习技术，并亲眼看到计算机在你手下施展魔法，会是一件多么有趣的事。

并且，由于机器学习是近年来出现的最热门技术，因此可以立即在工作中运用新发现的技术。几年前，《纽约时报》宣称世界上只有 10 000 名机器学习专家，有数百万个职位空缺。今天依然如此！通读本书，成为一名专业的机器学习工程师。保证你拥有当今世界上最抢手的一种技能。

在本书中，Luis G. Serrano 所做的工作令人钦佩，他解释了复杂的算法，并使其适用于几乎所有人。但他并没有放弃深度教学。相反，他致力于通过一系列启发性项目和练习来增强读者的能力。从这个意义上讲，这不是被动阅读。想要从本书中充分受益，你必须要不断练习。优达学城流传着这样一句话：看别人健身，自己可减不了肥。要理解机器学习，你必须学会将其应用于解决现实世界的问题。如果你准备好了，那么这就是为你而写的书——不管你是谁！

Sebastian Thrun 博士

优达学城创始人，

斯坦福大学兼职教授

作者简介

Luis G. Serrano 是 Zapata Computing 公司的量子人工智能研究科学家。Luis 曾在谷歌担任机器学习工程师，在苹果担任首席人工智能教育家，并在优达学城担任人工智能和数据科学内容负责人。Luis 拥有密歇根大学数学博士学位、滑铁卢大学数学学士和硕士学位，并在蒙特利尔魁北克大学 Combinatoire et d'Informatique Mathématique 实验室担任博士后研究员。Luis 拥有一个关于机器学习的热门 YouTube 频道，订阅者超过 85 000 名，视频总观看数量超过 400 万次。此外，Luis 也经常在人工智能和数据科学会议上发表演讲。

序　言

　　未来触手可及，未来的名字就叫作机器学习。机器学习几乎应用于每个行业中，从医药到银行，从自动驾驶汽车到订购咖啡，各行各业的人们对机器学习的兴趣与日俱增。但什么是机器学习呢？

　　大多数时候，当我阅读机器学习书籍或参加机器学习讲座时，我看到的不是一串串的复杂公式，就是一行行的代码。很长一段时间里，我认为这就是机器学习，而机器学习只有那些具有扎实的数学功底和计算机科学知识的人才能学会。

　　但是，我开始将机器学习与其他学科(例如音乐)进行比较。音乐理论和实践是复杂的学科。但当想到音乐时，我们不会想到乐谱和音阶；我们想到的是歌曲和旋律。所以我想，机器学习也是这样吗？机器学习真的只是一堆公式和代码，还是背后另有旋律呢(参见图1)？

音乐　　　　　　　　　　　　　机器学习

图1　音乐不仅仅是音阶和音符，所有技术细节背后都有旋律。同样，机器学习不仅仅是公式和代码，
　　　也包含旋律。在本书中，我们将谱出机器学习的旋律

　　考虑到这一点，我开启了了解机器学习旋律的旅程。我在公式和代码上花费了几个月的时间。我画了很多图，在餐巾纸上涂鸦并展示给我的家人、朋友和同事看。我在大小型数据集上训练模型，进行实验。过了一段时间，我开始听到机器学习的旋律。突然间，一些非常漂亮的画面开始在我的脑海中形成。我开始编写与机器学习概念相关的故事。我在本书中所分享的旋律、图片和故事——正是我学习任何知识时都会采用的学习方式。我的目标是让每个人都能完全理解机器学习，而本书是这一旅程中的一步——我很高兴你能和我一起迈出这一步！

前　言

　　本书教你两件事：机器学习模型及其使用方法。机器学习模型有不同的类型。有些返回确定性的答案，例如是或否，而另一些返回概率性的答案。有些以问题的形式呈现；其他则使用假设性表达。这些类型的一个共同点是它们都返回一个答案或一个预测。比如，返回预测的模型的机器学习分支被命名为预测机器学习(predictive machine learning)。这就是我们在本书中关注的机器学习类型。

本书的组织方式：路线图

章节类型

　　本书的章节分为两种类型。大多数章节(第 3、5、6、8、9、10、11 和 12 章)都包含某一类型的机器学习模型。每章的模型都有相应的例子、公式、代码和习题供你进行仔细学习。其他章节(第 4、7 和 13 章)包含用于训练、评估和改进机器学习模型的实用技术。值得注意的是，第 13 章包含一个真实数据集的端到端示例，你将能够在第 13 章中应用前几章中学到的知识。

推荐的学习路径

　　可以通过两种方式使用本书。我推荐逐章线性浏览，这样你会发现，交替进行模型学习和训练模型技术学习是有益的。但是，还有另一种学习路径，即先学习所有模型(第 3、5、6、8、9、10、11 和 12 章)，然后学习训练模型的技术(第 4、7 和 13 章)。当然，每个人的学习方式有所不同，也可以创建自己的学习路径！

附录

本书共有 3 个附录，读者可扫封底二维码下载。附录 A 包含每章练习的解答。附录 B 包含一些正式的数学推导，这些数学推导非常有用，但比本书的其余部分更具技术性。如果你想进一步深化理解，附录 C 包含我推荐的参考资料和资源列表。

学习要求和学习目标

本书提供了一个可靠的预测性机器学习框架。为从本书中获得最大收益，你应该具有视觉思维，还应该掌握基础数学知识，如直线、公式和基本概率图。如果你知道如何编程，尤其是 Python 编程，将会很有帮助(尽管不是硬性要求)，因为你有机会在整本书的真实数据集中实现和应用多个模型。阅读本书后，你将能做到以下几点：

- 描述预测性机器学习中最重要的模型及其工作原理，包括线性回归、逻辑回归、朴素贝叶斯、决策树、神经网络、支持向量机和集成方法。
- 确定这些模型的优缺点以及使用的参数。
- 确定这些模型在现实世界中的使用方式，并发现潜在方法，将机器学习应用于你想要解决的任何特定问题上。
- 了解如何优化、比较并改进这些模型，以构建最佳机器学习模型。
- 手动编程或使用现有安装包进行编程，并用它们对真实数据集进行预测。

如果你有一个特定的数据集或想要解决某一特定问题，我建议你思考如何将你在本书中学到的知识应用到这一数据集上，或用所学的知识解决问题，并以此为起点实现和实验自己的模型。

很高兴能和你一起开始这段旅程，我希望你也一样兴奋！

其他资源

本书内容完整，足以自给自足。这意味着除了前面描述的要求之外，本书还介绍了我们需要的每个概念。本书提供了许多参考资料，如果你想更深入地了解这些概念，或者探索更多主题，建议你查看这些参考资料。参考资料都在附录 C 中。

可扫封底二维码，下载其中的 Resource 文件；该文件中列出了作者提供的一些资源的链接以及 YouTube 频道。还可下载第 9 章的几幅彩图。

我们将使用 Python 编写代码

在本书中，我们将使用 Python 编写代码。但是，如果你的计划是在没有代码的情况下学习概念，也仍然可以忽略代码而继续学习本书。尽管如此，我还是建议你至少看一下代码，以便熟悉本书。

本书附带了一个代码库，大多数章节都会让你有机会从头开始编写算法代码，或者使用一些非常流行的 Python 包构建适合给定数据集的模型。请参见可下载的 Resource 文件中的说明。

本书主要使用的 Python 包如下。

- NumPy：用于存储数组和执行复杂的数学计算
- Pandas：用于存储、操作和分析大型数据集
- Matplotlib：用于绘制数据
- Turi Create：用于存储和操作数据以及训练机器学习模型
- Scikit-Learn：用于训练机器学习模型
- Keras (TensorFlow)：用于训练神经网络

关于代码

代码清单中的代码都被格式化为固定宽度的字体，以将其与普通文本分开。有时，代码也会以粗体显示，以突出显示与本章先前步骤不同的代码，例如将新功能添加到现有代码行时。

许多情况下，初始源代码已被重新格式化；我们添加了换行符，并重新进行缩进，以适应书中可用的页面空间。

可扫封底二维码下载本书的示例代码。

目　录

以下内容可扫封底二维码下载

什么是机器学习？这是一种常识，唯一特别之处在于由计算机完成

第 1 章

本章主要内容：

- 什么是机器学习
- 机器学习难吗(剧透：不难)
- 我们在本书中学习什么
- 什么是人工智能，它与机器学习有何不同
- 人类如何思考，我们如何将这些想法注入机器
- 现实生活中的一些基本机器学习示例

我非常高兴能加入你的学习之旅!

欢迎阅读本书!我非常高兴能与你一起踏上了解机器学习的旅程。在高层次上,机器学习是计算机解决问题的过程,这个过程与人类做决定的方式差不多。

我想通过本书告诉你:机器学习很容易!你不需要有大量的数学和编程背景。但你确实需要掌握一些基本的数学知识,但主要的还是常识、良好的视觉思维以及学习兴趣。同时,你需要有强烈的学习欲望,想要将这些方法应用于热衷的事物,并让世界变得更好。我在写这本书时非常兴奋,因为我喜欢深化自己对这个主题的理解。我希望你能读完本书,并深入研究机器学习!

机器学习无处不在

机器学习无处不在。这句话似乎每天都在应验。我很难想象生活中有哪个方面无法通过机器学习来改善。对于任何重复性工作,或查看数据、收集结论的工作,机器学习都可提供帮助。过去几年,由于计算能力的进步和数据收集的普及,机器学习取得了巨大进展。仅举几例机器学习的应用:推荐系统、图像识别、文本处理、自动驾驶汽车、垃圾邮件识别、医疗诊断等。也许你心中也有一个目标或一个想要深耕的领域(或者你已经在实现了)。机器学习很可能会应用于该领域——也许这就是你阅读本书的原因。一起来了解一下吧!

1.1　我是否需要掌握大量的数学和编程背景知识才能理解机器学习

不。机器学习需要想象力、创造力和视觉思维。机器学习主要是挑选世界上出现的模式,并使用这些模式对未来进行预测。如果你喜欢寻找模式和发现相关性,那么你可以进行机器学习。如果我告诉你,我戒烟了,正在多吃蔬菜、锻炼身体,你预测一年后我的健康状况会发生什么变化?也许会有所改善。如果我告诉你,我已经不穿红毛衣,而穿上绿毛衣,你预测一年后我的健康状况会发生什么变化?也许不会有太大变化(也许会有变化,但你的预测不是基于我给的信息而产生的)。发现模式和相关性正是机器学习的意义所在。唯一的区别是,在机器学习中,我们将公式和数字附加到这些模式中,以便计算机识别。

你需要掌握一些数学和编程知识来进行机器学习编程,但并不要求你十分精通。如果你精通其中一种或两种,你肯定会发现这大有裨益。但如果你并不精通,你仍可学习机器学习,同时学习数学和编程知识。在本书中,我们及时介绍了所需的全部数学概念。在编程方面,你在机器学习中编写多少代码取决于自己。整天写代码的人以及根本不写代码的人都能从事机器学习这份工作。许多软件包、应用程序界面和工具帮助我们以最少的代码编程进行机器学习。世界上每天都有越来越多的人接触机器学习，我很高兴你跟上了潮流！

当公式和代码被视为一种语言时，就会变得很有趣

在大多数机器学习书籍中，算法以公式、导数等数学形式呈现。尽管在实践中对方法进行精确描述的效果良好，但公式本身可能比其说明的问题更令人困惑。然而，就像乐谱一样，复杂公式背后可能隐藏着一段优美的旋律。例如，让我们看看这个公式：$\sum_{i=1}^{4} i$。这个公式乍一看很难懂，但其实它代表的是一个非常简单的总和，即 1+2+3+4。那么，$\sum_{i=1}^{n} w_i$ 呢？这代表 n 个数字的总和。但当想到多个数字的总和时，我宁愿想象 3+2+4+27，而不是 $\sum_{i=1}^{n} w_i$。

当我看到一个公式时，我马上要想象公式的一个例子，然后画面在我的脑海中就会变得更清晰。当看到 $P(A \mid B)$ 时，我会想到什么？这是一个条件概率，所以我想到了一句话，大意是"假设事件 B 已经发生，求事件 A 发生的概率。"例如，如果 A 代表今天会下雨，B 代表生活在热带雨林中，那么公式 $P(A \mid B)=0.8$ 意味着"假设我们生活在热带雨林，那么今天下雨的概率是 80%。"

如果你很喜欢公式，别担心——这本书还有很多公式。但它们在解释性示例之后才会出现。

代码也同样如此。如果我们从远处看代码，它可能看起来很复杂，我们可能很难想象有人能将所有这些代码全部装进脑海中。然而，代码只是一系列步骤，通常这些步骤都很简单。在本书中，我们将编写代码。但我们会将编写代码分解为简单步骤，每一步都辅以例子或插图进行详细说明。在前几章中，我们将从头开始对模型进行编程，以了解其运行方式。然而，在后续章节中，模型会变得更复杂。对此，我们将使用 Scikit-Learn、Turi Create 或 Keras 等软件包，它们的功能清晰强大，实现了大多数机器学习算法。

1.2　机器学习究竟是什么

要定义机器学习，首先让我们定义一个更常用的术语：人工智能。

什么是人工智能

人工智能(Artificial Intelligence，AI)是一个常用术语，其定义如下：

人工智能　计算机可以做出决策的所有任务的集合。

许多情况下，计算机通过模仿人类做出决策的方式来做决策。其他情况下，计算机可能模仿进化过程、遗传过程或物理过程。但总的来说，当看到计算机自行解决问题，无论是驾驶汽车、寻找两点之间的路线、诊断患者还是推荐电影，我们都在关注人工智能。

什么是机器学习

机器学习与人工智能类似，所以两者的定义经常混淆。

机器学习(Machine Learning，ML)是人工智能的一部分，我们将其定义如下：

机器学习　计算机可以根据数据做出决策的所有任务的集合。

这是什么意思？请允许我用图1.1来说明。

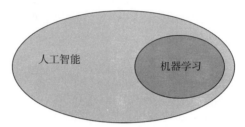

图 1.1　机器学习是人工智能的一部分

下面回顾一下人类做出决策的方式。一般而言，我们通过以下两种方式做出决策：

- 使用逻辑和推理
- 使用我们的经验

例如，假设我们正在决定买什么车。我们可以仔细查看汽车的特性，例如价格、油耗和导航，并尝试找出适合预算的最佳组合。这就是使用逻辑和推理。相反，如果我们询问朋友他们买了什么车，他们对于选车的喜好，就形成了一个信息列表，并使用该列表来做出决策，这就是使用经验(在本例中，使用的是朋友的经验)。

机器学习代表了第二种方法：使用经验做出决策。在计算机术语中，经验(experience)一词是指数据(data)。因此，在机器学习中，计算机根据数据做出决策。所以，当使用计算机解决问题，或仅使用数据做出决定时，都在进行机器学习。通俗地说，我们可以用以下方式描述机器学习：

机器学习是一种常识，唯一特别之处在于机器学习由计算机完成。

从使用任何必要的方法解决问题到仅使用数据解决问题，对计算机来说可能是一小步，对人类来说却是一大步(见图1.2)。曾几何时，如果我们想让计算机执行一项任务，就必须编写一个程序，即计算机执行的一整套指令。这个过程适合简单的任务，但有些任务对于这个框架来说过于复杂。例如，识别图像是否包含苹果的任务。如果我们开始编写计算机程序来完成这项任务，很快就会发现这是一件很难的事情。

让我们退后一步，思考以下问题。作为人类，我们如何知道什么是苹果？我们学习大多数字词的方式并不是有人向我们解释它们的含义；而是通过重复来学习。我们在童年时期看到了很多物体，大人会告诉我们这些物体是什么。为了知道什么是苹果，多年来我们在听到苹果这个词的同时看到了许多苹果，直到有一天吃它时发出咔哒一声，我们才知道什么是苹果。在机器学习中，这就是我们让计算机做的事情。我们向计算机展示许多图像，然后告诉它哪些图像包含苹果(构成我们的数据)。我们重复这个过程，直到计算机捕捉到构成苹果的正确模式和属性。在这个过程的最后，当向计算机提供一个新图像时，它可以使用这些模式来确定图像中是否包含苹果。当然，我们仍然需要对计算机进行编程，使其捕捉到这些模式。为此，我们研究出了几种技巧，我们将在本书中学习这些技巧。

图 1.2　机器学习包含计算机基于数据做出决策的所有任务。就像人类根据以前的经验做出决策一样，计算机也可根据以前的数据做出决策

现在我们可以回答什么是深度学习

正如机器学习是人工智能的一部分，深度学习也是机器学习的一部分。在上一节中，我们了解到可以使用多种技术让计算机根据数据进行学习。其中一种技术的表现非常出色，因此形成了自己的研究领域，称为深度学习(Deep Learning, DL)，如图 1.3 所示。

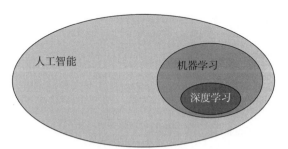

图 1.3　深度学习是机器学习的一部分

深度学习　使用名为"神经网络"的对象的机器学习领域。

什么是神经网络？我们将在第 10 章中做出解释。深度学习非常有效，可以说是最常用的机器学习类型。如果我们正在研究一些前沿应用，例如图像识别、文本生成、下围棋或自动驾驶汽车，我们很可能正在以某种方式研究深度学习。

　　换句话说，深度学习是机器学习的一部分，而机器学习又是人工智能的一部分。如果本书是关于交通的，那么 AI 就是车辆，ML 就是汽车，DL 就是法拉利。

1.3　如何让机器根据数据做出决策？记忆-制定-预测框架

　　在上一节中，我们指出机器学习由一组技术组成，并使用这些技术让计算机根据数据做出决策。在本节中，我们将了解基于数据做出决策的含义，以及其中一些技术的工作原理。为此，让我们再次分析人类根据经验做出决策的过程。这就是所谓的记忆-制定-预测框架，如图 1.4 所示。机器学习的目标是教计算机如何按照相同的框架以相同的方式进行思考。

图 1.4　记忆-制定-预测框架是我们在本书中使用的主要框架。它由 3 个步骤组成：(1)记住以前的数据；(2)制定一般规则；(3)使用该规则来预测未来

人类是如何进行思考的

　　人类需要根据经验做出决策时，通常使用以下框架：

(1) 记住过去相似的情况。

(2) 制定一个通用规则。

(3) 使用这个规则来预测未来可能发生的事情。

　　例如，如果问题是"今天会下雨吗？"，则猜测过程如下：

(1) 记得上周大部分时间都在下雨。

(2) 认为这个地方大部分时间都在下雨。

(3) 预测今天会下雨。

　　我们可能是对的，也可能是错的，但至少我们正在努力根据掌握的信息做出最准确的预测。

一些机器学习术语——模型和算法

在深入研究更多示例来说明机器学习中使用的技术之前，我们先定义一些在本书中使用的有用术语。我们知道，在机器学习中，我们让计算机学习如何使用数据解决问题。计算机解决问题的方法是使用数据来构建模型。那么，什么是模型？我们将模型定义如下：

模型　一组代表数据的规则，可用于进行预测。

可将模型视为对现实的表示，这些表示使用一组尽可能接近现有数据的规则。在上一节的下雨例子中，模型是对现实的表示，这是一个大部分时间下雨的世界。这是一个简单的世界，有一个规则：大部分时间都在下雨。这种表述可能准确也可能不准确，但根据我们的数据，它是我们可以表述的最准确的现实表示。稍后使用此规则对不可见的数据进行预测。

算法(algorithm)是用来构建模型的过程。在本例中，处理方式很简单：我们查看了下雨的天数，并意识到这占大多数。当然，机器学习算法可能比这复杂得多，但它们总是由一组步骤组成。我们将算法定义如下：

算法　用于解决问题或执行计算的过程或一组步骤。在本书中，算法的目标是构建一个模型。

简言之，模型用于预测，而算法用于构建模型。这两个定义很容易混淆并且经常互换，但为了让两者的定义变得清晰，让我们看几个例子。

一些人类使用的模型例子

在本节中，我们关注机器学习的一个常见应用：垃圾邮件检测。在以下例子中，我们将检测垃圾邮件和非垃圾邮件。非垃圾邮件也称为 ham。

垃圾邮件和非垃圾邮件　Spam 是一个常用术语，指的是无用的邮件或不想收到的邮件，如连锁信、促销广告等。Spam 这个术语出自 1972 年的一部英伦喜剧《蒙特·派森与圣杯》，其中餐厅菜单中的每一项都有火腿肉。对软件开发人员而言，术语 ham 用于指代非垃圾邮件。

示例 1：一个烦人的电子邮件朋友

在本例中，我们的朋友 Bob 喜欢给我们发电子邮件。他的很多邮件都是连锁信等垃圾邮件。我们开始对他有点恼火。今天是星期六，我们刚收到 Bob 的邮件通知。我们可以在不查看这封邮件的情况下就猜出它是垃圾邮件还是非垃圾邮件吗？

为解决这个问题，我们使用了记忆-制定-预测方法。首先，假设我们记住从 Bob 那里收到的最后 10 封邮件。那是我们的数据。我们记得其中 6 封是垃圾邮件，另外 4 封是非垃圾邮件。根据这些信息，我们可以制定以下模型：

模型 1：Bob 发送的每 10 封电子邮件中就有 6 封是垃圾邮件。

这个规则将成为我们的模型。注意，此规则不需要为真，它可能是错误的。但鉴于我们的数据，这是我们能想到的最好的规则，因此可以接受。在本书的后续章节中，我们将学习如何评估模型，并在需要时改进它们。

现在我们有了自己的规则，可用它来预测邮件是不是垃圾邮件。如果 Bob 的 10 封邮件中有 6 封是垃圾邮件，那么我们可以假设这封新电子邮件有 60%的可能性是垃圾邮件，40%的可能性是非垃圾邮件。从这个规则看，认为电子邮件是垃圾邮件要安全一些。因此，我们预测该电子邮件是垃圾邮件(见图 1.5)。

图 1.5   一个非常简单的机器学习模型

同样，我们的预测可能是错误的。我们可能会打开电子邮件并意识到它是非垃圾邮件。但我们已经尽我们所知做出了预测。这就是机器学习的意义所在。

你可能会想，我们能做得更好吗？我们似乎以同样的方式判断 Bob 的每封电子邮件，但可能有更多信息可以帮助我们区分垃圾邮件和非垃圾邮件。让我们尝试对电子邮件进行更多分析。例如，看看能否根据 Bob 发送电子邮件的时间，来找到一个模式。

示例 2：节令性烦人的电子邮件

让我们更仔细地查看 Bob 在上个月发送给我们的电子邮件。更具体地说，我们将查看他是哪一天发出的。以下是关于垃圾邮件或非垃圾邮件的日期和信息。

- 星期一：非垃圾邮件
- 星期二：非垃圾邮件
- 星期六：垃圾邮件
- 星期日：垃圾邮件
- 星期日：垃圾邮件
- 星期三：非垃圾邮件
- 星期五：非垃圾邮件

- 星期六：垃圾邮件
- 星期二：非垃圾邮件
- 星期四：非垃圾邮件

现在情况不同了。你能看到一个模式吗？似乎 Bob 在工作日发送的邮件都是非垃圾邮件，而在周末发送的都是垃圾邮件。这是有道理的——也许他在工作日向我们发送工作邮件，而在周末，他有时间发送垃圾邮件并决定大肆发送。因此，我们可以制定一个更有根据的规则或模型，如下所示：

模型 2：Bob 在工作日发送的都是非垃圾邮件，而在周末发送的都是垃圾邮件。

现在让我们看看今天是什么日子。如果我们在星期日收到 Bob 的电子邮件，那么可以非常自信地预测他发送的电子邮件是垃圾邮件(见图 1.6)。我们做出这个预测后，就不用查看该邮件，可以直接将其移动到垃圾箱，继续我们的生活。

图 1.6　稍微复杂的机器学习模型

示例 3：事情变得复杂了！

现在，假设我们继续这个规则，有一天我们在街上看到 Bob，他问："你为什么不来参加我的生日聚会？"但我们不知道他在说什么。结果是上周日他给我们发了一张他生日聚会的邀请函，我们错过了！为什么会错过？因为他是在周末发送的，我们认为它是垃圾邮件。看来我们需要一个更好的模型。让我们回头看看 Bob 的电子邮件——这是我们的记忆步骤。让我们看看能否找到一个模式。

- 1 KB：非垃圾邮件
- 2 KB：非垃圾邮件
- 16 KB：垃圾邮件
- 20 KB：垃圾邮件
- 18 KB：垃圾邮件
- 3 KB：非垃圾邮件

- 5 KB：非垃圾邮件
- 25 KB：垃圾邮件
- 1 KB：非垃圾邮件
- 3 KB：非垃圾邮件

我们看到了什么？似乎大邮件往往是垃圾邮件，而小邮件往往是非垃圾邮件。这是有道理的，因为垃圾邮件通常带有大附件。

因此，我们可以制定以下规则。

模型 3：任何大于或等于 10 KB 的电子邮件都是垃圾邮件，任何小于 10 KB 的电子邮件都是非垃圾邮件。

现在我们已经制定了规则，可以进行预测。我们查看今天从 Bob 处收到的电子邮件，大小为 19 KB。因此，我们得出结论，它是垃圾邮件(见图1.7)。

图 1.7　另一个稍微复杂的机器学习模型

这是故事的结局吗？还差得远。

但在我们继续之前，注意，为进行预测，我们使用了一周中的具体日期和电子邮件的大小。这些是特征(feature)的例子。特征是本书中最重要的概念之一。

特征　模型可用于预测的数据的任何属性或特征。

可以想象，还有更多特征可以预测邮件是垃圾邮件或非垃圾邮件。你能想到更多吗？接下来，我们将看到更多特征。

示例 4：更多？

以上两个分类都很合理，因为它们排除了大邮件和周末发送的电子邮件。它们中的每一个都恰好符合这两个特征之一。但是，如果我们想要一个同时满足这两个特性的规则呢？以下规则可能有效。

模型 4：如果电子邮件大于 10 KB 或在周末发送，则将其归类为垃圾邮件。否则，被归类为非垃圾邮件。

模型 5：如果电子邮件是在工作日发送的，则它必须大于 15 KB 才能被归类为垃圾邮件。如果它是在周末发送的，那么它必须大于 5 KB 才能被归类为垃圾邮件。否则，将被归类为非垃圾邮件。

或者我们可以将事情想得更加复杂。

模型 6：考虑每一天的数字编号，其中星期一为 0，星期二为 1，星期三为 2，星期四为 3，星期五为 4，星期六为 5，星期日为 6。如果数字编号和电子邮件的大小(以 KB 为单位)相加，结果大于或等于 12，则该电子邮件被归类为垃圾邮件(见图 1.8)。否则，它被归类为非垃圾邮件。

以上所有模型都是有效的。我们可以通过添加复杂的层次或查看更多特征来不断创建更多模型。现在的问题是，哪种模型最好？这就是我们开始需要计算机帮助的地方。

图 1.8　更复杂的机器学习模型

机器使用的一些模型示例

我们的目标是让计算机按照我们的方式进行思考，即使用记忆-制定-预测框架。简言之，下面列出计算机在每个步骤中的作用。

记忆：查看一个大型数据表。

制定：通过检查许多规则和公式来创建模型，并检查哪个模型最拟合数据。

预测：使用模型对未来数据进行预测。

这个过程与我们在上一节中所做的没有太大区别。这里最大的进步是，计算机可通过许多公式和规则快速建立模型，直至找到一个与现有数据非常吻合的规则。例如，我们可以构建一个垃圾邮件分类器，其特征包含发件人、日期和时间、单词数量、拼写错误数量以及某些单词的出现(例如"购买"或"获胜")等特征。模型很容易出现下面列出的逻辑语句。

模型 7:

- 如果电子邮件有两个或更多拼写错误，则将其归类为垃圾邮件。
- 如果附件大于 10 KB，则将其归类为垃圾邮件。
- 如果发件人不在我们的联系人列表中，则将其归类为垃圾邮件。
- 如果它有"购买"和"获胜"的字样，则被归类为垃圾邮件。
- 否则，它被归类为非垃圾邮件。

它也可能类似于下面的公式。

模型 8: 如果(大小) + 10(拼写错误的次数) − ("妈妈"这个词的出现次数) + 4("购买"这个词的出现次数)> 10，那么我们将邮件归类为垃圾邮件(见图 1.9)。否则，我们将其归类为非垃圾邮件。

图 1.9　由计算机发现的一个更复杂的机器学习模型

现在的问题是，哪个是最好的规则？我们的第一反应可能是最拟合数据的答案，然而真正的答案是最能概括新数据的答案。我们可能会得到一个复杂的规则，但计算机可以将其公式化，并使用它快速做出预测。我们的下一个问题是，如何构建最佳模型？这正是本书的内容。

1.4　本章小结

- 机器学习很简单！无论背景如何，任何人都可以学习和使用。你所需要的只是学习的意愿和实施的想法！
- 机器学习非常有用，可用于大多数学科。从科学到技术，再到社会问题和医学，机器学习正在产生影响，并将继续产生影响。
- 机器学习是一种常识，唯一特别之处在于它由计算机完成。机器学习模仿人类快速准确地做出决策的思维方式。

- 就像人类根据经验做出决策一样，计算机也可以根据先前的数据做出决策。
  这就是机器学习的全部意义所在。

机器学习使用如下的记忆-制定-预测框架。

- **记忆**：查看前面的数据。
- **制定**：基于此数据构建模型或规则。
- **预测**：使用模型对未来数据进行预测。

机器学习类型 | 第2章

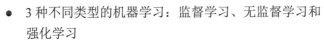

本章主要内容：

- 3 种不同类型的机器学习：监督学习、无监督学习和强化学习
- 标签数据和无标签数据的区别
- 回归和分类之间的区别，以及两者的使用方式

　　如第 1 章所述，机器学习是由计算机完成的一种常识。机器学习基于以前的数据做出决策，粗略模仿人类根据经验做出决策的过程。毫无疑问，对计算机进行编程来模仿人类思维过程具有挑战性，因为计算机的设计目的是存储和处理数字，而不是做出决策。这是机器学习旨在解决的任务。机器学习有几个分支，具体取决于要做出决策的类型。在本章中，我们将概述其中最重要的一些分支。

　　机器学习在很多领域都有应用，例如：

- 根据房屋面积、房间数量和房屋位置预测房价
- 根据昨天的股票市场价格和其他市场因素预测今天的股票市场价格
- 根据电子邮件中的单词和发件人检测邮件是垃圾邮件还是非垃圾邮件
- 根据图像中的像素将图像识别为人脸或动物
- 处理长文本文档并输出摘要
- 向用户推荐视频或电影(例如，在 YouTube 或 Netflix 上)
- 构建与人类互动并回答问题的聊天机器人
- 训练自动驾驶汽车在城市中穿行
- 诊断患者是生病还是健康
- 根据位置、收购权和利益将市场细分为相似组
- 进行象棋或围棋之类的游戏

　　试着想象我们如何在这些领域中使用机器学习。注意，其中一些应用程序是不同的，但可以通过类似的方式解决。例如，可以使用类似的技术来预测房价和股票价格。同样，可以使用类似的技术来预测邮件是否为垃圾邮件，以及信用卡交易是否合法。如何根据相似度对应用程序的用户进行分组？这听起来与预测房价不同，但它可以类似于按主题对报纸文章进行分组。那下象棋呢？这听起来与之前其他所有应用程序不同，但可能与下围棋类似。

　　根据操作方式的不同，机器学习模型分为不同类型。

　　机器学习模型的 3 个主要分支是：

- 监督学习
- 无监督学习
- 强化学习

　　在本章中，我们将简单介绍以上三者。然而，在本书中，我们只关注监督学习，因为它容易上手，也称得上是目前最常用的机器学习模型。可以查找文献中的其他类型并了解它们，因为其他类型也很有趣实用！在附录 C 的资源中，可以找到一些有趣的链接，包括作者创建的几个视频。

2.1 标签数据和无标签数据的区别

什么是数据

我们在第 1 章中讨论了数据,但在深入讨论之前,让我们首先明确定义本书中的数据。数据就是信息。当有一个包含信息的表时,就有了数据。通常,表中的每一行都是一个数据点。例如,假设我们有一个宠物数据集。在本例中,每一行代表一种宠物。表格中的每只宠物都由该宠物的某些特征描述。

什么是特征

在第 1 章中,我们将特征定义为数据的属性或性质。如果数据在表格中,那么特征就是表格的列。在宠物示例中,特征可能是大小、名称、类型或重量。特征甚至可以是宠物图像中像素的颜色。这就是描述数据的内容。不过,有些特征很特别,我们称之为标签。

什么是标签

标签不能直接定义,因为标签取决于我们试图解决的问题的上下文。通常,如果我们试图根据其他特征来预测特定特征,那么该特定特征就是标签。如果我们试图根据宠物的信息来预测宠物的类型(例如,猫或狗),那么标签就是宠物的类型(猫/狗)。如果我们试图根据症状和其他信息来预测宠物是生病还是健康,那么标签就是宠物的状态(生病/健康)。如果我们试图预测宠物的年龄,那么标签就是年龄(一个数字)。

预测

我们一直在自由地使用预测的概念,现在,让我们对预测下一个定义。预测机器学习模型的目标是猜测数据中的标签。模型做出的猜测称为预测。

现在我们知道了什么是标签,我们可以理解有两种主要类型的数据:标签数据和无标签数据。

标签数据和无标签数据

标签数据是带有标签的数据。无标签数据是没有标签的数据。标签数据的一个例子是带有一列的电子邮件数据集,该列记录电子邮件是不是垃圾邮件,或者记录电子邮件是否与工作相关。无标签数据的一个示例是电子邮件数据集,其中没有我们想预测的特定列。

在图 2.1 中,我们看到 3 个包含宠物图像的数据集。第一个数据集有记录宠物类型的列，第二个数据集有记录宠物重量的列。这两个是标签数据的示例。第三个数据集仅由图像组成，没有标签，为无标签数据。

图 2.1   标签数据是带有标签的数据，该标签可以是类型或数字。无标签数据是没有标签的数据。左侧的数据集是有标签的，标签是宠物的类型(狗/猫)。中间的数据集也有标签，标签是宠物的体重(以磅为单位)。右侧的数据集没有标签

当然，这个定义包含一些歧义，因为我们会根据要解决的问题来决定某些特征是否有资格作为标签。因此，在很多时候，确定数据是否带有标签取决于我们要解决的问题。

标签数据和无标签数据产生两种不同的机器学习分支，称为监督学习和无监督学习，我们将在接下来的 3 节中对其进行定义。

2.2   监督学习：处理标签数据的机器学习分支

可在当今一些最常见的应用中看到监督学习的影子，包括图像识别、各种形式的文本处理和推荐系统。监督学习是一种使用标签数据的机器学习。简而言之，监督学习模型的目标是预测(猜测)标签。

在图 2.1 的例子中，左边的数据集包含狗和猫的图像，标签是"狗"和"猫"。对于这个数据集，机器学习模型将使用以前的数据来预测新数据点的标签。这意味着，如果引入一个没有标签的新图像，模型将猜测图像是狗还是猫，从而预测数据点的标签(见图 2.2)。

回忆一下第 1 章，我们学习了记忆-制定-预测的决策框架。这正是监督学习的工作原理。该模型首先**记住**了狗和猫的数据集，然后为构成狗和猫的东西**制定**了一个模型或规则。最后，当新图像进入时，模型会**预测**它认为图像的标签是什么，即狗或猫(见图 2.3)。

图 2.2　监督学习模型预测新数据点的标签。在本例中，数据点对应一只狗，训练监督学习算法来预
　　　测这个数据点确实对应一只狗

图 2.3　监督学习模型遵循第 1 章中的记忆-制定-预测框架。首先，它记住数据集。然后，它制定了
　　　构成狗和猫的规则。最后，它预测新数据点是狗还是猫

现在注意，图 2.1 中有两种类型的标签数据集。在中间的数据集中，每个数据点
都标有动物的体重。在这个数据集中，标签是数字。在左侧的数据集中，每个数据点
都标有动物类型(狗或猫)。在这个数据集中，标签是状态。数字和状态是我们在监督
学习模型中会遇到的两种类型的数据。我们称第一类为**数值数据(numerical data)**，第
二类为**分类数据(categorical data)**。

数值数据是使用任何类型数字(例如 4、2.35 或–199)的数据。如价格、尺寸或重量。

分类数据是使用任何类型的类别或状态的数据，例如男性/女性或猫/狗/鸟。对于
这种类型的数据，有一组有限类别来关联到每个数据点。

这产生了以下两种类型的监督学习模型：

回归模型是预测数值数据的模型类型。回归模型的输出是一个数字，例如动物的
重量。

分类模型是预测分类数据的模型类型。分类模型的输出是一个类别或一个状态，
例如动物的类型(猫或狗)。

让我们看两个监督学习模型的例子，分别是一个回归模型和一个分类模型。

模型 1：房价模型(回归)。 在这个模型中，每个数据点都是一个房屋。每个房屋的标签是它的价格。我们的目标是，当新房屋(数据点)上市时预测它的标签，即房价。

模型 2：垃圾邮件检测模型(分类)。 在这个模型中，每个数据点都是一封电子邮件。每封电子邮件的标签要么是垃圾邮件，要么是非垃圾邮件。我们的目标是，当一封新电子邮件(数据点)进入收件箱时预测它的标签，即它是垃圾邮件还是非垃圾邮件。

注意模型 1 和模型 2 之间的区别。

- 房价模型是一种可以从多种可能性中返回数字的模型，例如 \$100、\$250 000 或\$3 125 672.33。因此，它是一个回归模型。
- 另一方面，垃圾邮件检测模型只能返回两个答案：垃圾邮件或非垃圾邮件。因此，它是一个分类模型。

下面将详细阐述回归模型和分类模型。

回归模型预测数字

正如之前讨论的，在回归模型中，我们想要预测的标签是数字。这个数字是根据特征预测的。在房屋示例中，特征可以是描述房屋的任何内容，例如大小、房间数量、与最近学校的距离或附近的犯罪率。

其他可以使用回归模型的领域如下。

- **股票市场**：根据其他股票价格和其他市场信号预测某只股票的价格
- **医学**：根据患者的症状和病史预测患者的预期寿命或预期恢复时间
- **销售**：根据用户的人口统计数据和过去的购买行为预测用户的预期支出金额
- **视频推荐**：根据用户的人口统计数据和他们观看过的其他视频，预测用户观看视频的时间

最常用的回归方法是线性回归，使用线性函数(线或类似对象)根据特征进行预测。我们将在第 3 章研究线性回归。其他用于回归的流行方法包括决策树回归(将在第 9 章学习)以及几种集成方法，如随机森林、AdaBoost、梯度提升树和 XGBoost(将在第 12 章学习)。

分类模型预测状态

在分类模型中，我们想要预测的标签状态属于有限状态集。最常见的分类模型预测为"是"或"否"，但其他许多模型使用更大的状态集。我们在图 2.3 中看到的是一个分类示例，因为它预测了宠物的类型，即"猫"或"狗"。

在垃圾邮件识别示例中，模型根据电子邮件的特征预测电子邮件的状态(即垃圾邮件或非垃圾邮件)。在本例中，电子邮件的特征可以是其中的字词、拼写错误的数量、发件人或其他任何描述电子邮件的内容。

分类的另一个常见应用是图像识别。最流行的图像识别模型将图像中的像素作为输入，并输出对图像所描绘内容的预测。两个最著名的图像识别数据集是 MNIST 和 CIFAR-10。MNIST 包含大约 60 000 张 28×28 像素黑白图像，带有手写数字 0～9 的标签。这些图像来源广泛，包括美国人口普查局和美国高中生手写数字存储库。MNIST 数据集可在以下链接中找到：http://yann.lecun.com/exdb/mnist/。CIFAR-10 数据集包含 60 000 张描绘不同事物的 32×32 像素彩色图像。这些图像标有 10 个不同的对象(因此有 10 个名称)，即飞机、汽车、鸟类、猫、鹿、狗、青蛙、马、轮船和卡车。该数据库由加拿大高级研究所(CIFAR)维护，可在以下链接中找到：https://www.cs.toronto.edu/~kriz/cifar.html。

分类模型的其他一些强大应用如下。

- **情绪分析**：根据评论中的字词预测电影评论是正面的还是负面的。
- **网站流量**：根据用户的人口统计数据和过去与网站的互动来预测用户是否会点击链接。
- **社交媒体**：根据用户的人口统计、历史记录和共同好友，预测用户是否会与其他用户成为朋友或与之互动。
- **视频推荐**：根据用户的人口统计数据和他们观看过的其他视频，预测用户是否会观看视频。

本书的大部分内容(第 5、6、8、9、10、11 和 12 章)介绍分类模型。在这些章节中，我们将学习感知器(第 5 章)、逻辑分类器(第 6 章)、朴素贝叶斯算法(第 8 章)、决策树(第 9 章)、神经网络(第 10 章)、支持向量机(第 11 章)和集成方法(第 12 章)。

2.3　无监督学习：处理无标签数据的机器学习分支

无监督学习也是一种常见的机器学习类型。它与监督学习的不同之处在于，无监督学习的数据是没有标签的。换句话说，机器学习模型的目标是从没有标签的数据集或要预测的目标的数据集中提取尽可能多的信息。

这样的数据集是哪些，我们可以用它做什么？原则上，我们可以做的比使用带标签的数据集少一点，因为我们没有标签可以预测。但是，仍可从无标签的数据集中提取大量信息。例如，让我们回到图 2.1 中最右边数据集上的猫和狗例子。该数据集由猫和狗的图像组成，但没有标签。因此，我们不知道每个图像代表什么类型的宠物，所以无法预测新图像对应的是狗还是猫。但是，我们可以做其他事情，例如确定两张图片是否相似。这是无监督学习算法所做的事情。无监督学习算法可以根据相似度对图像进行分组，即使不知道每个组代表什么(见图 2.4)。如果操作得当，该算法可将狗图像与猫图像分开，甚至可以按品种对它们进行分组！

图 2.4　无监督学习算法仍然可以从数据中提取信息。例如，它可将相似的元素组合在一起

事实上，即使标签存在，我们仍可使用无监督学习技术对数据进行预处理，并更有效地应用监督学习算法。

无监督学习的主要分支是聚类算法、降维算法和生成算法。

聚类算法　基于相似度将数据分组的算法

降维算法　简化数据并用更少的特征进行如实描述的算法

生成算法　可以生成类似于现有数据的新数据点的算法

下面将更详细地研究这 3 个分支。

聚类算法将数据集划分为相似的组

如前所述，聚类算法是将数据集分成相似组的算法。为了说明这一点，让我们回到 2.2 节中的两个数据集——房屋数据集和垃圾邮件数据集——但假设它们没有标签。这意味着房屋数据集没有价格，电子邮件数据集没有关于电子邮件是垃圾邮件还是非垃圾邮件的信息。

让我们从房屋数据集开始。我们可以用这个数据集做什么？有一个想法：我们可采用某种方式通过相似度对房屋进行分组。例如，可按位置、价格、大小或这些因素的组合对它们进行分组。这个过程称为聚类(clustering)。聚类算法是无监督机器学习的一个分支，任务是将数据集中的元素分组到所有数据点都相似的聚类中。

现在来看第二个例子，电子邮件数据集。由于数据集没有标签，我们不知道每封电子邮件是垃圾邮件还是非垃圾邮件。但是，我们仍然可以对数据集应用一些聚类算法。聚类算法根据电子邮件的不同特征将图像分成几个不同的组。这些特征可能是邮件中的单词、发件人、附件的数量和大小，或者电子邮件中的链接类型。对数据集进行聚类后，人们(或人与监督学习算法的组合)可按"个人""社交"和"促销"等类别标记这些聚类。

例如，让我们看一下表 2.1 中的数据集，其中包含我们想要聚类的 9 封电子邮件。

数据集的特征是电子邮件的大小和收件人的数量。

表 2.1　带有电子邮件大小和收件人数量的电子邮件表

电子邮件编号	大小/KB	收件人数量/个
1	8	1
2	12	1
3	43	1
4	10	2
5	40	2
6	25	5
7	23	6
8	28	6
9	26	7

　　看起来,我们似乎可以按收件人数量对电子邮件进行分组。这将引出两个聚类:一个包含两个或更少收件人的电子邮件,一个包含 5 个或更多收件人的电子邮件。也可以尝试按大小将它们分为三组。但是可以想象,随着表格越来越大,观察小组变得越来越难。如果绘制数据呢?让我们在图表中绘制电子邮件,其中横轴记录大小,纵轴记录收件人数量,如图 2.5 所示。

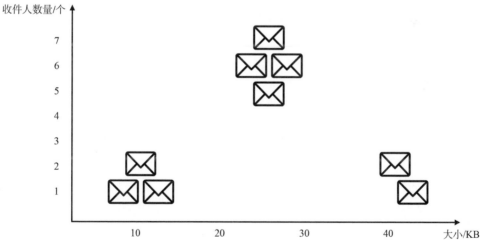

图 2.5　电子邮件数据集图。横轴对应电子邮件的大小,纵轴对应收件人的数量。可在这个数据集中看到 3 个定义明确的聚类

　　在图 2.5 中,我们可以看到 3 个定义明确的聚类,在图 2.6 中突出显示。

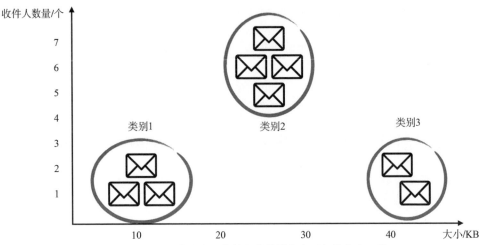

图 2.6　可根据邮件大小和收件人的数量将电子邮件分为三类

最后一步是聚类的全部内容。当然，对于我们来说，一旦有了图表，就很容易观察这三组数据。但对于计算机来说，这个任务并不容易。此外，想象一下数据是否包含数百万个点，具有数百或数千个特征。当数据具有 3 个以上的特征时，人类就不可能看到聚类，因为它们的维度是我们无法想象的。幸运的是，计算机可对具有多行多列的庞大数据集进行聚类。

聚类的其他应用如下。

- **市场细分**：根据人口统计数据和以往的购买行为将用户分组，为这些群体制定不同的营销策略
- **遗传学**：根据基因相似度将物种分组
- **医学成像**：将图像分成不同部分以研究不同类型的组织
- **视频推荐**：根据人口统计数据和以前观看过的视频将用户分组，并以此向用户推荐该组中其他用户观看过的视频

更多无监督学习模型

在本书的其余部分，我们不讨论无监督学习。但是，我强烈建议你自学。以下是一些最重要的聚类算法。附录 C 列出了更多(包括我的一些视频)，可以在其中详细学习这些算法。

- **K-means 聚类**：该算法通过选择一些随机的质心，并将质心越来越靠近点，直到它们位于正确位置，从而对点进行分组。
- **分层聚类**：该算法首先将最近的点分组在一起，并以这种方式继续，直到有一些明确定义的组。
- **基于密度空间聚类(Density-based spatial clustering, DBSCAN)**：该算法开始将高密度位置的点组合在一起，同时将孤立点标记为噪声。

- **高斯混合模型**：该算法不会将一个点分配给一个聚类，而是将点的分数分配给每个现有聚类。例如，如果有 A、B 和 C 这 3 个聚类，则算法可以确定特定点的 60%属于 A 组，25%属于 B 组，15%属于 C 组。

降维在不丢失太多信息的情况下简化数据

降维是一个有用的预处理步骤，我们可以在应用其他技术之前，使用降维大大简化数据。举个例子，让我们回到房屋数据集。想象一下以下特征：

- 大小
- 卧室数量
- 浴室数量
- 附近的犯罪率
- 与最近学校的距离

该数据集有 5 列数据。如果我们想把数据集变成一个列更少的更简单的数据集，同时又不会丢失很多信息，我们该怎么办？我们可以用常识来实现这一点。仔细查看这 5 个特征。你能看到任何简化的方法吗？也许将它们分成一些更小、更通用的类别？

仔细看，我们可以看到前 3 个特征是相似的，因为它们都与房屋的大小有关。同样，第四个和第五个特征彼此相似，因为它们与社区的生活质量有关。我们可以将前3 个特征压缩成一个大的“大小”特征，第四个和第五个特征压缩成一个大的“社区质量”特征。那么如何压缩尺寸特征呢？我们可以不考虑房间和卧室，只考虑大小，可以添加卧室和浴室的数量，或者可能采用 3 种特征的其他组合。也可以用类似的方式压缩区域质量特征。降维算法将找到压缩这些特征的好方法，尽可能少地丢失信息并尽可能保持数据完整，同时设法简化数据，以简化流程和减少存储空间(见图 2.7)。

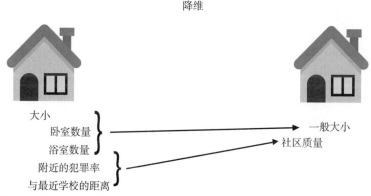

图 2.7　降维算法帮助我们简化数据。左侧是一个具有许多特征的房屋数据集。可使用降维来减少数据集中的特征数量，不会丢失太多信息，并能获得右侧的数据集

如果我们所做的只是减少数据中的列数，那么为什么这一过程被称为降维？数据

集中的列数也称为维度(dimension)。想一想：如果数据只有一列，那么每个数据点都是一个数字。可以将一组数字绘制为一条直线上的一组点，该直线只有一个维度。如果数据有两列，那么每个数据点都由一对数字组成。可将一对数字的集合想象为城市中点的集合，其中第一个数字是街道编号，第二个数字是大道编号。地图上的地址是二维的，因为它们在一个平面上。当有三列数据时会发生什么？这种情况下，每个数据点由 3 个数字组成。我们可以想象，如果城市的每个地址都是一栋建筑，那么第一和第二个数字就是街道编号和大道编号，第三个数字就是建筑中的楼层。这看起来更像一个三维城市。我们可以继续。那 4 个数字呢？现在我们无法真正将其可视化，但是如果可以的话，这组点将看起来像四维城市中的地方，等等。想象一个四维城市的最好方法是想象一个有四列的表格。那 100 维城市呢？这将是一个包含 100 列的表格，其中每个人都有一个由 100 个数字组成的地址。在考虑更高维度时，我们心中想象的画面如图 2.8 所示。因此，当从五维降到二维时，我们将一个五维城市缩减为一个二维城市。这就是为什么这一过程被称为降维。

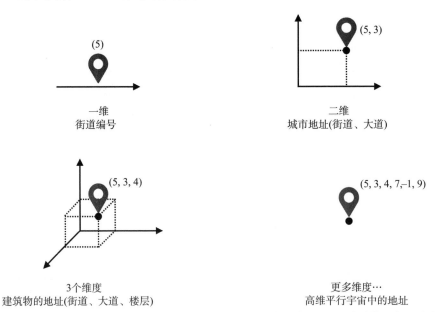

图 2.8　如何想象高维空间：一个维度就像一条街道，每栋房屋只有一个号码。二维就像一个平面城市，每个地址都有两个数字，一条街道和一条大道。三维就像一座有建筑物的城市，每个地址都有 3 个数字：街道、大道还有楼层。四维就像一个虚构的地方，每个地址都有 4 个数字。可将更高维度想象成另一个城市，其中地址具有我们需要的坐标

其他简化数据的方法：矩阵分解和奇异值分解

似乎聚类和降维没有什么相似之处，但实际上它们并没有那么不同。如果我们有一张满是数据的表，每行对应一个数据点，每列对应一个特征。那么，我们可以使用

聚类来减少数据集中的行数，使用降维来减少列数，如图 2.9 和图 2.10 所示。

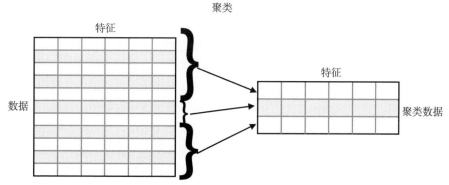

图 2.9　聚类可以用来简化数据，方法是将几行归为一行，从而减少数据集中的行数

你可能想知道，有没有办法可以同时减少行和列？答案是有！两种常见方法是矩阵分解和奇异值分解。这两种算法将大数据矩阵表示为较小矩阵的乘积。

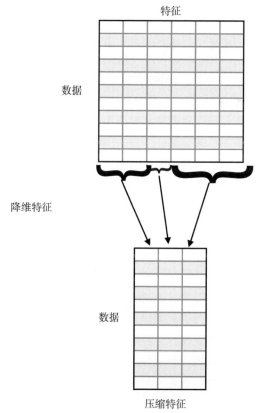

图 2.10　降维可用于通过减少数据集中的列数来简化数据

Netflix 等应用广泛使用矩阵分解来生成推荐。想象在一个大表中，每一行对应一

个用户，每一列对应一部电影，矩阵中的每个条目都是用户对电影的评分。通过矩阵分解，人们可提取某些特征，如电影类型、电影中出现的演员等，并能基于这些特征预测用户对电影的评分。

奇异值分解用于压缩图像。例如，一张黑白图像可看作一个大数据表，其中每个条目都包含相应像素的强度。奇异值分解使用线性代数技术来简化数据表，从而使我们能够简化图像，并使用更少的条目存储更简单的版本。

生成式机器学习

生成式机器学习(generative machine learning)是机器学习中最令人惊讶的领域之一。如果你看过计算机创建的超逼真的人脸、图像或视频，你就已经看到了生成式机器学习的实际应用。

生成式学习领域由模型组成，这些模型在给定数据集的情况下，可以输出看起来像来自原始数据集样本的新数据点。这些算法被迫学习数据的外观以产生相似的数据点。例如，如果数据集包含人脸图像，该算法就会生成逼真的人脸。生成式算法已经能够创建非常逼真的图像、绘画等，还可以制作视频、音乐、故事、诗歌和许多其他美妙的东西。最流行的生成式算法是由 Ian Goodfellow 与合著者共同开发的生成式对抗网络(Generative Adversarial Network，GAN)。其他有用且流行的生成式算法包括由 Kingma 和 Welling 开发的变分自动编码器，以及由 Geoffrey Hinton 开发的受限玻尔兹曼机(Restricted Boltzmann Machine，RBM)。

可以想象，生成式学习非常困难。对于人类来说，确定图像里是否有狗比画狗容易得多。这项任务对计算机来说同样困难。因此，生成式学习算法很复杂，需要大量的数据和计算能力才能使其表现良好。因为本书是关于监督学习的，所以不会详细介绍生成式学习，但是在第 10 章中，我们会了解一些生成式算法的工作原理，因为这些算法倾向于使用神经网络。如果你想进一步探索该主题，附录 C 中包含一些推荐的资源和作者的视频。

2.4　什么是强化学习

强化学习是一种不同类型的机器学习。强化学习中没有数据，而我们必须让计算机执行任务。强化学习模型接收一个环境和一个应该在该环境中导航的智能体，而不是数据。智能体有一个目标或一组目标。

环境有奖励和惩罚，可以引导智能体做出正确决定，以实现目标。这一切听起来有点抽象，让我们看一个例子。

示例：网格世界

在图 2.11 中，我们看到一个网格，左下角有一个机器人。那就是智能体。我们的目标是到达网格右上角的宝箱。在网格中，还可以看到一座山，这意味着我们不能落在那个方格，因为机器人不能爬山。我们还看到一条巨蜥，如果机器人降落在这个位置上，巨蜥就会攻击机器人，这意味着我们也不能落在巨蜥的位置。这就是游戏规则。为向机器人提供如何前进的信息，我们会记录一个分数。分数从零开始。如果机器人到达宝箱，我们将获得 100 分。如果机器人碰到巨蜥，我们就失去 50 分。为了确保机器人快速移动，机器人每走一步，我们就会失去 1 分，因为机器人在行走时会消耗能量。

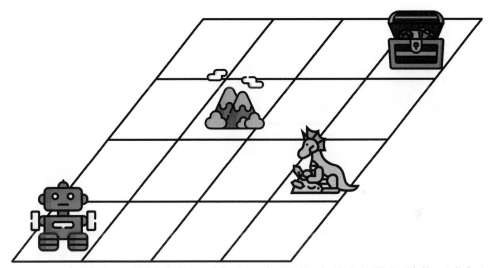

图 2.11　一个网格世界，其中智能体是一个机器人。机器人的目标是避开巨蜥找到宝箱。山代表了
　　　　机器人无法通过的地方

训练这个算法的方法粗略描述如下：机器人开始四处走动，记录分数并记住它走过的每一步。过了一段时间，机器人可能会遇到巨蜥，失去很多分。因此，机器人学会将巨蜥的格子和附近的格子与低分相关联。某些时候，它也可能会撞到宝箱，并学会开始将该格子和附近的格子与高分联系起来。游戏进行很长时间后，机器人会很清楚每个方格的好坏，沿着方格一路走到宝箱。图 2.12 显示了一条可能的路径，但这条路径离巨蜥太近，并不理想。你能想到更好的路径吗？

当然，这是一个非常简短的解释，关于强化学习的内容还有很多。附录 C 推荐了一些可供进一步研究的资源，包括深度强化学习视频。

强化学习有许多前沿应用，下面列出其中一些。

- **游戏**：使用强化学习来教计算机如何在围棋或国际象棋等游戏中获胜。此外，智能体还被教导要在诸如打砖块或超级马里奥的雅达利游戏中获胜。

- **机器人**：强化学习被广泛用于帮助机器人执行诸如捡箱子、打扫房间甚至跳舞的任务！
- **自动驾驶汽车**：强化学习技术用于帮助汽车执行许多任务，例如路径规划或在特定环境中前进。

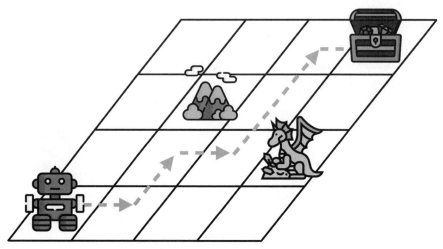

图 2.12　这是机器人找到宝箱的路径

2.5　本章小结

- 机器学习的类型包括监督学习、无监督学习和强化学习。
- 数据可以带标签也可以不带标签。标签数据包含我们想要预测的特殊特征或标签。无标签数据不包含此特征。
- 监督学习用于标签数据，包括构建模型来预测未知数据的标签。
- 无监督学习用于无标签数据，由算法组成，可以在不丢失大量信息的情况下简化数据。无监督学习通常用作预处理步骤。
- 两种常见类型的监督学习算法：回归模型和分类模型。
  - 回归模型即答案是任意数字的模型。
  - 分类模型即答案属于类型或类别的模型。
- 两种常见的无监督学习算法：聚类和降维。
  - 聚类用于将数据分组到相似的聚类中以提取信息或使其更易于处理。
  - 降维是一种简化数据的方法，加入某些相似的特征并尽可能少地丢失信息。
  - 矩阵分解和奇异值分解是其他可以通过减少行数和列数来简化数据的算法。
- 生成式机器学习是一种创新无监督学习，包括生成与数据集相似的数据。生成模型可绘制逼真的面孔、创作音乐和写诗。

- 强化学习是一种机器学习，其中智能体必须在环境中导航并达到目标。强化学习广泛用于许多尖端应用。

2.6　练习

练习 2.1

对于以下每个场景，请列举它是监督学习还是无监督学习的例子。解释你的答案。在有歧义的情况下，选择一个，并给出你选择它的原因。

a. 社交网络上的推荐系统，向用户推荐潜在朋友

b. 新闻网站中将新闻进行主题分类的系统

c. 谷歌的句子自动完成特征

d. 在线零售商的推荐系统，根据用户过去的购买历史向用户推荐要购买的商品

e. 信用卡公司中的一个系统，用于捕获欺诈交易

练习 2.2

对于以下的每个机器学习应用，你会使用回归还是分类来解决？解释你的答案。在有歧义的情况下，选择一个并给出你选择它的原因。

a. 一个在线商店预测用户将在他们的网站上花多少钱

b. 语音助手解码语音并将其转换为文本

c. 出售或购买特定公司的股票

d. YouTube 向用户推荐视频

练习 2.3

你的任务是建造一辆自动驾驶汽车。给出至少 3 个你必须解决的机器学习问题的例子进行构建。在每个示例中，说明你是否使用监督/无监督学习；如果使用了监督学习，请说明其是回归还是分类。如果你正在使用其他类型的机器学习，请说明其类型以及使用原因。

在点附近画一条线： 第 **3** 章
线性回归

本章主要内容：

- 什么是线性回归
- 通过一组数据点拟合一条线
- 用 Python 编写线性回归算法
- 使用 Turi Create 构建线性回归模型来预测真实数据集中的房价
- 什么是多项式回归
- 将更复杂的曲线拟合到非线性数据
- 讨论现实世界中线性回归的例子，例如医疗应用和推荐系统

在本章中，我们将学习线性回归。线性回归是一种强大且用途广泛的估计价值方法，可用于预测房屋的价格、某只股票的价值、个人的预期寿命或用户观看视频或花在某网站上的时间。之前，你可能将线性回归视为大量复杂的公式，包括导数、方程组和行列式。然而，也可以通过更多的图形和更少的公式学习线性回归。在本章中，要理解线性回归，你所需要的只是将移动的点和线可视化的能力。

假设我们有一些点，这些点看起来大致可以形成一条线，如图 3.1 所示。

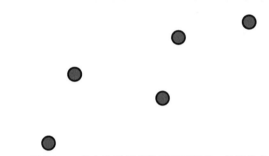

图 3.1　一些大致看起来像是可以形成一条线的点

线性回归的目标是绘制尽可能靠近这些点的线。你会怎样画线来靠近这些点呢？是图 3.2 中的那条线吗？

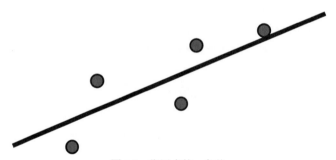

图 3.2　靠近点的一条线

如果将这些点视为城镇中的房屋，那么我们的目标就是建造一条穿过城镇的道路。我们希望这条线尽可能靠近这些点，因为镇上的居民都希望住在靠近道路的地方，我们的目标是尽可能满足居民的需求。

也可以把这些点想象成用螺栓固定在地板上的磁铁(所以这些磁铁不能移动)。现在想象在磁铁上面扔一根直的金属杆。杆会四处移动，但因为磁铁的磁力作用，杆最终会处于平衡位置，并尽可能靠近所有点。

当然，这可能导致很多歧义。我们想要一条靠近所有房屋的道路，还是想要一条只靠近其中一些房屋而远离其他房屋的道路？于是，我们提出了以下问题：

- 我们所说的"大致看起来像是可以形成一条线的点"是什么意思？
- 我们所说的"一条非常靠近这些点的线"是什么意思？

- 如何找到这样一条线？
- 为什么这在现实世界中很有用？
- 为什么这就是机器学习？

本章回答了以上所有问题，并构建了一个线性回归模型来预测真实数据集中的房价。可以在以下 GitHub 仓库中找到本章的所有代码：https://github.com/luisguiserrano/manning/tree/master/Chapter_3_Linear_Regression。

3.1　问题：预测房屋的价格

假设我们是负责销售新房的房地产经纪人。我们不知道如何定价，想通过对比其他房屋价格来推断。我们查看可能影响价格的房屋特征，例如大小、房间数量、位置、犯罪率、学校教学质量和与市中心的距离。我们想要一个囊括所有特征的公式，让我们确定新房的价格，或者至少说是预测一下新房的价格。

3.2　解决方案：建立房价回归模型

让我们举一个尽可能简单的例子。我们只看其中一个特征——房间数量。我们的房屋有 4 个房间，附近有 6 个房屋，分别有一个、两个、3 个、5 个、6 个、7 个房间。价格如表 3.1 所示。

表 3.1　房间数量及价格表。4 号房是我们试图推断其价格的房屋

房间数量/个	价格/万美元
1	15
2	20
3	25
4	?
5	35
6	40
7	45

仅根据这张表的信息，你会给 4 号房定价多少？如果你说 30 万美元，那我们做了同样的猜测。你可能发现了一种模式，并通过这种模式来推断房屋的价格。你在头脑中所做的就是线性回归。让我们进一步研究这种模式。你可能已经注意到，每增加一个房间，房屋的价格就会增加 5 万美元。更具体地说，可将房屋价格视为两件事的组合：基本价格为 10 万美元，每增加一个房间额外收费 5 万美元。这可以用一个简单公式来概括：

$$房屋价格 = 10 + 5 \times 房间数$$

我们在这里所做的是提出一个由公式代表的模型，该模型根据特征(房间数量)为我们提供对房屋价格的预测(prediction)。每个房间的价格称为相应特征的**权重(weight)**，基本价格称为模型的**偏差(bias)**。这些都是机器学习中的重要概念。我们在第 1 章和第 2 章中已经学习了一些机器学习的重要概念，现在让我们从线性回归的角度做出定义，回顾并补充学习。

特征 数据点的特征是我们用来进行预测的那些属性。在本例中，特征是房屋的房间数、犯罪率、房龄、面积等。在本例中，我们决定了一个特征：房屋的房间数量。

标签 标签是我们试图从特征中预测的目标。在本例中，标签是房屋的价格。

模型 机器学习模型是一种规则或公式，根据特征预测标签。这种情况下，模型是我们为价格找到的公式。

预测 预测是模型的输出。如果模型表示，"我认为有 4 个房间的房屋将花费 30 万美元"，那么预测值为 30。

权重 在模型对应的公式中，每个特征乘以一个相应的因素。这些因素就是权重。在前面的公式中，唯一的特征是房间数量，对应的权重是 5。

偏差 如你所见，模型对应的公式有一个常数，不附加任何特征。这个常数称为偏差。在本模型中，偏差值是 10，对应于房屋的基本价格。

现在的问题是，我们是如何想出这个公式的？或者更具体地说，我们如何让计算机提出这个权重和偏差？为了说明这一点，让我们看一个稍微复杂的例子。因为这是一个机器学习问题，我们将使用在第 2 章中学到的记忆-制定-预测框架来解决。更具体地说，我们将**记住**其他房屋的价格，为该价格**制定**一个模型，并使用该模型来**预测**新房的价格。

记忆步骤：查看现有房屋的价格

为更清楚地看到这个过程，让我们看一个复杂一点数据集，如表 3.2 所示。

表 3.2 复杂一点的房屋数据集，包括房间数量和价格

房间数量/个	价格/万美元
1	15.5
2	19.7
3	24.4
4	?
5	35.6
6	40.7
7	44.8

这个数据集与前一个相似，但是此处的价格没有遵循一个很好的模式，即每个价格比前一个高 5 万美元。但是，这与原始数据集相差不大，因此我们可以假设类似的模式可用于预测价格。

通常情况下，当获得一个新数据集时，所做的第一件事就是进行绘制。在图 3.3 中，我们可以看到坐标系中这些点的曲线图，其中横轴表示房间数量，纵轴表示房屋价格。

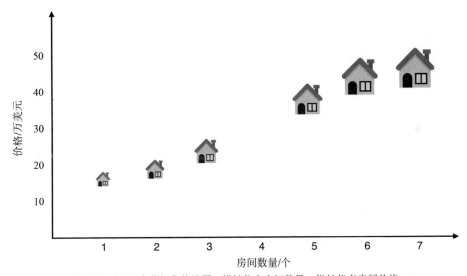

图 3.3　表 3.2 中数据集的绘图。横轴代表房间数量，纵轴代表房屋价格

制定步骤：制定预估房屋价格的规则

表 3.2 中的数据集与表 3.1 中的数据集十分接近，所以现在，我们可以放心使用相同的价格公式。唯一的区别是现在的价格并不完全是公式所表示的那样，我们有一个小误差，可以将公式写为：

$$房屋价格 = 10 + 5 \times 房间数 + 小误差$$

如果我们想预测价格，可以使用这个公式。尽管我们不确定是否会得到实际值，但我们知道两者很可能会十分接近。现在的问题是，我们是如何得出这个公式的？最重要的是，计算机是如何得出这个公式的呢？

让我们回到图中，看看那里的公式是什么意思。如果我们查看垂直坐标(y)为 10 加上 5 倍水平坐标(x)值的所有点，会发现什么？这组点形成一条斜率为 5 且 y 轴截距为 10 的线。在我们展开前面的陈述之前，需要了解斜率、y 轴截距和直线公式的定义。我们将在"快速了解斜率和 y 轴截距"一节做更详细的研究。

　　斜率　一条线的斜率用于衡量这条线的陡峭程度，通过除以上升率来计算(即上升的单位数除以向右移动的单位数)。这个比率在整条线上是恒定的。在机器学习模型中，斜率是对应特征的权重；将特征值增加一个单位时，它告诉我们期望标签在上升。如果直线是水平的，那么斜率为 0；如果直线向下，斜率为负。

y 轴截距　截距是线与垂直(y)轴相交的高度。在机器学习模型中，y 轴截距是偏差，告诉我们在所有特征都精确为 0 的数据点中，标签是什么。

线性方程　是一条直线的公式，由两个参数组成：斜率和 y 轴截距。如果斜率为 m，y 轴截距为 b，则直线公式为 $y = mx + b$，直线由满足公式的所有点(x, y)组成。在机器学习模型中，x 是特征值，y 是标签的预测值。模型的权重和偏差分别为 m 和 b。

现在可以分析公式。当这条线的斜率为 5 时——这意味着房屋中每增加一个房间，房屋的预估价格会上涨 5 万美元。当说这条线的 y 轴截距是 10 时，这意味着不带房间(假设)的房屋基本价格为 10 万美元。这条线绘制如图 3.4 所示。

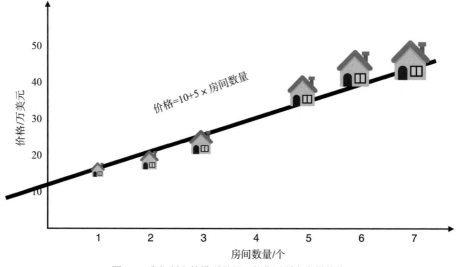

图 3.4　我们制定的模型是尽可能靠近所有房屋的线

现在，在所有可能的线中(每条线都有自己的公式)，我们为什么特别选择这条线？因为它最接近所有点。可能有一条更接近的线，但至少我们知道这条线很合适，不会远离所有点。现在我们又回到了最初的问题，我们有一些房屋，想建一条尽可能靠近房屋的道路。

我们如何找到这条线？稍后将讨论这一点。但是现在，假设我们有一个水晶球，里面有很多点，我们需要找到靠近所有点的一条线。

预测步骤：当新房上市时，我们该怎么办

现在，继续使用模型来预测有 4 个房间的房屋价格。为此，将数字 4 作为公式中的特征，以获得以下结果：

$$价格 = 10 + 5 \times 4 = 30$$

因此，我们的模型预测这个房屋的价格为 30 万美元。这也可以从图中的直线上看到，如图 3.5 所示。

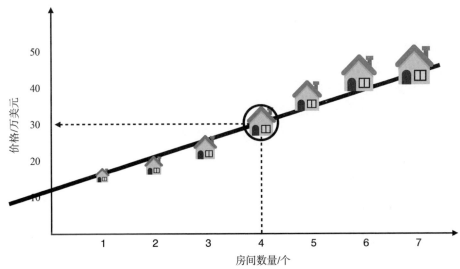

图 3.5　现在的任务是预测有 4 个房间的房屋价格。使用模型(线)，我们推断出这所房屋的预售价是
　　　　 30 万美元

如果有更多变量怎么办？多元线性回归

在前面的部分中，我们学习了一个模型，该模型根据一个特征(房间数量)预测房屋的价格。我们可以想象其他许多可帮助我们预测房屋价格的特征，例如面积、附近学校的教学质量以及房龄。我们的线性回归模型可以容纳其他这些变量吗？当然可以。当唯一特征是房间数量时，模型将价格预测为偏差加上特征乘以相应权重的总和。如果有更多特征，我们需要做的就是将它们乘以相应的权重，然后添加到预测价格中。因此，房屋价格的模型可能如下所示：

$$价格 = 3×房间数 + 0.15×面积 + 1×教学质量 - 2×房龄 + 5$$

在这个公式中，为什么除了对应于房龄的权重，其他所有的权重都是正的？原因是其他 3 个特征(房间数、面积和附近学校的教学质量)与房价呈正相关。换句话说，因为房屋越大，位置越好，造价越高，这个特征值越高，我们期望房屋的价格就越高。然而，因为我们知道老房屋往往更便宜，所以房龄特征与房屋的价格呈负相关。

如果特征的权重为 0 怎么办？当特征与价格无关时，就会出现以下情况。例如，假设有一个特征预估姓氏以字母 A 开头的邻居的数量。该特征与房屋的价格大多无关，因此我们期望在合理的模型中，该特征对应的权重为 0 或近似于 0。

同样，如果一个特征具有非常高的权重(无论是负还是正)，我们将其理解为，模型告诉我们该特征对于确定房屋价格很重要。在之前的模型中，房间数量似乎是一个重要特征,因为它的权重最大(绝对值)。

在第 2 章"降维在不丢失太多信息的情况下简化数据"一节中,我们将数据集中的列数与数据集所在的维度相关联。因此,具有两列的数据集表现为平面上的一组点,而具有三列的数据集表示为三维空间中的一组点。在这样的数据集中,线性回归模型对应的不是一条线,而是一个尽可能靠近这些点的平面。想象一下房间有许多苍蝇停留在空中的固定位置,我们的任务是尝试将一张巨大的纸板尽可能靠近所有苍蝇。这是具有 3 个变量的多元线性回归。对于具有多列的数据集,问题变得难以可视化,但我们可以想象具有多变量的线性公式。

在本章中,我们主要处理只有一个特征的线性回归模型的训练,但过程与多特征的模型类似。建议读者阅读多特征模型,牢记在心,并想象你会如何将接下来的每个陈述概括为具有多个特征的案例。

出现的一些问题和快速答案

好吧,你的脑子里可能有很多问题。让我们解决其中的一些(希望是全部)!

(1) 如果模型出错会怎样?

(2) 你是如何想出预测价格的公式的?如果有几千个房屋而不只是六个房屋,我们会怎么做?

(3) 假设我们已经建立了这个预测模型,新房屋开始出现在市场上。有没有办法用新信息更新模型?

本章回答了以上所有问题,但这里有一些快速答案。

(1) 如果模型出错会怎样

该模型正在估算房屋的价格,因此我们预计它几乎总会犯一个小错误,因为给出准确的价格很难。训练过程包括找到在点上产生最小误差的模型。

(2) 你是如何想出预测价格的公式的?如果有几千个房屋而不是只有六个房屋,我们会怎么做?

是的,这是我们在本章中要解决的主要问题!当有六个房屋时,绘制一条靠近它们的线很简单,但是如果我们有几千个房屋,这个任务就变得困难了。我们在本章中所做的是设计一种算法或程序,让计算机找到一条合适的线路。

(3) 假设我们已经建立了这个预测模型,新房屋开始出现在市场上。有没有办法用新信息更新模型?

肯定有!我们将以一种可在出现新数据时轻松更新的方式构建模型。这是机器学习中始终需要寻找的东西。如果我们以每次新数据进入时都需要重新计算整个模型的方式构建模型,那么这个模型的作用就不大了。

3.3　如何让计算机绘制出这条线：线性回归算法

现在我们进入本章的主要问题：如何让计算机绘制出一条非常靠近这些点的线？我们采取的方式与我们在机器学习中采取的方式相同：一步一步进行。从一条随机线开始，找出一种方法，通过将线移近点来一点点做出改进。多次重复此过程，瞧，我们得到了所需的线。这个过程称为线性回归算法。

这个过程可能听起来很笨拙，但确实实用。从随机线开始。在数据集中选择一个随机点，并将线稍微靠近该点。多次重复此过程，始终选择数据集中的随机点。以这种几何方式查看的线性回归算法的伪代码如下。

线性回归算法的伪代码(几何)

输入：平面中点的数据集
输出：靠近点的线
过程：

- 随机选择一条线。
- 将下面两步重复多次。
  - 选择一个随机数据点。
  - 将线移近该数据点。
- 返回你获得的线。

可参见图 3.6。

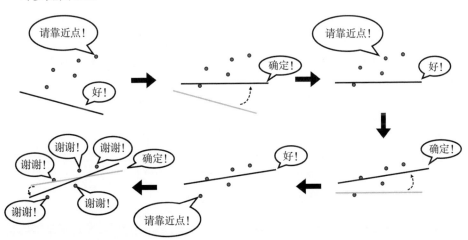

图 3.6　线性回归算法图表。首先在左上角随机选择一条线，并在左下角用一条非常拟合数据集的线结束。在每个阶段，都会发生两件事：(1)随机选取一个点，(2)该点要求线靠近它。经过多次迭代，该线将出现在一个合适的位置。出于说明目的，该图只有三次迭代；但在现实中，需要更多次迭代

这是更高一级的视角。为更详细地研究这个过程，我们需要深入研究数学细节。下面首先定义一些变量。

- p：数据集中的房屋价格
- $\hat{p}$：房屋的预测价格
- r：房间数量
- m：每间房的价格
- b：房屋的基本价格

为什么要使用带有上标帽子的预测价格 $\hat{p}$？在本书中，帽子表示这是模型预测变量。通过这种方式，可从预测价格中看出数据集中房屋的实际价格。

因此，将价格预测为基本价格加上每个房间的价格乘以房间数，这个线性回归模型的公式为：

$$\hat{p} = mr + b$$

公式化表达为：

预测价格 = 每间房的价格×房间数 + 房屋的基本价格

为了解线性回归算法，假设有一个模型，其中每个房间的价格为 4 万美元，房屋的基本价格为 5 万美元。该模型使用以下公式预测房屋价格(单位为万美元)：

$$\hat{p} = 4 \times r + 5$$

为了说明线性回归算法，假设在我们的数据集中，有一所带有两个房间的房屋，价格为 15 万美元。该模型预测房屋的价格为 $5 + 4 \times 2 = 13$(单位为万美元)。这不是一个糟糕的预测，但它低于房屋的价格。我们该如何改进模型？模型的错误似乎是认为房屋太便宜了。也许该模型的基本价格较低，或者每个房间的价格较低，或者两者兼而有之。如果将两者都稍微增加，可能得到更好的预测结果。将每个房间的价格提高 0.05 万美元，将基本价格提高 0.1 万美元(随机选择了这些数字)。新公式(单位为万美元)如下：

$$\hat{p} = 4.05 \times r + 5.1$$

房屋的新预测价格为 $4.05 \times r + 5.1 = 13.2$。因为 13.2 万美元更接近 15 万美元，所以我们的新模型对这所房屋做出了更好的预测。因此，它只是该数据点的更好模型，我们不知道它是不是其他数据点的更好模型，但现在不必担心。线性回归算法的原理是多次重复前面的过程。线性回归算法的伪代码如下。

线性回归算法的伪代码

输入：点数据集

输出：适合该数据集的线性回归模型

程序：

- 选择一个具有随机权重和随机偏差的模型。
- 将以下两步重复多次。
  - 选择一个随机数据点。
  - 稍微调整权重和偏差以改进对该特定数据点的预测。
- 返回你获得的模型。

你可能有几个问题，例如：

- 权重应该调整多少？
- 该算法应该重复多少次？换句话说，我如何知道何时结束？
- 我如何知道这个算法有效？

本章将回答以上所有问题。在介绍"平方技巧"和"绝对技巧"时，我们将学习一些有趣的技巧，通过找到合适的值来调整权重；我们将学习误差函数，它会帮助我们决定何时停止算法。最后，在介绍"梯度下降"时，我们将学习一种称为梯度下降的强大方法，这种方法可以证明算法为何有效。但首先，让我们在平面中移动线。

快速了解斜率和 y 轴截距

在"制定步骤：制定预估房屋价格的规则"一节中，我们讨论了直线公式。在本节中，我们将学习如何操纵这个公式来移动线。回顾一下，直线公式有以下两个组成部分：

- 斜率
- y 轴截距

斜率代表这条线的陡峭程度，y 轴截距代表这条线的位置。斜率定义为上升距离除以向右移动的距离，y 轴截距代表线在何处与 y 轴(垂直轴)相交。在图 3.7 中，我们可以在一个示例中看到这两个组成部分。该直线的公式如下：

$$y = 0.5x + 2$$

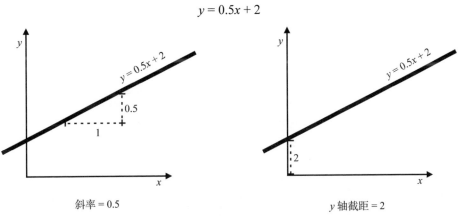

斜率 = 0.5　　　　　　　　　　　　　　y 轴截距 = 2

图 3.7　公式 $y = 0.5x + 2$ 的直线斜率为 0.5(左)，y 轴截距为 2(右)

这个公式是什么意思？它意味着斜率为 0.5，y 轴截距为 2。

当说斜率为 0.5 时，这意味着如果沿着这条线走，每向右移动一个单位，就向上移动 0.5 个单位。如果根本不向上移动，斜率就为 0；如果向下移动，斜率就为负。竖线的斜率未定义，但幸运的是，这些不会出现在线性回归中。许多线可以具有相同的斜率。如果我绘制一条与图 3.7 中的线平行的线，这条线每向右移动一个单位，也会上升 0.5 个单位。这就是 y 轴截距的来源。y 轴截距代表线与 y 轴的交点。这条线与 y 轴相交高度为 2，此为 y 轴截距。

换句话说，直线斜率代表直线指向的方向，y 轴截距代表直线的位置。注意，通过确定斜率和 y 轴截距，可以完全确定直线。在图 3.8 中，我们可以看到具有相同 y 轴截距的不同直线，以及具有相同斜率的不同直线。

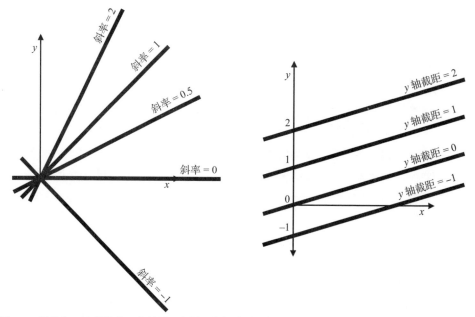

图 3.8　斜率和 y 轴截距的一些例子。左图，我们看到几条具有相同 y 轴截距和不同斜率的线。注意，斜率越高，线越陡峭。右图，我们看到多条具有相同斜率和不同 y 轴截距的线。注意，y 轴截距越高，线的位置就越高

在当前的房屋示例中，斜率表示每间房的价格，y 轴截距表示房屋的基本价格。让我们记住这一点，当操纵这些线时，想想这对房价模型有什么影响。

根据斜率和 y 轴截距的定义，可以推导出以下内容。

改变斜率

- 如果增加一条线的斜率，这条线将逆时针旋转。
- 如果减小一条线的斜率，这条线将顺时针旋转。

这些旋转位于图 3.9 所示的轴上，即直线与 y 轴的交点。

改变 *y* 轴截距：

- 如果增加一条线的 *y* 轴截距，这条线就会向上平移。
- 如果减小一条线的 *y* 轴截距，这条线就会向下平移。

图 3.9 体现了这些旋转和平移，当想要调整线性回归模型时，它们会派上用场。

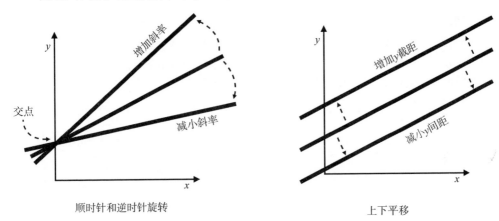

顺时针和逆时针旋转　　　　　　　　　　上下平移

图 3.9　左图：增加斜率线会逆时针旋转，而减小斜率线会顺时针旋转。右图：增加 *y* 轴截距线会
　　　　向上平移，而减小 *y* 轴截距线会向下平移

如前所述，一般情况下，一条直线的公式为 $y = mx + b$，其中 x 和 y 对应于水平和垂直坐标，m 对应于斜率，b 对应于 *y* 轴截距。在本章中，为了匹配符号，我们将公式写为 $\hat{p} = mr + b$，其中 $\hat{p}$ 对应于预测价格，r 对应于房间数量，m(斜率)对应于每个房间的价格，而 b (*y* 轴截距)对应于房屋的基本价格。

将一条线移近一组点的简单技巧，一次移近一个点

回顾一下，线性回归算法包括重复将一条线移近一个点的步骤。可使用旋转和平移做到这一点。在本节中，将学习**简单技巧**，该技巧通过沿点的方向稍微旋转和平移线以将其移近(见图 3.10)。

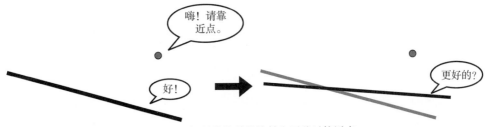

图 3.10　目标是将线稍微旋转和平移以接近点

将线正确移向某个点的技巧是确定该点相对于该线的位置。如果该点在线上方，

则需要将线向上平移；如果它在下方，则需要将线向下平移。旋转有点难，但是因为枢轴是线和 y 轴的交点，可以看到，如果该点在线上方和 y 轴的右侧，或在线下方和 y 轴的左侧，则需要逆时针旋转线。在另外两个场景中，需要顺时针旋转线。我们将其总结为以下 4 种情况。

情况 1：如果该点位于直线上方且位于 y 轴右侧，则逆时针旋转线并将其向上平移。

情况 2：如果该点位于直线上方且位于 y 轴左侧，则顺时针旋转线并将其向上平移。

情况 3：如果该点位于直线下方且位于 y 轴右侧，则顺时针旋转线并将其向下平移。

情况 4：如果该点位于直线下方且位于 y 轴左侧，则逆时针旋转线并将其向下平移。

可参见图 3.11。

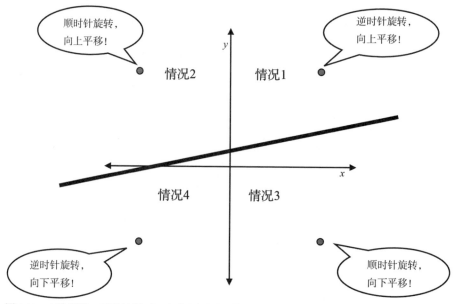

图 3.11　4 种情况。每种情况下，都必须以不同的方式旋转线并平移线，以将线移近相应的点

现在有了这 4 种情况，我们可以为简单技巧编写伪代码。但首先，让我们阐明一些符号。在本节中，我们一直在讨论公式为 $y = mx + b$ 的直线，其中 m 是斜率，b 是 y 轴截距。在房屋示例中，我们使用了与以下类似的表示法：

- 坐标为 (r, p) 的点对应于有 r 个房间和价格为 p 的房屋。
- 斜率 m 对应于每个房间的价格。
- y 轴截距 b 对应于房屋的基本价格。
- 预测 $\hat{p} = mr + b$ 对应于房屋的预测价格。

简单技巧的伪代码

输入：
- 直线的斜率为 m、y 轴截距为 b，则公式为 $\hat{p} = mr + b$

- 点的坐标为(r, p)

输出：

- 公式为 $\hat{p} = m'r + b$ 的直线更接近该点

程序：

选择两个非常小的随机数，并称它们为 η_1 和 η_2 (希腊字母 eta)。

情况 1： 如果该点位于直线上方且位于 y 轴的右侧，则逆时针旋转直线并将其向上平移。

- 将 η_1 添加到斜率 m，得到 $m' = m + \eta_1$。
- 将 η_2 添加到 y 轴截距 b，得到 $b' = b + \eta_2$。

情况 2： 如果该点位于直线上方且位于 y 轴的左侧，则顺时针旋转直线并将其向上平移。

- 从斜率 m 中减去 η_1，得到 $m' = m - \eta_1$。
- 将 η_2 添加到 y 轴截距 b，得到 $b' = b + \eta_2$。

情况 3： 如果该点位于直线下方且位于 y 轴的右侧，则顺时针旋转直线并将其向下平移。

- 从斜率 m 中减去 η_1，得到 $m' = m - \eta_1$。
- 从 y 轴截距 b 中减去 η_2，得到 $b' = b - \eta_2$。

情况 4： 如果该点位于直线下方且位于 y 轴的左侧，则逆时针旋转线并将其向下平移。

- 将 η_1 添加到斜率 m，得到 $m' = m + \eta_1$。
- 从 y 轴截距 b 中减去 η_2，得到 $b' = b - \eta_2$。

返回： 公式为 $\hat{p} = m'r + b'$ 的直线。

注意，在我们的示例中，在斜率上增加或减少一个小数字意味着增加或减少每个房间的价格。同样，在 y 轴截距上加减一个小数字意味着增加或减少房屋的基本价格。此外，因为 x 坐标是房间数量，所以这个数字永远不会是负数。因此，在我们的示例中，只有情况 1 和情况 3 很重要，这意味着我们可以用简单的语言将这个**简单技巧**总结如下。

简单技巧

- 如果模型给出的房屋价格低于实际价格，则在每个房间的价格和房屋的基本价格中增加一个小的随机金额。
- 如果模型给出的房屋价格高于实际价格，则从每个房间的价格和房屋的基本价格中减去一个小的随机金额。

这个技巧在实践中取得了一些成功，但远不是移动直线的最佳方式。可能会出现一些问题，例如：

- 可以为 η_1 和 η_2 选择更好的值吗？
- 可以将这 4 种情况分成两种，或者一种吗？

这两个问题的答案都是肯定的，我们将在以下两节中看到。

平方技巧：一种更聪明的方法，使我们的线更靠近其中一个点

在本节中，将展示一种将线移近点的有效方法。我称之为平方技巧。回顾一下，简单技巧包括 4 种基于点相对于线的位置情况。平方技巧将通过把具有正确符号(+或–)的值添加到斜率和 y 轴截距，使线始终靠近该点，从而将这 4 种情况归为一种。

我们从 y 轴截距开始。注意以下两个观察结果。

- **观察 1**：在简单技巧中，当点位于线上方时，在 y 轴截距加上一个小数值。当它位于线下方时，减去小数值。
- **观察 2**：如果某个点位于线上方，则值 $p - \hat{p}$(价格与预测价格之间的差值)为正。如果点低于线下方，则该值为负。这一观察结果如图 3.12 所示。

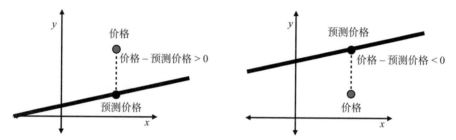

图 3.12　左图：当点位于线上方时，价格大于预测价格，因此差值为正。右图：当点位于线下方时，价格小于预测价格，因此差值为负

将观察 1 和观察 2 放在一起，我们得出结论，如果将差值 $p - \hat{p}$ 添加到 y 轴截距，则直线将始终向该点移动，因为点在线上方时差值为正值，而当点在线下方时差值为负值。然而，在机器学习中，我们总想再向前迈进一步。为帮助我们解决这个问题，我们引入了机器学习中的一个重要概念：学习率。

学习率　这是我们在训练模型之前选择的一个非常小的数字。这个数字帮助我们确保模型在训练后只发生很小的改变。在本书中，学习率用 η 表示，即希腊字母 eta。

因为学习率很小，所以值 $\eta(p - \hat{p})$ 也很小。这是我们添加到 y 轴截距以沿点方向移动线的值。

我们需要添加到斜率的值也与之相似，但稍微复杂一点。注意以下两个观察结果。

- **观察 3**：在简单技巧中，当点在情况 1 或情况 4 时(在线上方和垂直轴的右侧，或线下方和垂直轴的左侧)，逆时针旋转线。否则(情况 2 或情况 3)，顺时针旋转线。

- **观察 4**：如果点(r, p)在垂直轴的右侧，则 r 为正。如果点在垂直轴的左侧，则 r 为负。这一观察结果如图 3.13 所示。注意，在此示例中，r 永远不会为负数，因为它代表房间数。但在一般示例中，其他特征值可能是负数。

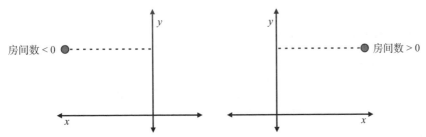

图 3.13　左图：当点位于 y 轴的左侧时，房间数为负数。右图：当点位于 y 轴的右侧时，房间数为正数

考虑值 $r(p - \hat{p})$。当 r 和 $(p - \hat{p})$ 均为正值或均为负值时，该值为正值。这正是情况 1 和情况 4 中的情形。类似地，$r(p - \hat{p})$ 在情况 2 和情况 3 中为负值。因此，基于观察 4，这是需要添加到斜率的数量。我们希望这个值很小，因此再次将其乘以学习率并得出结论，将 $\eta r(p - \hat{p})$ 添加到斜率将始终沿点的方向移动线。

现在可以编写平方技巧的伪代码。

平方技巧的伪代码

输入：
- 直线斜率为 m、y 轴截距为 b，则公式为 $\hat{p} = mr + b$
- 点的坐标为 (r, p)
- 一个小的正值 η(学习率)

输出：
- 公式为 $\hat{p} = m'r + b'$ 的直线更接近该点

程序：
- 将 $\eta r(p - \hat{p})$ 添加到斜率 m。获得 $m' = m + \eta r(p - \hat{p})$ (这将旋转线)。
- 将 $\eta(p - \hat{p})$ 添加到 y 轴截距 b。获得 $b' = b + \eta(p - \hat{p})$ (这将平移线)。

返回：公式为 $\hat{p} = m'r + b'$ 的直线

现在准备用 Python 编写这个算法！本节的代码如下：
- **笔记**：Coding_linear_regression.ipynb
    - https://github.com/luisguiserrano/manning/blob/master/Chapter_3_Linear_Regression/Coding_linear_regression.ipynb

这是平方技巧的代码：

```
square_trick(base_price, price_per_room, num_rooms, price, learning_rate):
predicted_price = base_price + price_per_room*num_rooms
```
计算出预测值

```
base_price += learning_rate*(price-predicted_price)
price_per_room += learning_rate*num_rooms*(price-predicted_price)
return price_per_room, base_price
```

平移线   旋转线

绝对技巧：将线移近点的另一个有用技巧

平方技巧非常有效，但另一个技巧也非常有用，称之为绝对技巧，是简单技巧和平方技巧之间的中间体。在平方技巧中，使用了两个数量 $p-\hat{p}$ (价格-预测价格)和 r(房间数量)，以帮助将 4 种情况归为一种。在绝对技巧中，仅使用 r 以帮助将 4 种情况减少到两种。换句话说，这就是绝对的技巧。

绝对技巧的伪代码

输入：
- 直线斜率为 m、y 轴截距为 b，公式为 $\hat{p}=mr+b$
- 点的坐标为 (r,p)
- 一个小的正值 η(学习率)

输出：
- 公式为 $\hat{p}=m'r+b'$ 的直线更接近该点

程序

情况 1：如果该点在线上方(即，如果 $p>\hat{p}$)
- 将 ηr 添加到斜率 m。获得 $m'=m+\eta r$ (如果点在 y 轴的右侧，则逆时针旋转线；如果点在 y 轴的左侧，则顺时针旋转线)。
- 将 η 添加到 y 截距 b。获得 $b'=b+\eta$ (将向上平移线)。

情况 2：如果该点位于线下方(即，如果 $p<\hat{p}$)
- 从斜率 m 中减去 ηr。获得 $m'=m-\eta r$ (如果点在 y 轴的右侧，则顺时针旋转线；如果点在 y 轴的左侧，则逆时针旋转线)。
- 从 y 轴截距 b 中减去 η。获得 $b'=b-\eta$ (将向下平移线)。

返回：公式 $\hat{p}=m'r+b'$ 的直线

这是绝对技巧的代码：

```
def absolute_trick(base_price, price_per_room, num_rooms, price,
    learning_rate):
    predicted_price = base_price + price_per_room*num_rooms
    if price > predicted_price:
        price_per_room += learning_rate*num_rooms
        base_price += learning_rate
    else:
        price_per_room -= learning_rate*num_rooms
        base_price -= learning_rate
    return price_per_room, base_price
```

建议读者验证添加到每个权重的数量确实具有正确的符号，就像我们在平方技巧中所做的那样。

线性回归算法：多次重复绝对技巧或平方技巧，以将线移近点

现在我们已经完成了所有艰难工作，我们已经准备好开发线性回归算法了！该算法将一堆点作为输入，并返回一条靠近它们的线。该算法首先使用斜率和 y 轴截距的随机值，然后使用绝对技巧或平方技巧重复更新过程。伪代码如下。

线性回归算法的伪代码

输入：

- 包含房间数和价格的房屋数据集

输出：

- 模型权重：每个房间的价格和基本价格

程序：

- 从斜率和 y 轴截距的随机值开始。
- 将下面两个步骤重复多次。
  - 选择一个随机数据点。
  - 使用绝对技巧或平方技巧更新斜率和 y 轴截距。

循环的每次迭代称为一次迭代**周期**，我们在算法开始时设置这个数字。简单技巧多用于说明，但如前所述，它效果不佳。在现实生活中，我们使用绝对技巧或平方技巧，效果会更好。事实上，虽然两者都常用，但平方技巧更受欢迎。因此，我们将在算法中使用该方法，但如果你愿意，也可选择使用绝对技巧。

这是线性回归算法的代码。注意，我们已经使用 Python random 包为初始值(斜率和 y 轴截距)以及循环中选择的点生成随机数。

导入随机包生成伪随机数

```
import random
def linear_regression(features, labels, learning_rate=0.01, epochs = 1000):
    price_per_room = random.random()
    base_price = random.random()
    for epoch in range(epochs):
        i = random.randint(0, len(features)-1)
        num_rooms = features[i]
        price = labels[i]
        price_per_room, base_price = square_trick(base_price,
                                                  price_per_room,
                                                  num_rooms,
                                                  price,
                                                  learning_rate=learning_rate)
    return price_per_room, base_price
```

生成斜率和 y 轴截距的随机值

在数据集上随机选择一个点

多次重复更新步骤

应用平方技巧移动线来靠近我们的点

下一步是运行此算法以构建适合我们数据集的模型。

加载数据并绘制成图

在本章中，我们使用 Matplotlib 和 NumPy 这两个非常有用的 Python 包加载并绘制数据和模型图。使用 NumPy 来存储数组和执行数学运算，使用 Matplotlib 来绘制图表。

我们做的第一件事是将表 3.2 中数据集的特征和标签编码为 NumPy 数组，如下所示：

```
import numpy as np
features = np.array([1,2,3,5,6,7])
labels = np.array([15.5, 19.7, 24.4, 35.6, 40.7, 44.8])
```

接下来绘制数据集。在仓库中，有一些用于绘制文件 utils.py 中代码的函数。数据集的图如图 3.14 所示。注意，这些点确实看起来接近形成一条线。

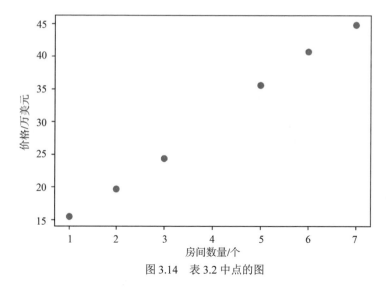

图 3.14　表 3.2 中点的图

在数据集中使用线性回归算法

现在，我们应用算法将一条线拟合到这些点。下面这行代码包含特征、标签，学习率等于 0.01，迭代次数等于 10 000。结果如图 3.15 所示。

```
linear_regression(features, labels, learning_rate = 0.01, epochs = 10000)
```

图 3.15 显示了每个房间价格为 5.105 万美元，基本价格为 9.910 万美元的线。这与我们在本章前面关注的 5 万美元和 10 万美元相差不远。

为了可视化这个过程，下面再看一下过程进展。在图 3.16 中，可以看到一些中间线。注意，线的起点与那些点距离很远。随着算法的处理，线每次都慢慢地越来越靠

近。注意，一开始(在前 10 次迭代周期中)，线会迅速朝着好的解决方案移动。迭代
50 次后，线很靠近那些点，但仍然不能完美地拟合那些点。如果让它迭代运行 10 000
次，就会得到一个很好的拟合。

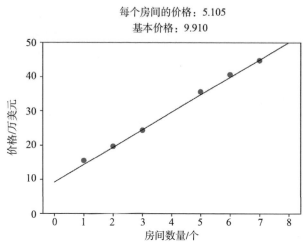

每个房间的价格：5.105
基本价格：9.910

图 3.15　表 3.2 中的点与我们用线性回归算法得到的线

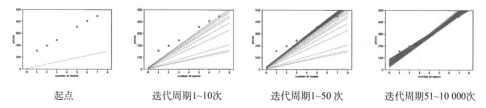

起点　　　　　迭代周期1~10次　　　　迭代周期1~50次　　　迭代周期51~10 000次

图 3.16　在我们接近更好的解决方案时，在算法中绘制一些线条。第一张图显示了起点。第二张图显示了
　　　　线性回归算法的前 10 次迭代。注意该线是如何靠近拟合点的。第三张图显示了前 50 次迭代。第
　　　　四张图显示了第 51 至 10 000 次迭代(最后一次迭代周期)

使用模型进行预测

现在有了一个新的线性回归模型，可以用它来进行预测！回顾一下本章开头，我
们的目标是预测一栋有 4 个房间的房屋的价格。在上一节中，我们运行了该算法并获
得了 5.105 的斜率(每个房间的价格)和 9.910 的 y 轴截距(房屋的基本价格)。因此，公
式如下：

$$\hat{p} = 5.105r + 9.910$$

模型对具有 $r = 4$ 个房间的房屋所做的预测是

$$\hat{p} = 5.105 \cdot 4 + 9.910 = 30.330$$

注意，30.330 万美元与我们在本章开头所关注的 30 万美元相差不远！

通用线性回归算法(选读)

本节是选读内容,因为它主要关注用于通用数据集的更抽象算法的数学细节。但我建议读者阅读,以习惯大多数机器学习文献中使用的符号。

在前面的部分中,我们概述了只有一个特征的数据集的线性回归算法。但正如你想象的那样,在现实生活中,我们将使用的数据集会具有多个特征。为此,需要一个通用算法。好消息是通用算法与我们在本章中学到的特定内容差别不大。唯一的区别是每个特征的更新方式与斜率的更新方式相同。在房屋示例中,我们只有一个斜率和一个y轴截距。一般情况下,我们要考虑多个斜率和一个y轴截距。

一般情况下,数据集包括m个点和n个特征。因此,模型有m个权重(将它们视为斜率的概括)和一个偏差。符号如下:

- 数据点是$x^{(1)}, x^{(2)}, \ldots, x^{(m)}$。每个点的形式为$x^{(i)} = \left(x_1^{(i)}, x_2^{(i)} \ldots, x_n^{(i)} \right)$。
- 对应的标签是$y_1, y_2, \ldots, y_m$。
- 模型的权重为$w_1, w_2, \ldots, w_n$。
- 模型的偏差为b。

通用平方技巧的伪代码

输入:
- 公式为$\hat{y} = w_1 x_1 + w_2 x_2 + \cdots + w_n x_n + b$的模型
- 点的坐标为(x, y)
- 一个小的正值η(学习率)

输出:
- 公式为$\hat{y} = w_1' x_1 + w_2' x_2 + \cdots + w_n' x_n + b'$的模型更接近点

程序:
- 将$\eta(y - \hat{y})$添加到y轴截距b。得到$b' = b + \eta(y - \hat{y})$。
- 对于$i = 1, 2, \cdots, n$:
  - 将$\eta x_i (y - \hat{y})$添加到权重w。得到$w' = w + \eta x_i (y - \hat{y})$。

返回: 公式为$\hat{y} = \cdots w_1' x_1 + w_2' x_2 + \ldots + w_n' x_n + b'$的模型

通用线性回归算法的伪代码与"线性回归算法的伪代码"一节中的相同,因为它由通用平方技巧组成,因此将其省略。

3.4 如何衡量结果? 误差函数

在前面的章节中,我们研发了一种寻找最佳直线拟合的直接方法。然而,很多时候使用直接方法很难解决机器学习中的问题。一种更间接但更机械的方法是使用**误差**

函数(error function)。误差函数是一个指标，表明我们的模型表现如何。对于图 3.17
中的两个模型，左边的是一个坏模型，而右边的是一个好模型。误差函数通过为左边
的坏模型分配一个大值，并为右边的好模型分配一个小值进行衡量。在文献中，误差
函数有时也称为**损失函数(loss function)**或**成本函数(cost function)**。在本书中，我们称
之为误差函数，在一些特殊情况下，我们会以更常用的名称来命名。

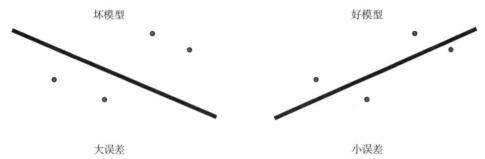

图 3.17　两个模型，一个坏模型(左边)和一个好模型(右边)。坏模型被分配了一个大误差，
　　　　好模型被分配了一个小误差

　　现在的问题是，如何为线性回归模型定义一个好的误差函数？我们有两种常用的
方法，即**绝对误差(absolute error)**和**平方误差(square error)**。简而言之，绝对误差是
直线到数据集中点的垂直距离之和，平方误差是这些距离的平方和。

　　在接下来的几节中，我们将更详细地了解这两个误差函数。然后介绍如何使用称
为梯度下降的方法来减少误差。最后，我们在现有示例中绘制了一个误差函数，来观
察梯度下降方法帮助我们减少误差的速度。

绝对误差：通过添加距离来体现模型好坏的指标

　　在本节中，我们将学习绝对误差，这个指标告诉我们模型的好坏。绝对误差是数
据点与线之间距离的总和。为什么叫绝对误差？为计算每个距离，我们分析标签和预
测标签之间的差异。这种差异可以为正也可以为负，这取决于点是在线的上面还是线
的下面。要将这种差异转化为一个始终为正的数字，我们取其绝对值。

　　根据定义，一个好的线性回归模型是直线靠近点的模型。这种情况下"靠近"是
什么意思呢？这是一个主观问题，因为靠近某些点的线可能远离其他点。我们是否宁
愿选择一条非常靠近某些点而远离其他点的线？或者我们是否尝试选择一条与所有
点都较为接近的线？绝对误差有助于我们做出这个决定。我们选择的线是绝对误差
最小的线，即从每个点到线的垂直距离之和最小的线。在图 3.18 中，可以看到两条
线，它们的绝对误差表示为垂直线段的总和。左边的线有一个很大的绝对误差，而
右边的有一个小的绝对误差。因此，在这两者之间，我们会选择右边的那个。

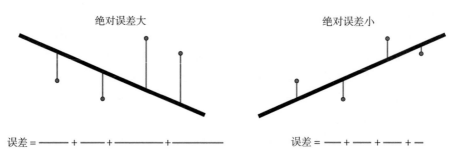

图 3.18　绝对误差是点到线的垂直距离之和。注意，左侧坏模型的绝对误差较大，右侧好模型的绝对误差较小

平方误差：通过添加距离的平方来体现模型好坏的指标

平方误差与绝对误差非常相似，只是我们取的是平方，而不是取标签和预测标签之间差异的绝对值。这将保证数字总是正数，因为对数字进行平方总是使其为正数。该过程如图 3.19 所示，其中平方误差表示为从点到线的长度的平方(面积)之和。可以看到左边坏模型的平方误差较大，而右边好模型的平方误差较小。

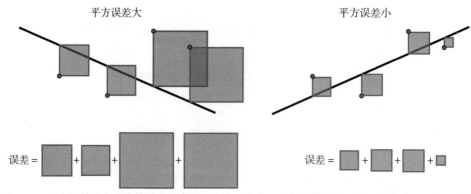

图 3.19　平方误差是点到线的垂直距离的平方和。注意，左侧坏模型的平方误差较大，右侧好模型的平方误差较小

如前所述，平方误差在实践中比绝对误差更常用。为什么？平方误差具有比绝对值更好的导数，这在训练过程中会派上用场。

平均绝对误差和均方(根)误差在现实生活中更为常见

在本章中，我们将使用绝对误差和平方误差进行说明。然而，在实践中，平均绝对误差(mean absolute error)和均方误差(mean square error)更常用。后两者与前两者的定义相似，但我们计算平均值而非计算总和。因此，平均绝对误差是点到线的垂直距离的平均值，均方误差是这些相同距离平方的平均值。为什么它们更常见？想象一下，假设我们想使用两个数据集来比较误差或模型，一个数据集有 10 个点，另一个数据集有 100 万个点。如果误差是数量的总和，每个点一个误差，那么在 100 万个点的数据集上，误差可能要高得多，因为我们添加了更多数字。如果我们想进行正确比较，就会在计算误差时使用平均值来衡量直线与每个点的平均距离。

出于说明目的，另一个常用的误差是**均方根误差(root mean square error)**，或简称为 RMSE。顾名思义，这指的是均方误差的根。它用于匹配单位，并让我们更好地了解模型在预测中产生的误差。如何操作呢？想象以下场景：如果我们试图预测房价，那么价格和预测价格的单位可能是美元($)。平方误差和均方误差的单位是美元的平方，而这并非常用单位。如果我们取平方根，那么不仅可得到正确单位，还可更准确地了解模型中每栋房屋大致折价多少美元。如果均方根误差为 10 000 美元，那么可以预期模型对我们所做的任何预测都会产生大约 10 000 美元的误差。

梯度下降：如何通过缓慢下山来减少误差函数

在本节中，将展示如何使用与梯度下降类似的方法，来减少之前的任何误差。这个过程使用导数，但好消息是：导数对于理解此方法并不重要。我们已经在前面的"平方技巧"和"绝对技巧"的训练过程中使用了它们。每次"向这个方向稍微移动"时，我们都会在后台计算误差函数的导数，并使用它来了解线的移动方向。如果你喜欢微积分，并想使用导数和梯度查看该算法的整个推导过程，请参阅附录 B。

别着急进行下一步，先回顾一下线性回归。我们想要做的到底什么？我们想找到最拟合数据的线。我们有一个称为误差函数的指标，它告诉我们一条线与数据的距离。因此，如果可以尽可能减少这个数字，就会找到最好的直线拟合。这个过程在数学的很多领域都很常见，称为最小化函数(minimizing function)，即寻找函数可以返回的最小可能值。这就是梯度下降的切入点，是最小化函数的好方法。

这种情况下，我们试图最小化的函数是模型的绝对误差或平方误差。一个小小的警告是：梯度下降并非总能找到函数的确切最小值，但它可能找到的值会非常接近最小值。好消息是，在实践中，梯度下降可以快速有效地找到函数值低的点。

梯度下降是如何运作的？梯度下降相当于下山。假设我们发现自己位于一座名为 Errorest 的高山之上。我们希望能下山，但是雾气很大，可视范围只有一米左右。我们该如何做呢？一个好方法就是环顾四周，弄清楚我们可以朝哪个方向迈出一步能下降最远的距离。这个过程如图 3.20 所示。

当找到这个方向时，我们就迈出一小步，因为那一步是朝着最大下降的方向迈出的，所以很可能下降了一小部分。我们所要做的就是多次重复这个过程，直至到达山脚(希望如此)。这个过程如图 3.21 所示。

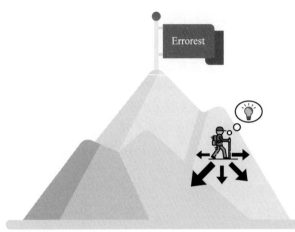

图 3.20　在 Errorest 山的顶部，想要前往山脚，但我们看不到有多远。下山的一种方法是查看我们可以向下走的所有方向，并找出哪个方向最能帮助我们下山。然后我们离山脚又近了一步

图 3.21　下山的方法是往下降最大的方向迈出一小步，并多次重复该过程

为什么我说希望如此？因为这个过程有很多注意事项。我们可以到达山脚，或者说我们到达了山谷，之后便无处可去。我们现在不会处理这个问题，但有几种技术可以减少这种情况发生的可能性。附录 B 将概述其中的一些技术。

附录 B 更详细地解释了大量的数学运算。但我们在本章中所讨论的正是梯度下降。如何操作呢？梯度下降的工作原理如下：

(1) 从山上的某个地方开始。

(2) 找到最好的方向，迈出一小步。

(3) 迈出这一小步。

(4) 多次重复第(2)步和第(3)步。

这可能看起来很熟悉，因为在 3.3 一节中，在定义了绝对技巧和平方技巧之后，我们通过以下方式定义了线性回归算法：

(1) 从任意一条直线开始。

(2) 使用绝对技巧或平方技巧找到稍微移动直线的最佳方向。

(3) 朝这个方向稍微移动线。

(4) 多次重复第(2)步和第(3)步。

图 3.22 说明了这种情况。唯一不同的是，这个误差函数看起来不像山，更像山谷，我们的目标是下降到最低点。这个山谷中的每个点都对应于一些试图拟合数据的模型(线)。点的高度是该模型给出的误差。因此，坏模型在顶部，好模型在底部。我们正在努力降低误差。每一步都将轻微优化模型。如果多次重复这些步骤，最终会得到最好的模型(或者至少，一个非常好的模型！)。

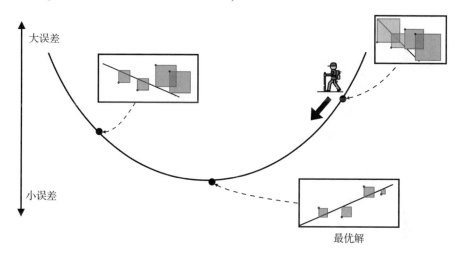

图 3.22　山上的每个点对应一个不同的模型。底部的点是误差小的好模型，顶部的点是误差大的坏模型。我们的目标是从这座山上下来。下山的方法是从某个地方开始，不断重复下降的步骤。梯度将帮助我们决定朝哪个方向行进才能达到最大降幅

绘制误差函数并了解何时停止运行算法

在本节中，我们会看到之前在"在数据集中使用线性回归算法"一节中执行训练的误差函数图。该图提供了训练该模型的有用信息。在仓库中，我们还绘制了"平均绝对误差和均方(根)误差在现实生活中更为常见"一节中定义的均方根误差函数(RMSE)。计算 RMSE 的代码如下：

```
def rmse(labels, predictions):
    n = len(labels)
    differences = np.subtract(labels, predictions)
    return np.sqrt(1.0/n * (np.dot(differences, differences)))
```

点积　为编写 RMSE 函数，使用了点积，这是一种简单方法，可编写两个向量中

对应项的乘积之和。例如，向量(1,2,3)和(4,5,6)的点积为 $1 \times 4 + 2 \times 5 + 3 \times 6 = 32$。如果计算一个向量和它本身的点积，就会得到它们的平方和。

误差图如图 3.23 所示。注意，它在大约 1 000 次迭代后迅速下降，此后并没有太大变化。这个图提供了有用的信息：它告诉我们对于这个模型，我们可以只运行 1 000 或 2 000 次迭代而不是 10 000 次训练算法，且仍能得到类似结果。

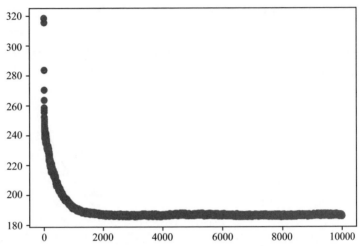

图 3.23 运行示例的均方根误差图。注意该算法如何在 1000 多次迭代后成功减少此误差。这意味着我们不需要继续迭代运行这个算法 10000 次，因为大约 2000 次就可以完成这项工作

一般来说，误差函数为我们提供了很好的信息，帮助我们决定何时停止运行算法。这个决定通常基于我们可用的时间和计算能力。但实践中通常会使用其他有用的基准，例如：

- 当损失函数达到我们预定的某个值时
- 当损失函数在几次迭代周期内没有大量减少时

我们是一次使用一个点还是同时使用多个点进行训练？随机梯度下降和批量梯度下降

在 3.3 一节中，我们通过多次重复一个步骤来训练线性回归模型。此步骤包括选取一个点并将线移向该点。在 3.4 一节中，我们通过计算绝对误差或平方误差并使用梯度下降来减少误差，从而训练线性回归模型。然而，这个误差是在整个数据集上计算的，而不是一次计算一个点。为什么是这样？

现实情况是，可通过一次迭代一个点或整个数据集来训练模型。但当数据集非常大时，两种选择的成本可能都很昂贵。可使用一种称为小批量学习(mini-batch learning)的有用方法，将数据分成许多小批量。在线性回归算法的每次迭代中，我们选择一个小批量，并继续调整模型的权重，以减少该小批量中的误差。在每次迭代中使用一个

点、一小批点或整个数据集的决定会产生 3 种一般类型的梯度下降算法。当一次使用一个点时，称为随机梯度下降(stochastic gradient descent)。当使用小批量时，称为小批量梯度下降(mini-batch gradient descent)。当使用整个数据集时，称为批量梯度下降(batch gradient descent)。此过程在附录 B 中有更详细的说明。

3.5　实际应用：使用 Turi Create 预测房价

在本节中，我将向你展示一个真实的应用程序。我们将使用线性回归来预测某市的房价。我们使用的数据集来自 Kaggle，这是一个很受欢迎的机器学习竞赛网站。本节的代码如下。

- **笔记**：House_price_predictions.ipynb
  - https://github.com/luisguiserrano/manning/blob/master/Chapter_3_Linear_ Regression/House_price_predictions.ipynb
- **数据集**：Hyderabad.csv

该数据集有 6207 行(每栋房屋一行)和 39 列(特征)。可以想象，我们不会手工编写算法代码。相反，我们使用 Turi Create，这是一个流行且实用的软件包，包含许多机器学习算法。Turi Create 存储数据的主要对象是 SFrame。我们首先使用以下指令将数据下载到 SFrame 中：

```
data = tc.SFrame('Hyderabad.csv')
```

表格过大，但可在表 3.3 中看到完整表格的前几行的前几列。

表 3.3　某市房价数据集的前五行的前七列

价格/美元	面积/平方米	卧室数量 /个	转售次数 /次	维修人员 /个	健身房 /个	游泳池 /个
30000000	3340	4	0	1	1	1
7888000	1045	2	0	0	1	1
4866000	1179	2	0	0	1	1
8358000	1675	3	0	0	0	0
6845000	1670	3	0	1	1	1

在 Turi Create 中训练线性回归模型只需要一行代码。我们使用来自 linear_regression 包的函数 create。在这个函数中，我们只需要指定目标(标签)，即 Price，如下：

```
model = tc.linear_regression.create(data, target='Price')
```

训练可能需要一些时间，但训练后会输出一些信息。它输出的字段之一是均方根误差。对于此模型，RMSE 约为 3 000 000。这是一个很大的 RMSE，但这并不意味着模型会做出坏的预测。这可能意味着数据集有许多异常值。可以想象，房屋的价格可能取决于数据集中没有的许多其他特征。

我们可以使用该模型来预测面积为1000，带有3个卧室的房屋的价格，如下所示：

```
house = tc.SFrame({'Area': [1000], 'No. of Bedrooms':[3]})
model.predict(house)
Output: 2594841
```

该模型输出面积为1000，带有三间卧室房屋的价格为2 594 841美元。

还可以使用更少的特征来训练模型。create函数允许我们输入想要用作数组的特征。以下代码行训练 simple_model 模型，该模型使用面积来预测价格：

```
simple_model = tc.linear_regression.create(data, features=['Area'],
    target='Price')
```

可使用以下代码行来探索该模型的权重：

```
simple_model.coefficients
```

输出为我们提供了以下权重。

- 斜率：9664.97
- y 轴截距：–6 105 981.01

当绘制面积和价格时，y 轴截距是偏差，面积系数是线的斜率。图 3.24 展示了相应模型的点。

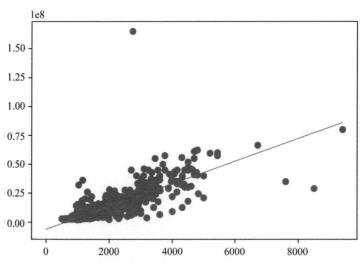

图 3.24　仅受面积和价格影响的房价数据集。这条线是我们仅使用面积特征来预测价格所获得的模型

可在这个数据集中做更多事情，建议读者继续探索。例如，尝试通过查看模型

的权重来探索哪些特征比其他特征更重要。建议读者查看 Turi Create 文档 (https://apple.github.io/turicreate/docs/api/)，了解可以用来改进此模型的其他函数和技巧。

3.6　如果数据不在一行怎么办？多项式回归

在前面，我们学习了如何找到最适合数据的线，假设数据与一条直线非常相似。但是如果数据不接近于一条直线会发生什么？在本节中，我们将学习线性回归的强大扩展——多项式回归(polynomial regression)，它可以帮助我们处理更复杂的数据情况。

一种特殊的曲线函数：多项式

要学习多项式回归，首先需要了解什么是多项式。多项式是一类十分有助于非线性数据建模的函数。

我们已经见过多项式，因为每条直线都是 1 阶多项式。抛物线是 2 阶多项式。形式上，多项式具有一个变量，可表示为该变量幂倍数之和。变量 x 的幂是 $1, x, x^2, x^3, \cdots$。注意，前两个是 $x^0 = 1$ 和 $x^1 = x$。因此，以下是多项式的示例：

- $y = 4$
- $y = 3x + 2$
- $y = x^2 - 2x + 5$
- $y = 2x^3 + 8x^2 - 40$

我们将多项式的阶数(degree)定义为多项式表达式中最高幂指数。例如，多项式 $y = 2x^3 + 8x^2 - 40$ 的阶数为 3，因为 3 是变量 x 提升到的最高指数。注意，在示例中，多项式阶数为 0、1、2 和 3。0 阶多项式恒为常数，1 阶多项式是线性公式，就像我们在本章前面看到的那样。

多项式的图形看起来很像一条多次振荡的曲线。它的振荡次数与多项式的阶数有关。如果多项式的阶数为 d，则该多项式的图形是一条最多振荡 $d - 1$ 次(对于 $d > 1$)的曲线。在图 3.25 中，可看到多项式的一些示例图。

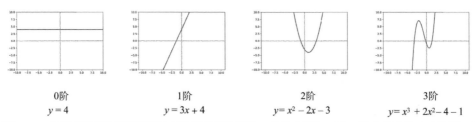

0阶	1阶	2阶	3阶
$y = 4$	$y = 3x + 4$	$y = x^2 - 2x - 3$	$y = x^3 + 2x^2 - 4 - 1$

图 3.25　多项式是帮助我们更好地对数据建模的函数。此处分别为 0 到 3 阶多项式的 4 个绘图。注意 0 阶多项式是一条水平直线，1 阶多项式是任意一条直线，2 阶多项式是一条抛物线，3 阶多项式是一条振荡两次的曲线

在图中，注意 0 阶多项式是一条水平直线。1 阶多项式是斜率不为 0 的直线。2 阶多项式是二次方程(抛物线)。3 阶多项式看起来像一条振荡两次的曲线(尽管它们可能振荡次数更少)。100 阶多项式图(如 $y = x^{100} - 8x^{62} + 73x^{27} - 4x + 38$ 的图)是什么样子？我们必须绘制它才能找出答案，但可以肯定的是，我们知道它是一条最多振荡 99 次的曲线。

非线性数据？没问题：让我们尝试将多项式曲线拟合到它

在本节中，我们将看到如果数据不是线性的(即看起来不像是一条直线)会发生什么，并且我们想将其拟合到多项式曲线。假设数据看起来像图 3.26 的左侧那样。无论我们如何尝试，都无法找到真正适合这些数据的线。别担心！如果决定拟合一个 3阶多项式，那么会得到如图 3.26 右侧所示的曲线，它更适合此数据。

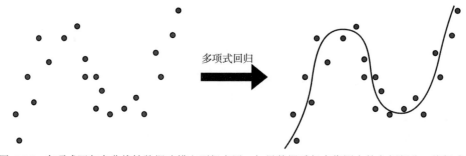

多项式回归

图 3.26　多项式回归在非线性数据建模方面很有用。如果数据看起来像图中的左侧部分，将很难找到适合它的直线。但曲线可以很好地拟合数据，如图的右侧部分所示。多项式回归帮助我们找到这条曲线

训练多项式回归模型的过程类似于训练线性回归模型的过程。唯一的区别是我们需要在应用线性回归之前向数据集中添加更多列。例如，如果我们决定对图 3.26 中的数据进行 3 阶多项式拟合，需要添加两列：一列是特征的平方，另一列是特征的立方。如果你想更详细地研究这一点，请查看 4.6 一节，其中我们将学习抛物线数据集中多项式回归的示例。

训练多项式回归模型需要注意的是，我们必须在训练过程之前确定多项式的阶数。我们如何决定这个阶数？我们想要一条直线(1 阶)、抛物线(2 阶)、三次曲线(3 阶)，还是一些 50 阶的曲线呢？这个问题很重要，我们将在第 4 章学习过拟合、欠拟合和正则化时处理它！

3.7　参数和超参数

参数和超参数是机器学习中最重要的概念之一，在本节中，我们将了解它们的概念以及区分方式。

如本章所述，回归模型是由它们的权重和偏差定义的，即使用模型的**参数(parameter)**。但是，我们可以在训练模型之前扭转许多其他因素，例如学习率、迭代周期、阶数(如果考虑多项式回归模型)等。这些被称为**超参数(hyperparameter)**。

我们在本书中学习的每个机器学习模型都有一些定义明确的参数和超参数。它们往往很容易混淆，因此区分它们的经验法则如下：

- 你在训练过程**之前**设置的任何数量都是超参数。
- 模型在训练过程**之中**创建或修改的任何数量都是一个参数。

3.8　回归应用

机器学习的影响不仅通过其算法的能力来衡量，还通过其应用的广度来衡量。在本节中，我们将看到线性回归在现实生活中的一些应用。在每个示例中，我们都会概述问题，学习一些特征来解决问题，然后让线性回归发挥其作用。

推荐系统

机器学习被广泛用于一些最著名的应用程序中，以生成良好的推荐，包括YouTube、Netflix、Facebook、Spotify 和 Amazon。回归在大多数这些推荐系统中起着关键作用。因为回归预测了一个数量，所以如果我们要生成好的推荐，则需要做的就是找出最能表明用户交互或用户满意度的数量。下面列举一些更具体的例子。

视频和音乐推荐

用于生成视频和音乐推荐的方法之一是预测用户观看视频或听歌的时间。为此，可创建一个线性回归模型，其中数据上的标签是每个用户观看每首歌曲视频的分钟数。这些特征可以是用户的人口统计数据，如年龄、位置和职业，但也可以是行为特征，例如，他们单击的或感兴趣的其他视频或歌曲。

产品推荐

商店和电子商务网站也使用线性回归来预测销售额。一种方法是预测客户将在商店中花费的金额。我们可以使用线性回归来做到这一点。要预测的标签可以是用户花费的金额，特征可以是人口统计数据和行为特征，这与视频和音乐推荐类似。

医疗保健

回归在医疗保健领域有许多应用。根据要解决的问题，预测正确的标签是关键。下面列举几个例子。

- 根据患者当前的健康状况预测患者的寿命

- 根据当前症状预测住院时长

3.9 本章小结

- 回归是机器学习的重要组成部分。它包括使用标记数据训练算法并使用算法对未来(无标签)数据进行预测。
- 标签数据是带有标签的数据，在回归案例中，标签是数字。例如，数字可以是房屋的价格。
- 在数据集中，特征是我们用来预测标签的属性。例如，如果想预测房价，特征是可以描述房屋并可以决定价格的任何东西，例如面积、房间数量、附近学校的教学质量、犯罪率、房龄和到高速公路的距离。
- 用于预测的线性回归方法包括为每个特征分配一个权重，并加上相应的权重与特征的乘积，再加上偏差。
- 从图形上看，我们可以将线性回归算法看作一条尽可能靠近一组点的直线。
- 线性回归算法的工作方式是从一条随机直线开始，然后慢慢将其移近每个错误分类的点，以尝试对其进行正确分类。
- 多项式回归是线性回归的推广，其中我们使用曲线(而非直线)对数据进行建模。这十分适用于非线性数据集。
- 回归有很多应用，包括推荐系统、电子商务和医疗保健。

3.10 练习

练习 3.1

某网站已经训练了一个线性回归模型来预测用户将在网站上花费的分钟数。他们得到的公式是

$$\hat{t} = 0.8d + 0.5m + 0.5y + 0.2a + 1.5$$

其中 $\hat{t}$ 是以分钟为单位的预测时间，d、m、y 和 a 是指示变量(即它们仅取值 0 或 1)，定义如下：

- d 是表示用户是否使用计算机的变量。
- m 是表示用户是否使用移动设备的变量。
- y 是表示用户是否年轻(21 岁以下)的变量。
- a 是表示用户是否为成年人(21 岁或以上)的变量。

示例：如果用户 30 岁并且使用计算机，则 $d=1$、$m=0$、$y=0$、$a=1$。

如果一位 45 岁的用户用手机浏览网站，他们预计在网站上花费的时间是多少？

练习 3.2

想象一下，我们在医疗数据集中训练了一个线性回归模型。该模型预测患者的预期寿命。模型会给我们数据集中的每个特征分配一个权重。

(1) 对于以下数量，请说明你认为该数量的权重是正数、负数还是 0。注意，如果你认为权重是一个非常小的数字，无论是正数还是负数，你都可以说为 0。

① 患者每周锻炼的小时数

② 患者每周吸烟数量

③ 患者心脏病的家庭成员人数

④ 患者兄弟姐妹数量

⑤ 患者是否住院

(2) 该模型也有偏差。你认为偏差是正数、负数还是 0？

练习 3.3

以下是房屋面积(以平方米为单位)和价格(以万美元为单位)的数据集。

	面积	价格
房屋 1	100	20
房屋 2	200	47.5
房屋 3	200	40
房屋 4	250	52
房屋 5	325	73.5

假设我们已经训练了模型，其中基于面积的房屋价格预测如下：

$$\hat{p} = 0.2s + 5$$

a. 计算此模型对数据集所做的预测。

b. 计算该模型的平均绝对误差。

c. 计算该模型的均方根误差。

练习 3.4

我们的目标是使用我们在本章中学到的技巧，将直线 $\hat{y} = 2x + 3$ 移近点 $(x, y) = (5, 15)$。对于以下两个问题，学习率 $\eta = 0.01$。

a. 应用绝对技巧使上述直线更接近该点。

b. 应用平方技巧使上述直线更接近该点。

优化训练过程：欠拟合、过拟合、测试和正则化 | 第**4**章

本章主要内容：

- 什么是机器学习
- 什么是欠拟合和过拟合
- 避免过拟合的一些解决方案：测试、模型复杂度图和正则化
- 使用 L1 和 L2 范数计算模型复杂度
- 选择性能和复杂度方面的最佳模型

我去吃午饭，当我回来时，模型已经过拟合了！

哦，不！你打算如何做？

我再也不会去吃午饭了。 天才啊。

本章与本书的其他大部分章节不同，因为它不包含特定的机器学习算法。相反，它描述了机器学习模型可能面临的一些潜在问题，以及解决这些问题的有效实用方法。

想象一下，你已经学习了一些很棒的机器学习算法且已经准备好应用这些算法。你去当一名数据科学家，你的首要任务是为客户数据集构建机器学习模型。你构建这一模型，并将其投入生产。但一切都错了，该模型并不能很好地进行预测。发生了什么？

事实证明，这个故事很常见，因为我们的模型可能出现很多问题。幸运的是，我们有几种技术可以将其改进。在本章中，将展示训练模型时经常发生的两个问题：欠拟合和过拟合。然后将展示一些避免模型欠拟合和过拟合的解决方案：测试和验证、模型复杂度图和正则化。

我们用下面的类比来解释欠拟合和过拟合。假设我们必须为考试而学习。在学习过程中，有几件事可能会出错。可能我们学得还不够。这个问题没有办法解决，并且我们在测试中很可能表现不佳。如果我们努力学习，但方法错误怎么办。例如，我们没有专注于学习，而是决定逐字记住整本书。我们会在考试中表现出色吗？很可能也不会，因为我们只是在没有理解的情况下记住了所有内容。当然，最好的选择是正确地为考试而学习，并以一种新方法进行学习，使我们能够回答有关该主题的新问题。

在机器学习中，**欠拟合(underfitting)**看起来很像没有为考试而学习。当试图训练一个过于简单的模型，并且无法学习数据时，就会发生这种情况。过拟合(overfitting)看起来很像记住整本教科书但不是为考试而学习。当尝试训练一个过于复杂的模型，并且该模型只是记住数据而不是很好地学习数据时，就会发生这种情况。一个好的模型既不会欠拟合也不会过拟合，看起来像是为了考试而恰到好处地学习。这样的良好模型可以正确地学习数据，并可对从未见过的新数据做出很好的预测。

考虑欠拟合和过拟合的另一种方法是当手头有任务时，我们可能犯两个错误。我们可将问题过分简化，并提出一个过于简单的解决方案；也可以使问题过于复杂化，并提出一个过于复杂的解决方案。

想象一下，如果任务是杀死哥斯拉，如图 4.1 所示，而我们带着苍蝇拍去战斗。这是一个过度简化的例子。对我们来说这种方法不会成功，因为我们低估了问题并且没有做好准备。这是欠拟合的：我们数据集很复杂，但只用一个简单的模型对其进行建模。该模型将无法捕捉数据集的复杂度。

相比之下，如果我们的任务是杀死一只苍蝇，而我们使用火箭弹来完成这项工作，那么这是一个过度复杂化例子。是的，我们可能会杀死苍蝇，但我们也会摧毁周围的一切，让自己处于危险之中。我们高估了这个问题，解决方案也并不好。这是过拟合：数据很简单，但我们试图将其拟合到太复杂的模型中。该模型将能拟合我们的数据，但它只是记住数据而不是学习数据。我第一次学习过拟合时，我的反应是，"好吧，那没问题。如果我使用的模型太复杂，我仍可对数据进行建模，对吗？"对，但过拟合的真正问题是试图让模型对看不见的数据进行预测。正如我们在本章后面看到的那样，预测结果可能看起来很糟糕。

欠拟合　　　　　　　　　　　　　　　　过拟合

图 4.1　欠拟合和过拟合是训练机器学习模型时可能出现的两个问题。左边：当过度简化手头的问题
　　　并尝试使用简单的解决方案时，就会发生欠拟合，例如尝试使用苍蝇拍杀死哥斯拉。右边：
　　　当将问题的解决方案过于复杂化并尝试使用极其复杂的解决方案时，就会发生过拟合，例如
　　　尝试使用火箭弹杀死一只苍蝇

正如我们在第 3 章的 3.7 一节中看到的，每个机器学习模型都有超参数，它们是
我们在训练模型之前调整的旋钮。设置正确的模型超参数非常重要。如果将其中一些
超参数设置错误，就很容易出现欠拟合或过拟合。我们在本章中介绍的技术有助于正
确调整超参数。

为使这些概念更清晰，我们将展示一个示例，其中包含一个数据集和几个不同的
模型，这些模型是通过更改一个特定的超参数(多项式的次数)而创建的。

可在以下 GitHub 仓库中找到本章的所有代码：https://github.com/luisguiserrano/
manning/tree/master/Chapter_4_Testing_Overfitting_Underfitting。

4.1　使用多项式回归的欠拟合和过拟合示例

在本节中，我们将看到同一数据集的过拟合和欠拟合示例。仔细查看图 4.2 中的
数据集，并尝试拟合多项式回归模型(参见第 3 章的 3.6 一节)。让我们想想什么样的多
项式适合这个数据集。它是一条直线、一条抛物线、一条三次曲线，还是一个 100 阶
多项式？回忆一下，多项式的阶数是存在的最高指数。例如，多项式 $2x^{14}+9x^6-3x+2$
的阶数为 14。

我认为该数据集看起来很像一条向下开口的抛物线(一张悲伤的脸)。这是一个 2 阶
多项式。然而，我们是人类，可通过肉眼观察直接得出这一结论。计算机无法做到这
一点。计算机需要多次尝试多项式的阶数值，然后以某种方式选择最好的值。假设计
算机将尝试用 1、2 和 10 阶多项式进行拟合。当将 1 阶(直线)、2 阶(二次方程)和 10
阶(最多振荡 9 次的曲线)多项式拟合到这个数据集时，将得到如图 4.3 所示的结果。

在图 4.3 中，我们看到了 3 个模型，即模型 1、模型 2 和模型 3。注意，模型 1 过
于简单，因为它是一条试图拟合二次数据集的直线。

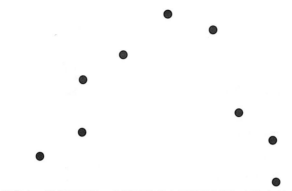

图4.2　在这个数据集中，我们训练了一些模型并找出了训练问题，例如欠拟合和过拟合。如果你要
　　　　将多项式回归模型拟合到该数据集，你会使用哪种类型的多项式，是直线、抛物线还是其他？

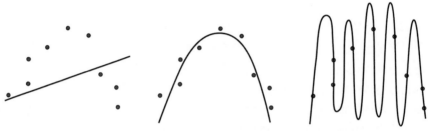

　　模型1是1阶多项式(直线)　　　模型2是2阶多项式(抛物线)　　　模型3是10阶多项式

图4.3　将3个模型拟合到同一数据集。模型1是1阶多项式，是一条直线。模型2是2阶多项式，
　　　　也称为二次方程。模型3是10阶多项式。哪一个看起来最合适呢？

　　我们无法找到适合该数据集的直线，因为数据集看起来根本不像一条直线。因此，
模型1明显欠拟合。相比之下，模型2比较适合数据。该模型既不过拟合也不欠拟合。
模型3非常适合数据，但它完全没有靠近点。数据看起来像是一条关于噪声的抛物线，
模型绘制了一个非常复杂的10阶多项式，它设法靠近每个点，但没有捕捉到数据的
本质。模型3是过拟合的一个明显例子。

　　为了总结前面的推理，我们在本章以及本书的许多其他章节中得到一个观察结
果：非常简单的模型往往会欠拟合，非常复杂的模型往往会过拟合。我们的目标是找
到一个既不会太简单也不会太复杂的模型，它可以很好地捕捉数据的本质。

　　我们即将学习具有挑战性的章节。作为人类，我们知道模型2给出了最佳拟合。
但计算机看到的是什么？计算机只能计算误差函数。你可能还记得在第3章中，我们
定义了两个误差函数：绝对误差和平方误差。为了表述清晰，在此示例中，我们将使
用绝对误差，即从点到曲线距离的绝对值的总和的平均值，尽管相同的参数适用于平
方误差。模型1中，点离模型很远，所以误差很大；模型2中，距离很短，所以误差
很小。但模型3中，距离为0，因为所有点都落在实际曲线中！这意味着计算机会认
为完美的模型是模型3。情况不妙。我们需要找到一种方法来告诉计算机最好的模型

是模型 2，而模型 3 是过拟合的。我们应该如何做？建议读者自己想一想，因为这个问题有多种解决方案。

4.2　如何让计算机选择正确的模型？测试

确定模型是否过拟合的一种方法是对其进行测试，这就是本节介绍的内容。测试模型包括在数据集中挑选一小组点，并选择将它们用于测试模型的性能，而不是训练模型。这组点称为**测试集(testing set)**。我们用于训练模型的剩余点集(多数)称为**训练集(training set)**。一旦在训练集上训练了模型，就使用测试集来评估模型。通过这种方式，确保模型能够很好地推广到看不见的数据，而不是记住训练集。让我们回到考试的类比示例，想象一下这种方式的训练和测试。假设学习的这本书最后在考试中有 100 个问题。我们从中挑选了 80 个进行训练，这意味着我们仔细研究，查找答案并学习了这些问题。然后用剩下的 20 个问题来测试自己——试着不看书回答问题，就像在考试中一样。

现在让我们看看这个方法在数据集和模型中的表现如何。注意，模型 3 的真正问题不在于它不适合数据，而在于它不能很好地推广到新数据。换句话说，如果你在该数据集上训练模型 3，之后出现了一些新点，你是否相信该模型能够对这些新点做出良好的预测？可能不会，因为模型只是记住了整个数据集，而没有捕捉到它的本质。这种情况下，数据集的本质是它看起来像一条向下开口的抛物线。

在图 4.4 中，我们在数据集中绘制了代表测试集的两个白色三角形。黑色圆圈对应于训练集。现在让我们详细检查这个图，看看这 3 个模型在训练集和测试集上的表现如何。换句话说，我们需要检查模型在两个数据集中产生的误差。我们将这两个误差称为**训练误差(training error)**和**测试误差(testing error)**。

图 4.4 中的顶行对应于训练集，底行对应于测试集。为说明误差，我们绘制了从点到模型的竖线。平均绝对误差正是这些线长度的平均值。查看第一行，可看到模型 1 的训练误差很大，模型 2 的训练误差很小，模型 3 的训练误差更小(实际上为 0)。因此，模型 3 在训练集上表现最佳。

然而，当使用测试集时，事情发生了变化。模型 1 仍然有很大的测试误差，这意味着它是一个坏模型，在训练集和测试集上表现不佳，即欠拟合。模型 2 的测试误差较小，这意味着它是一个好模型，因为它在训练集和测试集中都表现良好。然而，模型 3 测试误差较大，因为它在拟合测试集方面表现非常糟糕，但在拟合训练集方面表现良好；所以我们得出结论，模型 3 过拟合。

让我们总结一下目前为止学到的内容。

模型可以

- 欠拟合：使用对我们的数据集来说太简单的模型。

- 很好地拟合数据：使用对数据集具有适当复杂度的模型。
- 过拟合：使用对数据集来说太复杂的模型。

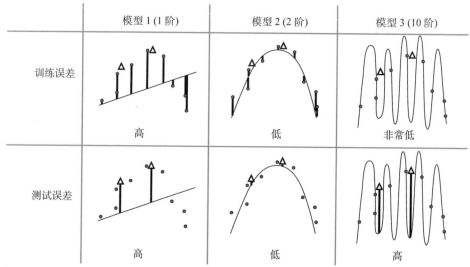

图 4.4   可使用这个表来决定模型的复杂程度。行数据为 1、2 和 10 阶的 3 个模型。行数据代表训练
         误差和测试误差。实心圆圈是训练集，白色三角形是测试集。每个点的误差可看作点到曲线
         的竖线。每个模型的误差是由这些垂直长度的平均值给出的平均绝对误差。注意，随着模型
         复杂度的增加，训练误差会下降。但随着复杂度的增加，测试误差会下降然后上升。从这张
         表中，我们得出结论，在这 3 个模型中，模型 2 最佳，因为它的测试误差低

在训练集中
- 欠拟合模型效果不佳(训练误差大)。
- 好模型效果良好(训练误差小)。
- 过拟合模型效果极佳(训练误差很小)。

在测试集中
- 欠拟合模型效果不佳(测试误差大)。
- 好模型效果良好(测试误差小)。
- 过拟合模型效果不佳(测试误差大)。

因此，判断模型是欠拟合、过拟合还是良好，方法就是查看训练误差和测试误差。如果两个误差都很高，则欠拟合。如果这两个误差都很低，则是一个好模型。如果训练误差小而测试误差大，则过拟合。

如何选择测试集，它应该有多大？

提出一个问题。我从哪里得出这两个新点？如果在数据始终流动的生产环境中训练模型，那么可以选择一些新点作为测试数据。但是如果我们没有办法获得新点，而只有 10 个点的原始数据集怎么办？发生这种情况时，我们只需要牺牲一些数据，并将其用作测试集。多少数据呢？这取决于我们拥有多少数据，以及我们希望模型的效果有多好，但实际上，10%到 20%的数据似乎就可达到很好的效果。

可使用测试数据来训练模型吗？不。

在机器学习中，我们总是需要遵循一个重要的规则：将数据划分为训练集和测试集时，我们应该使用训练数据来训练模型，并且绝对不要在训练模型的同时接触测试数据或对模型的超参数做决策。否则很可能导致过拟合，即使不会被其他人注意到也同样如此。在许多机器学习竞赛中，团队提交了他们认为很棒的模型，结果却在秘密数据集上进行测试时惨遭失败。这可能是因为数据科学家以某种方式训练模型时(可能是无意中)使用了测试数据。事实上，这条规则非常重要，我们将把它作为本书的黄金法则。

黄金法则　永远不要将测试数据用于训练。

现在，这似乎是一个容易遵循的规则，但正如我们将看到的，这是一个很容易被意外打破的规则。

事实上，我们在本章中已经打破了黄金法则。你能发现是在哪里吗？建议读者回头去寻找答案。我们将在下一节揭秘。

4.3　我们在哪里打破了黄金法则，如何解决呢？验证集

在本节中，我们将看到哪里打破了黄金法则，并学习了一种称为验证的技术，它将为我们提供帮助。

我们在 4.2 节中打破了黄金法则。回顾一下，我们有 3 个多项式回归模型：分别为 1 阶、2 阶和 10 阶模型，我们不知道该选择哪一个。我们使用训练数据来训练这 3 个模型，然后使用测试数据来决定选择哪个模型。我们不应该使用测试数据来训练模型，或对模型或超参数做出任何改变。一旦这样做，就有可能过拟合！每次构建一个过于符合数据集的模型时，都可能会过拟合。

我们能做什么？解决方案很简单：多破坏一下数据集。我们引入了一个新的集合，即**验证集(validation set)**，然后用它对数据集做出决策。总之，将数据集分为以下三组。

● **训练集**：用于训练所有模型
● **验证集**：用于决定使用哪个模型
● **测试集**：用于检查模型的表现如何

因此，在我们的示例中，有两个点用于验证，查看验证误差应该可以帮助我们确定要使用的最佳模型是模型 2。我们应该在最后使用测试集，来检查模型的表现如何。

如果模型不好，我们应该放下一切，从头开始。

　　就测试集和验证集的大小而言，通常使用 60-20-20 或 80-10-10 的划分方式——换句话说，60%是训练集、20%是验证集、20%是测试集，或 80%是训练集、10%是验证集、10%是测试集。这些数字是随意的，但往往效果很好，因为它们将大部分数据留给了训练集，但仍然允许我们在足够大的集合中测试模型。

4.4　一种决定模型复杂度的数值方法：模型复杂度图

　　在前面的章节中，我们学习了如何使用验证集来帮助确定 3 个不同模型中哪个模型最好。在本节中，我们将学习**模型复杂度图(model complexity graph)**，它可以帮助我们在更多模型中做出决定。想象一下，我们有一个复杂得多的数据集，并正在尝试构建一个多项式回归模型进行拟合。我们想在 0 到 10(包括 0 和 10)之间的数字中决定模型的阶数。正如我们在上一节中看到的，决定使用哪个模型的方法是选择验证误差最小的模型。

　　但是，将训练误差和测试误差绘制成图可以为我们提供一些有价值的信息，并帮助我们检查趋势。在图 4.5 中，可以看到横轴表示模型中多项式的阶数，纵轴表示误差值。菱形代表训练误差，圆圈代表验证误差。这就是模型复杂度图。

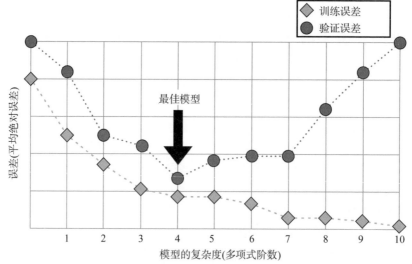

图 4.5　模型复杂度图是帮助我们确定模型理想复杂度以避免欠拟合和过拟合的有效工具。在这个模型复杂度图中，横轴代表了几个多项式回归模型的阶数，从 0 到 10(即模型的复杂度)。纵轴代表误差，在本例中是平均绝对误差。注意，向右移动时，训练误差初始值很大，之后减小。这是因为我们的模型越复杂，就越好拟合训练数据。然而，验证误差初始值很大，然后减少，此后再次增加——非常简单的模型不能很好地拟合数据(它们欠拟合)，而非常复杂的模型适合训练数据，但不适合验证数据，因为它们过拟合。中间的一个最佳点让模型既不欠拟合也不过拟合，可使用模型复杂度图找到它

注意，在图 4.5 模型复杂度图中，验证误差的最低值出现在 4 阶模型，这意味着对于该数据集，最佳拟合模型(在我们正在考虑的模型中)是 4 阶多项式回归模型。看图的左边，可看到当多项式的阶数小时，训练误差和验证误差都很大，这意味着模型欠拟合。看图的右边，可看到训练误差越来越小，但验证误差越来越大，这意味着模型过拟合。最佳点在 4 左右，这就是我们想要的模型。

模型复杂度图的一个好处是，无论数据集有多大，或无论我们尝试了多少不同的模型，它看起来总像两条曲线：一条总是下降(训练误差)，另一条下降后又上升(验证误差)。当然，在庞大而复杂的数据集中，这些曲线可能发生振荡，并且这种行为可能更难发现。然而，模型复杂度图始终是数据科学家在该图中找到一个好位置，决定模型复杂度，以避免欠拟合和过拟合的有用工具。

如果我们需要做的只是选择验证误差最小的模型，为什么需要这样的图？这种方法在理论上是正确的，但在实践中，作为数据科学家，你可能对你正在解决的问题、约束和基准有更好的了解。例如，如果你看到验证误差最小的模型仍然相当复杂，但也存在一个验证误差略高的更简单模型，你可能更倾向于选择后一个模型。一位出色的数据科学家能将这些理论工具与他们对用例的了解相结合，以构建最佳、最有效的模型。

4.5　避免过拟合的另一种选择：正则化

为避免在不需要测试集的模型中过拟合，我们将在本节中讨论另一种有用的技术：正则化(regularization)。正则化依赖于我们在 4.1 节中所做的相同观察，我们得出的结论是，简单模型倾向于欠拟合，而复杂模型倾向于过拟合。然而，在之前的方法中，我们测试了几个模型并选择了一个在性能和复杂度之间取得最佳平衡的模型。相比之下，当使用正则化时，我们不需要多次训练模型。只需要训练模型一次，但在训练过程中，我们不仅要提高模型的性能，还要降低其复杂度。这样做的关键是同时衡量性能和复杂度。

在深入细节之前，先讨论一个关于衡量模型性能和复杂度的类比。想象一下，我们有三栋房子，它们都有同样的问题——屋顶漏水(见图 4.6)。3 个屋顶工来了，每个人修理一所房子。第一个屋顶工使用绷带，第二个使用屋顶瓦，第三个使用钛。从直觉看，最好的似乎是第二个屋顶工，因为第一个屋顶工过度简化了问题(欠拟合)，而第三个屋顶工将问题过度复杂化(过拟合)。

但是，我们需要使用数字来做出决定，所以让我们进行一些测量。衡量屋顶工工作表现的方法是他们修好屋顶后漏水的量。他们的成绩如下。

工作表现(以泄漏水的毫升数表示)

屋顶工 1：1000 毫升

屋顶工 2：1 毫升

屋顶工 3：0 毫升

问题：屋顶破损

屋顶工1
解决方案：绷带
（欠拟合）

屋顶工2
解决方案：屋顶瓦
（正确）

屋顶工3
解决方案：钛
（过拟合）

图 4.6 欠拟合和过拟合的类比。我们的问题是屋顶破损，有 3 个屋顶工。屋顶工 1 带了绷带，屋顶工 2 带了屋顶瓦，屋顶工 3 带了几块钛金属。屋顶工 1 过度简化了问题，因此代表欠拟合。屋顶工 2 使用了一个很好的解决方案。屋顶工 3 使解决方案过于复杂，因此代表过拟合

看来屋顶工 1 的表现很糟糕，因为屋顶还在漏水。但，在屋顶工 2 和屋顶工 3 之间，我们选择哪一个呢？或许应该选择表现更好的屋顶工 3？工作表现指标不够好；它正确地从公式中删除了屋顶工 1，但它错误地告诉我们应该雇用屋顶工 3，而不是屋顶工 2。我们需要衡量它们的复杂度，以帮助我们做出正确决定。一个很好的衡量复杂度的标准是修理屋顶的收费，以美元计。价格如下：

复杂度(价格)

屋顶工 1：1 美元

屋顶工 2：100 美元

屋顶工 3：100 000 美元

现在我们可以说屋顶工 2 比屋顶工 3 更好，因为他们工作能力相同，但屋顶工 2 收费更低。然而，屋顶工 1 是最便宜的——我们为什么不选择他呢？我们似乎需要将工作表现和复杂度的指标结合起来。可将屋顶漏水量和价格相加，得到以下结果：

工作表现 + 复杂度

屋顶工 1：1001

屋顶工 2：101

屋顶工 3：100 000

现在很明显，屋顶工 2 是最好的，这意味着同时优化性能和复杂度会产生同样尽可能简单的良好结果。这就是正则化的意义：用两个不同的误差函数测量性能和复杂

度，并将它们相加以获得更稳健的误差函数。这个新的误差函数确保模型性能良好并且不是很复杂。下面，我们将详细了解如何定义这两个误差函数。但在此之前，让我们看另一个过拟合的例子。

另一个过拟合的例子：电影推荐

在本节中，我们将学习一种更微妙的模型可能会过拟合的方式——这次与多项式的阶数无关，而与特征的数量和系数的大小有关。想象一下，有一个电影流媒体网站，正在尝试构建一个推荐系统。为简单起见，假设我们只有 10 部电影：M1、M2、……、M10。一部新电影，M11 现在上映，我们想建立一个线性回归模型，在前 10 部电影的基础上推荐第 11 部电影。我们有一个包含 100 个用户的数据集。对于每个用户，我们有 10 个特征，表示用户观看原始 10 部电影中的每一部的时间(以秒为单位)。如果用户还没有看过电影，那么这个数量是 0。每个用户的标签是用户观看电影 11 的时间量。我们想建立一个适合这个数据集的模型。已知该模型是一个线性回归模型，用户观看电影 11 的预测时间公式是线性的，如下所示：

$$\hat{y} = w_1 x_1 + w_2 x_2 + w_3 x_3 + w_4 x_4 + w_5 x_5 + w_6 x_6 + w_7 x_7 + w_8 x_8 + + w_9 x_9 + w_{10} x_{10} + b,$$

其中

- $\hat{y}$ 是模型预测用户将观看电影 11 的时间量
- x_i 是用户观看电影 i 的时间，其中 $i = 1, 2, \cdots, 10$
- w_i 是与电影 i 相关的权重
- b 是偏差。

现在测试一下我们的直觉。在以下两个模型中(由它们的公式给出)，哪一个(或几个)看起来可能过拟合？

模型 1：$\hat{y} = 2x_3 + 1.4x_7 - 0.5x_9 + 4$

模型 2：$\hat{y} = 22x_1 - 103x_2 - 14x_3 + 109x_4 - 93x_5 + 203x_6 + 87x_7 - 55x_8 + 378x_9 - 25x_{10} + 8$

如果你的判断和我一样，则模型 2 看起来有点复杂，可能是过拟合。这里的直觉是，用户观看电影 2 的时间不太可能需要乘以−103，再加上其他数字来获得预测。这可能很好地拟合数据，但它看起来肯定是在记忆数据而不是学习数据。

相比之下，模型 1 看起来简单得多，为我们提供了一些有趣的信息。模型表明除了电影 3、7 和 9 的系数之外，大多数系数为 0，然而与电影 11 相关的三部电影正是以上三部电影。此外，从电影 3 和 7 的系数为正的情况看，该模型告诉我们，如果用户观看了电影 3 或电影 7，那么他们很可能会观看电影 11。因为电影 9 的系数为负，所以如果用户看了电影 9，他们也不太可能看电影 11。

我们的目标是拥有模型 1 这样的模型，并避免模型 2 这样的模型。但遗憾的是，如果模型 2 产生的误差小于模型 1，那么线性回归算法将改为选择模型 2。我们能做什么呢？这就是正则化派上用场的地方。我们需要做的第一件事是指出模型 2 比模型

1 复杂得多的指标。

衡量模型的复杂度：L1 范数和 L2 范数

在本节中，我们将学习两种衡量模型复杂度的方法。但在此之前，让我们看一下上一节中的模型 1 和模型 2，并尝试提出一些对于模型 1 低而对于模型 2 高的公式。

注意，具有更多系数或更高值系数的模型往往更复杂。因此，任何与此匹配的公式都将起作用，例如：

- 系数绝对值之和
- 系数的平方和

第一个称为 L1 范数，第二个称为 L2 范数。它们来自更一般的 L^P 空间理论，以法国数学家亨利·勒贝格(Henri Lebesgue)的名字命名。我们使用绝对值和平方来去除负系数；否则，大负数将与大正数相抵消。对于非常复杂的模型，我们最终可能会得到一个小值。

但在开始计算范数之前，有一个小技巧：模型中的偏差不包括在 L1 和 L2 范数中。为什么？因为模型中的偏差正是我们期望用户在没有看过前 10 部电影中的任何一部的情况下，观看第 11 部电影的秒数。这个数字与模型的复杂度无关；因此，我们不用管它。模型 1 和模型 2 的 L1 范数计算如下。

回顾一下，模型的公式如下。

模型 1： $\hat{y} = 2x_3 + 1.4x_7 - 0.5x_9 + 8$

模型 2： $\hat{y} = 22x_1 - 103x_2 - 14x_3 + 109x_4 - 93x_5 + 203x_6 + 87x_7 - 55x_8 + 378x_9 - 25x_{10} + 8$

L1 范数

- **模型 1：** $|2| + |1.4| + |-0.5| = 3.9$
- **模型 2：** $|22| + |-103| + |-14| + |109| + |-93| + |203| + |87| + |-55| + |378| + |-25| = 1089$

L2 范数

- **模型 1：** $2^2 + 1.4^2 + (-0.5)^2 = 6.21$
- **模型 2：** $22^2 + (-103)^2 + (-14)^2 + 109^2 + (-93)^2 + 203^2 + 87^2 + (-55)^2 + 378^2 + (-25)^2 = 227\ 131$

正如预期的那样，模型 2 的 L1 范数和 L2 范数都远大于模型 1 的相应范数。

L1 范数和 L2 范数也可以通过取绝对值的总和或系数的平方和(常数系数除外)来计算多项式。让我们回到本章开头的示例，其中的 3 个模型是 1 阶(直线)、2 阶(抛物线)和 10 阶(振荡 9 次的曲线)的多项式。想象一下如下的公式。

- **模型 1：** $\hat{y} = 2x + 3$
- **模型 2：** $\hat{y} = -x^2 + 6x - 2$
- **模型 3：** $\hat{y} = x_9 + 4x_8 - 9x_7 + 3x_6 - 14x_5 - 2x_4 - 9x_3 + x_2 + 6x + 10$

L1 和 L2 范数计算如下。

L1 范数

- **模型 1**：$|2| = 2$
- **模型 2**：$|-1| + |6| = 7$
- **模型 3**：$|1| + |4| + |-9| + |3| + |-14| + |-2| + |-9| + |1| + |6| = 49$

L2 范数

- **模型 1**：$2^2 = 4$
- **模型 2**：$(-1)^2 + 6^2 = 37$
- **模型 3**：$1^2 + 4^2 + (-9)^2 + 3^2 + (-14)^2 + (-2)^2 + (-9)^2 + 1^2 + 6^2 = 425$

现在我们配备了两种衡量模型复杂度的方法，让我们开始训练过程。

修改误差函数来解决问题：Lasso 回归和岭回归

现在我们已经完成了大部分繁重的工作，我们将使用正则化训练一个线性回归模型。我们的模型有两个指标：性能指标(误差函数)和复杂度指标(L1 范数或 L2 范数)。

回顾一下，在屋顶工的比喻中，我们的目标是找到一个能够提供高质量和低复杂度服务的屋顶工。我们通过最小化两个数字的总和来做到这一点：质量指标和复杂度指标。正则化包括将相同的原理应用于机器学习模型。为此，我们有两个量：回归误差和正则化项。

回归误差　模型质量的指标。这种情况下，可以是我们在第 3 章中学到的绝对误差或平方误差。

正则化项　模型复杂性的指标。可以是模型的 L1 范数或 L2 范数。

为了找到一个不太复杂的好模型，我们想要最小化的数量是修改后的误差，其定义是两者的总和，如下所示：

$$误差 = 回归误差 + 正则化项$$

正则化非常普遍，以至于模型本身根据使用的规范有不同的名称。如果我们使用 L1 范数训练回归模型，则该模型称为 **Lasso 回归(lasso regression)**。Lasso 代表"最小绝对收缩和选择算子"。误差函数如下：

$$Lasso 回归误差 = 回归误差 + L1 范数$$

相反，如果我们使用 L2 范数训练模型，则称为岭回归(ridge regression)。岭(ridge)这个名字来自误差函数的形状，因为在回归误差函数中加入 L2 范数项，在我们绘制它时，会将尖角变成平滑的谷。误差函数如下：

$$岭回归误差 = 回归误差 + L2 范数$$

Lasso 和岭回归在实践中都运行良好。决定使用哪个取决于我们将在接下来的部分中了解的一些偏好。但在我们开始之前，我们需要制定一些细节以确保正则化模型运行良好。

在模型中调节性能和复杂度的数量：正则化参数

因为训练模型的过程涉及尽可能多地降低成本函数，所以用正则化训练的模型原则上应该具有高性能和低复杂度。然而，存在一些拉锯战——试图让模型表现更好可能使其更复杂，而试图降低模型的复杂度可能使其表现更差。幸运的是，大多数机器学习技术都带有旋钮(超参数)，供数据科学家转动并构建可能的最佳模型，正则化也不例外。在本节中，我们将看到如何使用超参数在性能和复杂度之间进行调节。

这个超参数称为正则化参数(regularization parameter)，其目标是确定模型训练过程应该强调性能还是强调简单。正则化参数由希腊字母中第十一个字母 λ 表示。我们将正则化项乘以 λ，将其添加到回归误差中，并使用该结果来训练模型。新误差如下：

$$误差 = 回归误差 + \lambda \times 正则化项$$

λ 为 0 时会抵消正则化项，并且我们最终会得到与第 3 章中相同的回归模型。选择一个大 λ 值，可能会出现一个低阶数的简单模型，这可能不太适合我们的数据集。选择一个好的 λ 值至关重要，为此，验证非常有用。我们通常会选择 10 的幂，例如 10、1、0.1、0.01，但这个选择有点武断。其中，我们会选择在验证集中表现最佳的模型。

L1 和 L2 正则化对模型系数的影响

在本节中，我们将看到 L1 和 L2 正则化之间的重要区别，并就在不同场景中使用哪一种正则化有了一些想法。乍一看，它们很相似，但对系数的影响很不同，而且，根据我们想要的模型类型，决定使用 L1 还是 L2 正则化可能很关键。

让我们回到电影推荐示例，在该示例中，我们正在构建一个回归模型来预测用户观看电影的时间(以秒为单位)，假设同一用户观看了 10 部不同的电影。想象一下，我们已经训练了模型，得到的公式如下：

模型： $\hat{y} = 22x_1 - 103x_2 - 14x_3 + 109x_4 - 93x_5 + 203x_6 + 87x_7 - 55x_8 + 378x_9 - 25x_{10} + 8$

如果添加正则化并再次训练模型，最终会得到一个更简单的模型。以下两个属性可以用数字表示：

- 如果使用 L1 正则化(Lasso 回归)，最终会得到一个系数较少的模型。换句话说，L1 正则化将一些系数变成 0。因此，最终可能会得到一个类似 $\hat{y} = 2x_3 + 1.4x_7 - 0.5x_9 + 8$ 的公式。

- 如果使用 L2 正则化(岭回归)，最终会得到一个系数较小的模型。换句话说，L2 正则化缩小了所有系数，但几乎不会将它们变成 0。因此，可能会得到一个类似 $\hat{y} = 0.2x_1 - 0.8x_2 - 1.1x_3 + 2.4x_4 - 0.03x_5 + 1.02x_6 + 3.1x_7 - 2x_8 + 2.9x_9 - 0.04x_{10} + 8$ 的公式。

因此，根据我们想要得到什么样的公式，可决定使用 L1 还是 L2 正则化。

在决定要使用 L1 还是 L2 正则化时，一个快速的经验法则如下：如果我们有太多的特征并且想去掉其中的大部分，L1 正则化非常适合。如果我们只有很少的特征并且相信它们都是相关的，那么 L2 正则化就是我们所需要的，因为它不会去掉有用的特征。

我们在"另一个过拟合的例子：电影推荐"一节中研究的电影推荐系统，就是拥有很多特征，并且 L1 正则化更有用的例子。在这个模型中，每个特征对应一部电影，我们的目标是找到与我们感兴趣的电影相关的少数电影。因此，我们需要一个模型，其中大部分系数为 0，少数系数不为 0。

应该使用 L2 正则化的一个示例是 4.1 节开头的多项式示例。对于这个模型，我们只有一个特征：x。L2 正则化将为我们提供一个很好的小系数多项式模型，该模型不会非常振荡，因此不太容易过拟合。在 4.6 节中，我们将看到一个多项式示例，其中 L2 正则化是正确的使用方法。

本章(附录 C)对应的资源可帮助你更深入地挖掘 L1 正则化将系数变为 0，而 L2 正则化将系数变为小数的数学原因。在下一节中，我们将学习直观查看正则化的方式。

查看正则化的直观方式

在本节中，我们将了解 L1 和 L2 范数在惩罚复杂度的方式上有何不同。本节主要是直观的，并且在一个示例中展开，但如果你想了解它们背后的数学形式，请查看附录 B 中的"使用梯度下降进行正则化"。

当试图理解机器学习模型的运作方式时，我们应该超越误差函数的层面。一个误差函数显示："这就是误差，如果你减少它，你最终会得到一个好的模型。"但这就像在说："人生成功的秘诀就是尽可能少犯错。"积极信息不是更好吗？比如，"可以做这些事情来改善生活"而不是说"你应该避免做这些事情"。让我们以这种积极方式来看待正则化。

在第 3 章中，我们学习了绝对技巧和平方技巧，这让我们对回归有了更清晰的了解。在训练过程的每个阶段，我们只需要选择一个点(或几个点)并将线移近这些点。多次重复此过程将最终产生良好的直线拟合。我们可以更具体地进行分析，并重复第 3 章中定义线性回归算法的步骤。

线性回归算法的伪代码

输入：点数据集

输出：适合该数据集的线性回归模型

程序：

- 选择一个具有随机权重和随机偏差的模型。
- 将以下步骤重复多次。
  - 选择一个随机数据点。

　　－　稍微调整权重和偏差以改进对该数据点的预测。

● 欣赏你的模型!

可用同样的推理来理解正则化吗? 可以!

为简单起见,假设我们正在训练中,想让模型更简单。我们可以通过减少系数来实现。为简单起见,假设模型具有 3 个系数: 3、10 和 18。我们能不能将这三者稍微减少一点呢? 当然可以,我们有两种实现方法。两者都需要一个小数字 λ,我们现在将其设置为 0.01。

模型 1: 从每个正参数中减去 λ,并将 λ 添加到每个负参数中。如果它们为 0,就不要管了。

模型 2: 将它们全部乘以 $1-\lambda$。注意,这个数字接近于 1,因为 λ 很小。

使用模型 1,我们得到数字 2.99、9.99 和 17.99。

使用模型 2,我们得到数字 2.97、9.9 和 17.82。

在本例中,λ 非常像学习率。事实上,它与正则化率密切相关(详见附录 B 中的"使用梯度下降进行正则化")。注意,在这两种方法中,我们都在缩小系数。现在,我们要做的就是在算法的每个阶段反复缩小系数。下面是我们现在训练模型的方式。

输入: 点数据集

输出: 适合该数据集的线性回归模型

程序:

● 选择一个具有随机权重和随机偏差的模型。

● 将以下步骤重复多次。

　　－　选择一个随机数据点。

　　－　稍微调整权重和偏差以改进对该特定数据点的预测。

　　－　使用模型 1 或模型 2 稍微缩小系数。

● 欣赏你的模型!

如果我们使用模型 1,就是在使用 L1 正则化或 Lasso 回归训练模型。如果我们使用模型 2,就是在使用 L2 正则化或岭回归对其进行训练。附录 B "使用梯度下降进行正则化"对其中的数学依据进行了描述。

在上一节中,我们了解到 L1 正则化倾向于将许多系数变为 0,而 L2 正则化倾向于减少系数但不会将它变为 0。这种现象现在更容易看到。假设我们的系数为 2,正则化参数为 $\lambda=0.01$。注意如果使用模型 1 来缩小系数会发生什么,重复这个过程 200 次,得到以下值序列:

$$2 \to 1.99 \to 1.98 \to 0.02 \to 0.01 \to 0$$

在我们训练了 200 次之后,系数变为 0,并且再也不会改变。现在让我们看看如果再次训练 200 次模型 2, 并且使用相同的学习率 $\eta=0.01$ 会发生什么。我们得到以下值序列：

$$2 \to 1.98 \to 1.9602 \to \ldots \to 0.2734 \to 0.2707 \to 0.2680$$

注意，系数急剧下降，但并未变为 0。事实上，无论我们运行多少次迭代，系数永远不会变为 0。这是因为将一个非负数多次乘以 0.99 时，该数永远不会变为 0。如图 4.7 所示。

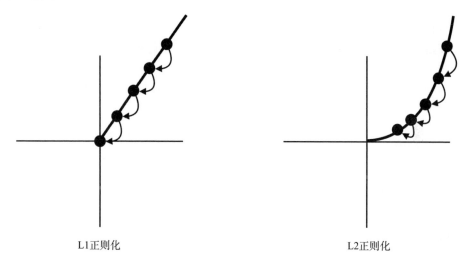

L1正则化　　　　　　　　　　　　　　　　L2正则化

图 4.7　L1 和 L2 都缩小了系数。L1 正则化(左)的速度要快得多，因为它减去了一个固定的量，所以它很可能最终变为 0。L2 正则化需要更长时间，因为它将系数乘以一个小因子，所以它永远不会变成 0

4.6　使用 Turi Create 进行多项式回归、测试和正则化

在本节中，我们将看到 Turi Create 中使用正则化的多项式回归示例。这是本节的代码。

- 笔记：
  - https://github.com/luisguiserrano/manning/blob/master/Chapter_4_Testing_Overfitting_Underfitting/Polynomial_regression_regularization.ipynb

我们从数据集开始，如图 4.8 所示。可以看到，最适合这个数据的曲线是一条向下开口的抛物线(一张悲伤的脸)。因此，这不是我们使用线性回归可以解决的问题——必须使用多项式回归。数据集存储在一个名为 data 的 SFrame 中，前几行如表 4.1 所示。

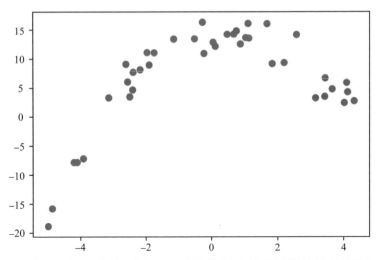

图 4.8　一个数据集。注意，形状是一个向下开口的抛物线，因此使用线性回归效果不佳。我们将使用多项式回归来拟合这个数据集，并将使用正则化来调整模型

表 4.1　数据集的前四行

x	y
3.4442185152504816	6.685961311021467
−2.4108324970703663	4.690236225597948
0.11274721368608542	12.205789026637378
−1.9668727392107255	11.133217991032268

在 Turi Create 中进行多项式回归的方法是向数据集添加许多列，对应于主要特征的幂，并将线性回归应用于这个扩展的数据集。如果主要特征是 x，那么我们添加 x^2、x^3、x^4 等值的列。因此，我们的模型正在寻找 x 的幂的线性组合，这些组合正是 x 的多项式。如果 SFrame 包含名为 data 的数据，则使用以下代码添加列的幂高达 x^{199}。结果数据集的前几行和几列如表 4.2 所示。

```
for i in range(2,200):
    string = 'x^'+str(i)
    data[string] = data['x'].apply(lambda x:x**i)
```

表 4.2　数据集的前四行和左五列。标记为 x^k 的列对应于变量 x^k，其中 k=2、3 和 4。数据集有 200 列

x	y	x^2	x^3	x^4
3.445	6.686	11.863	40.858	140.722
−2.411	4.690	5.812	−14.012	33.781
0.113	12.206	0.013	0.001	0.000
−1.967	11.133	3.869	−7.609	14.966

现在，将线性回归应用于这个包含 200 列的大数据集。注意，此数据集中的线性回归模型看起来像是列中变量的线性组合。但是因为每一列对应一个单项式，所以得到的模型看起来像变量 x 上的多项式。

在训练任何模型之前，需要使用以下代码行将数据划分为训练数据集和测试数据集：

```
train, test = data.random_split(.8)
```

现在我们的数据集被分成两个数据集，训练集的名称为 train，测试集的名称为 test。在仓库中，我们指定了一个随机种子，所以总是得到相同的结果，尽管这在实践中是没有必要的。

在 Turi Create 中使用正则化的方法很简单：我们需要做的就是在训练模型时用 create 方法指定参数 l1_penalty 和 l2_penalty。这个惩罚正是我们在前面引入的正则化参数。惩罚为 0 意味着我们没有使用正则化。因此，将使用以下参数训练 3 个不同的模型。

- 无正则化模型：
  - l1_penalty=0
  - l2_penalty=0
- L1 正则化模型：
  - l1_penalty=0.1
  - l2_penalty=0
- L2 正则化模型：
  - l1_penalty=0
  - l2_penalty=0.1

我们使用以下三行代码来训练模型：

```
model_no_reg = tc.linear_regression.create(train, target='y', l1_penalty=0.0,
    l2_penalty=0.0)
model_L1_reg = tc.linear_regression.create(train, target='y', l1_penalty=0.1,
    l2_penalty=0.0)
model_L2_reg = tc.linear_regression.create(train, target='y', l1_penalty=0.0,
    l2_penalty=0.1)
```

第一个模型不使用正则化，第二个使用参数为 0.1 的 L1 正则化，第三个使用参数为 0.1 的 L2 正则化。结果函数如图 4.9 所示。注意，在这张图中，训练集中的点是圆形，测试集中的点是三角形。

注意，不使用正则化的模型非常适合训练点，但它很混乱，不能很好地拟合测试点。使用 L1 正则化的模型在训练集和测试集上都没有问题。但是使用 L2 正则化的模型在训练集和测试集上也都做得很好，而且似乎也是真正捕捉数据形状的模型。

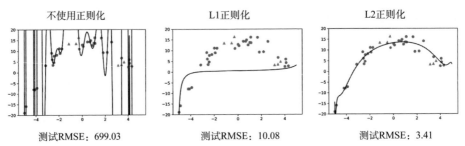

图 4.9   数据集的 3 个多项式回归模型。左边的模型不使用正则化，中间的模型使用参数为 0.1 的
L1 正则化，右边的模型使用参数为 0.1 的 L2 正则化

还要注意，对于这 3 个模型，边界曲线在端点上有点反常。这是完全可以理解的，因为端点处的数据较少，自然而然地，模型在没有数据时不知道该怎么做。我们应该始终通过模型在数据集边界内的性能来评估模型，并且永远不应该期望模型在这些边界之外表现良好。即使是我们人类也可能无法在模型边界之外做出好的预测。例如，你认为这条曲线在数据集之外看起来如何？它还会是开口向下的抛物线吗？它会像正弦函数一样永远振荡吗？如果我们无法知道，就不应该期望模型能知道。因此，尽量忽略图 4.9 中端点处的反常，而是要关注模型在数据所在区间内的行为。

为了查找测试误差，我们使用以下代码行，以及相应的模型名称。这行代码返回最大误差和均方根误差(RMSE)。

```
model.predict(test)
```

模型的测试 RMSE 如下。
- 不使用正则化模型：699.03
- 使用 L1 正则化模型：10.08
- 使用 L2 正则化模型：3.41

不使用正则化模型的 RMSE 非常大！在其他两个模型中，使用 L2 正则化的模型表现要好得多。这里有两个问题需要思考：

(1) 为什么使用 L2 正则化模型比使用 L1 正则化的模型表现更好？

(2) 为什么使用 L1 正则化模型看起来很平坦，而使用 L2 正则化的模型却能捕捉到数据形状？

这两个问题有相似的答案，要找到答案，我们可以查看多项式的系数。这些可以通过以下代码行获得：

```
model.coefficients
```

每个多项式有 200 个系数，因此我们不会在此处显示所有系数，但在表 4.3 中可以看到 3 个模型的前 5 个系数。你注意到什么？

表 4.3　多项式模型中的前 5 个系数。可以注意到，不使用正则化的模型系数大，L1 正则化的模型
系数非常接近 0，L2 正则化的模型系数小

系数	model_no_reg	model_L1_reg	model_L2_reg
$x^0 = 1$	8.41	0.57	13.24
x^1	15.87	0.07	0.87
x^2	108.87	−0.004	−0.52
x^3	−212.89	0.0002	0.006
x^4	−97.13	−0.0002	−0.02

为了解释表 4.3，我们看到 3 个模型的预测是 200 阶多项式。前几项如下所示：

- 不使用正则化的模型：$\hat{y} = 8.41 + 15.87x + 108.87x^2 - 212.89x^3 - 97.13x^4 + \cdots$
- 使用 L1 正则化的模型：$\hat{y} = 0.57 + 0.07x - 0.004x^2 + 0.0002x^3 - 0.0002x^4 + \cdots$
- 使用 L2 正则化的模型：$\hat{y} = 13.24 + 0.87x - 0.52x^2 + 0.006x^3 - 0.02x^4 + \cdots$

从这些多项式中，我们看到以下内容：

- 对于不使用正则化的模型，所有系数都很大。这意味着多项式是混沌的，不利于进行预测。
- 对于使用 L1 正则化的模型，除常数项之外的所有系数都很小——几乎为 0。这意味着对于接近 0 的值，多项式看起来很像公式为 $\hat{y} = 0.57$ 的水平线。这比之前的模型要好，但仍然不能很好地进行预测。
- 对于使用 L2 正则化的模型，系数随着度数的增加而变小，但仍然不那么小。这为我们提供了一个不错的多项式来进行预测。

4.7　本章小结

- 当涉及训练模型时，会出现很多问题。经常出现的两个问题是欠拟合和过拟合。
- 当使用一个非常简单的模型来拟合数据集时，就会发生欠拟合。当使用过于复杂的模型来拟合数据集时，就会发生过拟合。
- 区分过拟合和欠拟合的一种有效方法是使用测试数据集。
- 为了测试模型，我们将数据分成两组：训练集和测试集。训练集用于训练模型，测试集用于评估模型。
- 机器学习的黄金法则是永远不要使用测试数据来训练模型或在模型中做决策。
- 验证集是数据集的另一部分，我们用它来决定模型中的超参数。
- 欠拟合的模型在训练集和验证集中表现不佳。过拟合的模型在训练集中表现良好，但在验证集中表现不佳。一个好的模型将在训练集和验证集上表现良好。
- 模型复杂度图用于确定模型的正确复杂度，使其不会欠拟合或过拟合。

- 正则化是减少机器学习模型过拟合的一项非常重要的技术，包括在训练过程中向误差函数添加复杂度指标(正则化项)。
- L1 和 L2 范数是正则化中最常用的两种复杂度指标。
- 使用 L1 范数会导致 L1 正则化或 Lasso 回归。使用 L2 范数会导致 L2 正则化或岭回归。
- 当数据集有很多特征时，建议使用 L1 正则化，并且我们希望将其中的许多特征变为 0。当数据集的特征很少时，建议使用 L2 正则化，并且我们想让它们变小但不为 0。

4.8　练习

练习 4.1

我们在同一个数据集中用不同的超参数训练了 4 个模型。下表记录了每个模型的训练误差和测试误差。

模型	训练误差	测试误差
1	0.1	1.8
2	0.4	1.2
3	0.6	0.8
4	1.9	2.3

a. 你会为这个数据集选择哪个模型？
b. 哪个模型看起来对数据欠拟合？
c. 哪个模型看起来对数据过拟合？

练习 4.2

我们得到以下数据集：

x	y
1	2
2	2.5
3	6
4	14.5
5	34

我们训练多项式回归模型，将 y 的值预测为 $\hat{y}$，其中

$$\hat{y} = 2x^2 - 5x + 4$$

如果正则化参数 $\lambda = 0.1$，并且我们用来训练此数据集的误差函数是平均绝对值 (MAE)，请确定以下内容：

a. 模型的 Lasso 回归误差(使用 L1 范数)

b. 模型的岭回归误差(使用 L2 范数)

使用线来划分点：
感知器算法

第5章

本章主要内容：

- 什么是分类

- 情感分析：如何使用机器学习判断一个句子是高兴还是悲伤

- 如何画一条线来分隔两种颜色的点

- 什么是感知器，我们如何训练它

- 用 Python 和 Turi Create 编写感知器算法

在本章中，我们将学习机器学习中一个称为**分类(classification)**的分支。分类模型类似于回归模型，其目的是根据特征预测数据集的标签。不同之处在于回归模型旨在预测数字，而分类模型旨在预测状态或类别。分类模型通常称为**分类器(classifier)**，我们将交替使用这些术语。许多分类器预测两种可能状态中的一种(通常为是/否)，尽管可以构建预测更多可能状态的分类器。以下是分类器的常见例子：

- 预测用户是否会看某部电影的推荐模型
- 预测电子邮件是垃圾邮件还是非垃圾邮件的电子邮件模型
- 预测患者是生病还是健康的医学模型
- 预测图像是否包含汽车、鸟、猫或狗的图像识别模型
- 预测用户是否说出特定命令的语音识别模型

分类是机器学习中的一个热门领域，本书的大部分章节(第 5、6、8、9、10、11和 12 章)都讨论了不同的分类模型。在本章中，我们将学习**感知器**模型，也称为**感知器分类器(perceptron classifier)**，或简称为**感知器(perceptron)**。感知器类似于线性回归模型，因为它使用特征的线性组合进行预测，并且是神经网络的构建块(我们在第10 章中学习)。此外，训练感知器的过程类似于训练线性回归模型的过程。正如我们在第 3 章中使用线性回归算法所做的那样，我们以两种方式开发感知器算法：第一种是使用可以迭代多次的技巧，第二种是定义一个最小化梯度下降法的误差函数。

我们在本章中学习的分类模型的主要示例是**情感分析(sentiment analysis)**。在情感分析中，模型的目标是预测句子的情感。换句话说，该模型会预测句子的情感是高兴的还是悲伤的。例如，一个好的情感分析模型可以预测"我感觉很棒！"这句话是一个高兴的句子，还有"多么糟糕的一天！"这句话是一个悲伤的句子。

情感分析用于许多实际应用中，例如：

- 当公司分析客户和技术支持之间的对话时，评估对话的质量
- 当分析品牌数字形象的基调时，例如社交媒体上的评论或与其产品相关的评论
- 当像推特这样的社交平台在事件发生后，分析特定人群的整体情绪
- 当投资者利用公众对公司的情绪来预测股价时

如何构建情感分析分类器？换句话说，如何建立一个将句子作为输入和输出的机器学习模型，同时告诉我们这个句子是高兴还是悲伤。当然，这个模型可能出错，但我们想以尽可能少出错的方式来构建。让我们暂时放下书本，想想将如何构建这种类型的模型。

我们有这样一个想法。高兴的句子往往包含高兴的词，如美妙的、高兴的或喜悦的，而悲伤的句子往往包含悲伤的词，如可怕的、悲伤的或绝望的。分类器可以由字典中每个单词的"幸福"分数组成。高兴的话可以给正分，悲伤的话可以给负分。the这类中性词可以给 0 分。将一个句子输入分类器时，分类器只是简单地将句子中所有单词的分数相加。如果结果是正数，则分类器得出结论，句子的情感是高兴。如果结果是负数，则分类器得出结论，该句子的情感是悲伤。现在的目标是找到字典中所有

单词的分数。为此，我们使用机器学习。

我们刚刚构建的模型类型称为感知器模型(perceptron model)。在本章中，我们学习了感知器的正式定义以及如何通过找到所有单词的完美分数来训练它，以便分类器尽可能少犯错。

训练感知器的过程称为**感知器算法(perceptron algorithm)**，这不同于我们在第 3 章中学到的线性回归算法。感知器算法的原理如下：为了训练模型，首先需要一个包含许多句子及其标签(高兴/悲伤)的数据集。通过为所有单词分配随机分数来开始构建分类器。然后，多次检查数据集中的所有句子。我们稍微调整每个句子的分数，以便分类器改进对该句子的预测。我们如何调整分数？可以使用感知器技巧来实现，我们将在"感知器技巧：稍微改进感知器的方法"一节中学到这一技巧。训练感知器模型的一种等效方法是使用误差函数，就像我们在第 3 章中所做的那样。然后使用梯度下降来最小化这个函数。

然而，语言是复杂的——它有细微差别、双关语和讽刺。如果将一个单词简化为一个简单分数，我们会不会丢失太多信息？答案是肯定的——我们确实会丢失很多信息，而且无法以这种方式创建完美的分类器。好消息是，使用这种方法，我们仍然可以创建一个大多数情况下都正确的分类器。这证明了使用的方法不可能一直正确。"我不悲伤，我很高兴"和"我不高兴，我很悲伤"这两个句子有相同的词，但含义却完全不同。因此，无论我们给单词打多少分，这两个句子都将获得完全相同的分数，因此分类器将返回相同的预测。它们有不同的标签，因此分类器肯定是预测错了一个句子。

这个问题的解决方案是构建一个分类器，将单词的顺序考虑在内，甚至同时考虑其他因素，如标点符号或习语。一些模型，如隐马尔可夫模型(hidden Markov models，HMM)、循环神经网络(recurrent neural networks，RNN)或长短期记忆(long short-term memory，LSTM)网络在处理序列数据方面取得了巨大成功，但我们不会在本书中学习这些模型。但是，如果你想探索这些模型，可以在附录 C 中找到一些非常有用的参考资料。

可在以下 GitHub 仓库中找到本章的所有代码：https://github.com/luisguiserrano/manning/tree/master/Chapter_5_Perceptron_Algorithm。

5.1　问题：我们在一个外星球上，听不懂外星人的语言

想象以下场景：我们是宇航员，刚刚降落在一个遥远的星球上，那里住着一群未知的外星人。我们很想与外星人交流，但他们说着一种我们听不懂的奇怪语言。我们注意到外星人有两种情绪，高兴和悲伤。我们与他们沟通的第一步是根据他们所说的话来判断他们是高兴还是悲伤。换句话说，我们想要构建一个情感分析分类器。

我们设法与 4 个外星人成为朋友，我们开始观察他们的情绪并研究他们所说的话。

我们观察到其中两个人是高兴的，两个人是悲伤的。他们还一遍遍地重复同一句话。他们的语言似乎只有两个词：aack 和 beep。我们用他们说的话和他们的情绪形成以下数据集。

数据集：

- 外星人 1
  - 情绪：高兴
  - 句子："aack, aack, aack！"
- 外星人 2：
  - 情绪：悲伤
  - 句子："beep beep！"
- 外星人 3：
  - 情绪：高兴
  - 句子："aack beep aack！"
- 外星人 4：
  - 情绪：悲伤
  - 句子："aack beep beep beep！"

突然间，第五个外星人进来了，它说："aack beep aack aack！"我们真的无法判断这个外星人心情。根据已了解的情况，我们应该如何预测外星人的情绪(见图 5.1)？

我们预测这个外星人是高兴的，因为即使我们不懂语言，aack 这个词似乎更多地出现在高兴的句子中，而 beep 这个词似乎更多地出现在悲伤的句子中。也许 aack 表示积极的东西，例如"喜悦"或"幸福"，而 beep 可能表示悲伤的东西，例如"绝望"或"悲伤"。

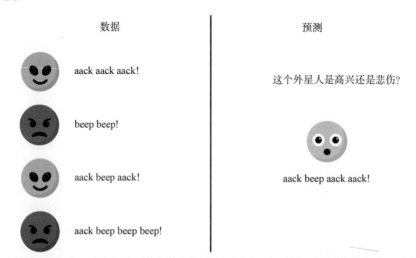

图 5.1　外星人数据集。我们记录了他们的心情(高兴或悲伤)以及他们不断重复的句子。现在第五个外星人进来了，说着不同的句子。我们预测这个外星人是高兴还是悲伤？

这一观察产生了我们的第一个情感分析分类器。这个分类器通过以下方式进行预测：计算单词 aack 和 beep 的出现次数。如果 aack 的出现次数大于 beep 的出现次数，则分类器预测句子是高兴的。如果 aack 的出现次数小于 beep 的出现次数，则分类器预测句子是悲伤的。当两个词出现的次数相同时会发生什么？我们没有依据，所以假设默认情况下，预测是句子是高兴的。在实践中，这些类型的边缘情况并不经常发生，因此它们不会给我们带来大问题。

我们刚刚构建的分类器是一个感知器(也称为线性分类器)。我们可以用分数或权重来编写，如下所示。

情感分析分类器

给定一个句子，为单词分配以下分数。

分数：
- acak：1 分
- beep：–1 分

规则：

通过将句子中所有单词的分数相加来计算句子的分数，如下所示：

● 如果分数为正或为 0，则预测句子是高兴的。

● 如果分数为负，则预测句子是悲伤的。

大多数情况下，绘制数据很有用，因为有时可以产生好模式。表 5.1 中列出了 4 个外星人中的每个人说 aack 和 beep 的次数，以及他们的心情。

表 5.1　外星人数据集、他们说的句子和他们的心情。将每个句子分解为单词 aack 和 beep 的出现次数

句子	aack	beep	情绪
aack aack aack!	3	0	Happy
beep beep!	0	2	Sad
aack beep aack!	2	1	Happy
aack beep beep beep!	1	3	Sad

该图由两个轴组成，横(x)轴和纵(y)轴。我们在横轴上记录了 aack 的出现次数，在纵轴上记录了 beep 的出现次数。如图 5.2 所示。

注意，在图 5.2 中，高兴的外星人位于右下角，而悲伤的外星人位于左上角。这是因为右下角是句子出现 aack 多于 beep 的区域，而左上角则相反。实际上，aack 和 beep 出现次数相同的所有句子组成的一条直线将这两个区域分开，如图 5.3 所示。该直线公式如下：

$$\#aack = \#beep$$

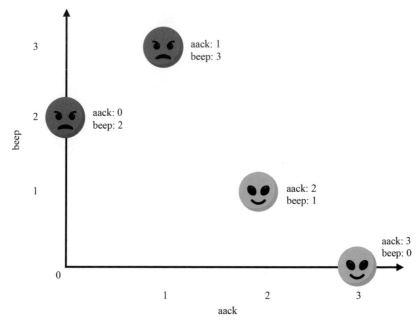

图 5.2　外星人数据集图。我们在横轴上绘制了单词 aack 出现的次数，在纵轴上绘制了单词 beep 出现的次数

或者这个公式也可写成：

$$\#aack - \#beep = 0$$

　　在本章中，我们将使用带有不同下标的变量 x 来表示一个词在一个句子中出现的次数。在本例中，x_{aack} 是单词 aack 出现的次数，x_{beep} 是单词 beep 出现的次数。

　　使用这种表示法，分类器的公式变为 $x_{aack} - x_{beep} = 0$ 或者 $x_{aack} = x_{beep}$。这是平面中直线的公式。如果不是这样，请考虑公式 $y = x$，我们用 x_{aack} 代替了 x，用 x_{beep} 代替了 y。为什么我们不像高中时那样使用 x 和 y 呢？我很乐意这么做，但遗憾的是，稍后 y 将指代其他事情(预测)。因此，让我们将 x_{aack} 轴视为横轴，将 x_{beep} 轴视为纵轴。连同这个公式，我们划分了两个重要区域，称为正区和负区。定义如下。

　　正区：$x_{aack} - x_{beep} \geq 0$，表示单词 aack 出现的次数大于或等于单词 beep 出现的次数。

　　负区：$x_{aack} - x_{beep} < 0$，表示单词 aack 出现的次数少于单词 beep 出现的次数。

　　我们创建的分类器预测正区中的每个句子都是高兴的，而负区中的每个句子都是悲伤的。因此，我们的目标是找到一个分类器，它能将尽可能多的高兴句子放在正区，尽可能多的悲伤句子放在负区。对于这个小例子，分类器完美地完成了这项工作。但情况并非总是如此，感知器算法将帮助我们找到一个能完美执行这项工作的分类器。

　　在图 5.3 中，可以看到对应于分类器和正负区的线。如果比较图 5.2 和图 5.3，可以看到当前分类器是好的，因为所有的高兴句子都在正区，所有的悲伤句子都在负区。

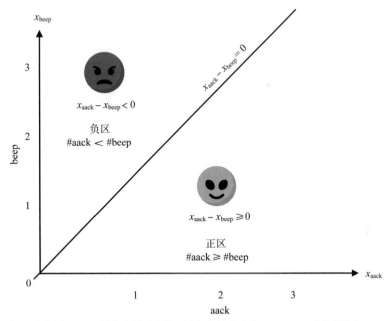

图 5.3　分类器是划分高兴点和悲伤点的对角线。这条线的公式是 $x_{aack} = x_{beep}$(或者等价的 $x_{aack} - x_{beep} = 0$)，
　　　　因为这条线对应了所有横纵坐标相等的点。高兴区是 aack 出现次数大于或等于 beep 出现次
　　　　数的区域，悲伤区为 aack 出现次数小于 beep 出现次数的区域

　　现在我们已经构建了一个简单的情感分析感知器分类器，下面再看一个稍微复杂的例子。

稍微复杂一点的星球

　　在本节中，我们将看到一个更复杂的例子，它引入了感知器的一个新方面：偏差。在我们可以与第一个星球上的外星人交流后，我们被派往第二个星球执行任务，在那里外星人的语言稍微复杂一些。我们的目标仍然相同：用他们的语言创建一个情感分析分类器。新星球的语言有两个词：crack 和 doink。数据集如表 5.2 所示。

　　为这个数据集构建一个分类器似乎比之前的数据集要困难一些。首先，应该给 crack 和 doink 这两个词分配正分还是负分？让我们拿起笔和纸，试着想出一个分类器，可以正确地将这个数据集中高兴的句子和悲伤的句子分开。查看图 5.4 中的数据集可能会有所帮助。

表 5.2 新外星人单词数据集。同样,我们已经记录了每个句子中每个单词的出现次数以及外星人的情绪

句子	crack	doink	情绪
crack!	1	0	Sad
doink doink!	0	2	Sad
crack doink!	1	1	Sad
crack doink crack!	2	1	Sad
doink crack doink doink!	1	3	Happy
crack doink doink crack!	2	2	Happy
doink doink crack crack crack!	3	2	Happy
crack doink doink crack doink!	2	3	Happy

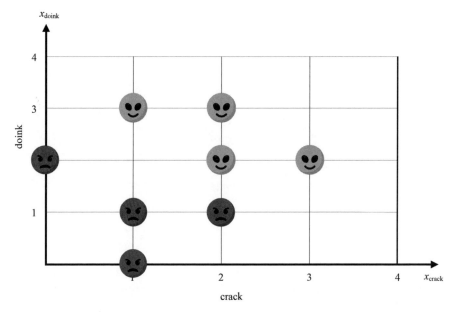

图 5.4 外星人新数据集图。注意,高兴情绪倾向于出现在上方和右侧,而悲伤情绪倾向于出现在下方和左侧

这个分类器计算一个句子中的单词数。注意由 1、2、3 个词构成的句子都是悲伤,而由 4、5 个词构成的句子是高兴。这个分类器将 3 个及以下单词构成的句子分类为悲伤,将 4 个及以上单词构成的句子分类为高兴。我们可以再次用数学表达式来阐述以上问题。

情感分析分类器

给定一个句子,为单词分配以下分数。

分数：

- crack：1 分
- doink：1 分

规则：

通过将句子中所有单词的分数相加来计算句子的总分。

- 如果分数是 4 分及以上，则预测句子是高兴的。
- 如果分数是 3 分及以下，则预测句子是悲伤的。

为简单起见，让我们使用 3.5 的临界值稍微更改规则。

规则：

通过将句子上所有单词的分数相加来计算句子的分数。

- 如果分数大于或等于 3.5，则预测句子是高兴的。
- 如果分数小于 3.5，则预测句子是悲伤的。

这个分类器再次对应一条线，如图 5.5 所示。

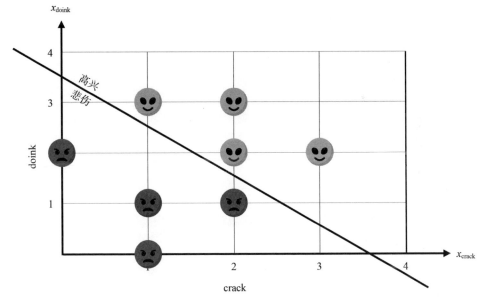

图 5.5 外星人新数据集的分类器。这又是一条区分外星人是高兴还是悲伤的线

在前面的例子中，我们得出结论，单词 aack 是一个高兴的单词，单词 beep 是一个悲伤的单词。在这个例子中会发生什么呢？似乎 crack 和 doink 这两个词都表示高兴，因为它们的分数都是正数。那么，为什么"crack doink"是一个悲伤的句子？我们没有足够的词来做出判断。这个星球上的外星人有着与众不同的个性。话少的外星人是悲伤的，而话多的外星人是高兴的。我们可以解释为，这个星球上的外星人本质上是悲伤的，但他们可以通过多说话的方式来摆脱悲伤。

此分类器中的另一个重要元素是 3.5 的临界值或阈值。分类器使用这个阈值进行预测，因为分数高于或等于阈值的句子被归类为高兴，分数低于阈值的句子被归类为悲伤。然而，阈值并不常见，所以我们使用**偏差(bias)**的概念。偏差是阈值的负值，我们将其添加到分数中。这样，分类器可以计算得分。如果得分为非负，则返回预测为高兴，如果得分为负，则返回预测为悲伤。最后，我们将称单词的分数为**权重(weight)**。分类器可以表示如下。

情感分析分类器

给定一个句子，为单词分配以下权重和偏差。

权重：
- crack：1 分
- doink：1 分

偏差：–3.5 分

规则：

通过将以上所有单词的权重和偏差相加来计算句子的分数。
- 如果分数大于或等于 0，则预测句子是高兴的。
- 如果分数小于 0，则预测句子是悲伤的。

分类器分数的公式，以及图 5.5 中线的公式如下：

$$\#crack + \#doink - 3.5 = 0$$

注意，定义一个阈值为 3.5 或偏差为–3.5 的感知器分类器是同一回事，因为以下两个公式等效：
- $\#crack + \#doink \geqslant 3.5$
- $\#crack + \#doink - 3.5 \geqslant 0$

可用与上一节类似的符号，其中 x_{crack} 是单词 crack 的出现次数，x_{doink} 是单词 doink 的出现次数。因此，图 3.5 中的直线公式可以写为

$$x_{crack} + x_{doink} - 3.5 = 0。$$

这条线还将平面分为正负区域，定义如下：

正区：所在平面上的区域 $x_{crack} + x_{doink} - 3.5 \geqslant 0$

负区：所在平面上的区域 $x_{crack} + x_{doink} - 3.5 < 0$

我们的分类器需要一直正确吗？不

在前两个示例中，我们构建了一个始终正确的分类器。换句话说，分类器将两个高兴的句子分类为高兴，将两个悲伤的句子分类为悲伤。这在实践中并不常见，尤其是在具有很多点的数据集中。然而，分类器的目标是尽可能对点进行最佳分类。在图 5.6

中，可以看到一个包含 17 个点(8 个高兴和 9 个悲伤)的数据集，使用一条线不可能将其完美地分成两个区域。但图中的线做得很好，只是把 3 个点分错了类别。

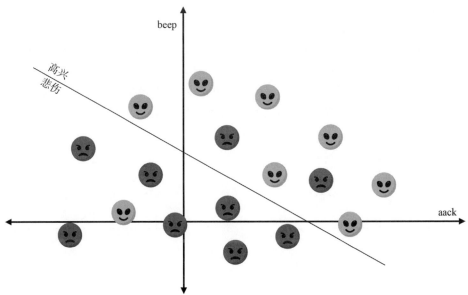

图 5.6　这条线很好地划分了数据集。注意，它只犯了 3 个错误：两个错分在高兴区，一个错分在悲伤区

更通用的分类器和定义线的稍微不同的方式

在本节中，我们将更全面地了解感知器分类器。让我们暂时将单词称为 1 和 2，将跟踪它们出现的变量称为 x_1 和 x_2。前两个分类器的公式如下：

- $x_1 - x_2 = 0$
- $x_1 + x_2 - 3.5 = 0$

感知器分类器公式的通用形式是 $ax_1 + bx_2 + c = 0$，其中 a 是单词 1 的分数，b 是单词 2 的分数，c 是偏差。该公式对应于将平面分成两个区域的线，如下所示。

正区：所在平面上的区域 $ax + bx + c \geq 0$

负区：所在平面上的区域 $ax_1 + bx_2 + c < 0$

例如，如果单词 1 的得分为 4，单词 2 的得分为 –2.5，并且偏差为 1.8，则该分类器的公式为

$$4x_1 - 2.5x_2 + 1.8 = 0,$$

正区和负区分别是 $4x_1 - 2.5x_2 + 1.8 \geq 0$ 和 $4x_1 - 2.5x_2 + 1.8 < 0$ 的区域。

提示：平面中线和区域的公式　在第 3 章中，我们使用公式 $y = mx + b$ 在轴为 x 和 y 的平面上定义线。在本章中，我们在轴为 x_1 和 x_2 的平面上使用公式 $ax_1 + bx_2 + c = 0$ 定义线。有何不同呢？它们都是定义线的有效方法。然而，第一个公式对线性回归模

型很有用，第二个公式对感知器模型很有用(一般来说，对于其他分类算法，例如逻辑回归、神经网络和支持向量机，我们将分别在第 6、10 和 11 章中看到)。为什么这个公式更适合感知器模型呢？它的一些优点如下：

- 公式 $ax_1 + bx_2 + c = 0$ 不仅定义了一条线，而且还清楚地定义了两个区域，正区和负区。如果我们想要相同的线，除了翻转正负区，我们还会考虑使用公式 $-ax_1 - bx_2 - c = 0$。

- 使用公式 $ax_1 + bx_2 + c = 0$，则可以绘制竖线，因为竖线的公式是 $x_1 = c$ 或 $1x_1 + 0x_2 - c = 0$。尽管竖线通常不会出现在线性回归模型中，但确实会出现在分类器模型中。

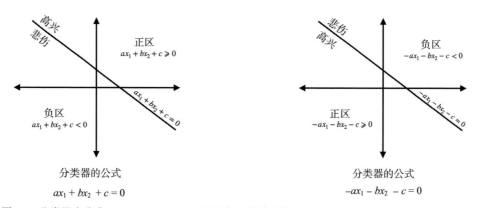

图 5.7　分类器由公式 $ax_1 + bx_2 + c = 0$、正区和负区的线定义。如果我们想翻转正负区域，需要将权重和偏差变为负数。在左侧，有一个公式为 $ax_1 + bx_2 + c = 0$ 的分类器。在右侧，翻转区域的分类器的公式为 $-ax_1 - bx_2 - c = 0$

阶跃函数和激活函数：获得预测的简洁方法

在本节中，我们将学习获得预测的数学捷径。然而，在学习这一点之前，需要将所有数据转化为数字。注意，数据集中的标签是"高兴"和"悲伤"。我们将它们分别记录为 1 和 0。

我们在本章中构建的两个感知器分类器都是使用 if 语句来定义的。即分类器根据句子的总分预测是"高兴"或"悲伤"；如果这个分数是正数或 0，分类器预测结果为"高兴"，如果是负数，分类器预测结果为"悲伤"。我们有一种更直接的方法将分数转化为预测：使用**阶跃函数(step function)**。

阶跃函数　如果输出为非负则返回 1，如果输出为负则返回 0。换句话说，如果输入是 x，那么

- 如果 $x \geqslant 0$，则 $\text{step}(x) = 1$
- 如果 $x < 0$，则 $\text{step}(x) = 0$

图 5.8 为阶跃函数的图示。

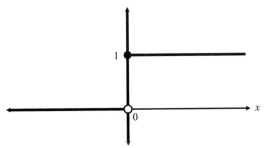

图 5.8　阶跃函数在感知器模型的研究中很有用。当输入为负时，阶跃函数的输出为 0，否则为 1

使用阶跃函数，可很容易地表达感知器分类器的输出。在数据集中，我们使用变量 y 来表示标签，就像我们在第 3 章中所做的那样。模型对标签所做的预测表示为 $\hat{y}$。感知器模型的输出简写为

$$\hat{y} = \text{step}(ax_1 + bx_2 + c)$$

阶跃函数是**激活函数(activation function)**的一个特例。激活函数是机器学习中的一个重要概念，尤其是在深度学习中，这一概念将在第 6 章和第 10 章中再次出现。之后我们会介绍激活函数的正式定义，因为它的全部功能都用于构建神经网络。但就目前而言，可将激活函数视为可用来将分数转换为预测结果的函数。

如果有两个以上的单词会怎样？感知器分类器的一般定义

在本节开头的两个外星人示例中，我们为具有两个单词的语言构建了感知器分类器。但是我们可以用任意多的单词构建分类器。例如，如果我们有一个包含 3 个词的语言，比如 aack、beep 和 crack，分类器将根据以下公式进行预测：

$$\hat{y} = \text{step}(ax_{\text{aack}} + bx_{\text{beep}} + cx_{\text{crack}} + d)$$

其中 a、b 和 c 分别是单词 aack、beep 和 crack 的权重，d 是偏差。

正如我们所看到的，具有两个词的语言情感分析感知器分类器可以表示为平面中的一条线，该线将高兴点和悲伤点分开。具有 3 个词的语言情感分析分类器也可使用几何方式呈现。可将其想象成三维空间中的点。在本例中，每个轴对应于 aack、beep 和 crack 中的每一个单词，句子对应于空间中的一个点，其 3 个坐标为这 3 个单词的出现次数。图 5.9 中包含 5 次 aack、8 次 beep 和 3 次 crack 的句子，对应于坐标为 (5,8,3) 的点。

分离这些点的方法是使用平面。使用平面的公式正好是 $ax_{\text{aack}} + bx_{\text{beep}} + cx_{\text{crack}} + d$，该平面如图 5.10 所示。

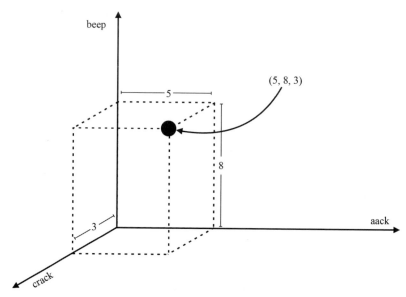

图 5.9　可将包含 3 个单词的句子绘制为空间中的一个点。在本例中，坐标(5,8,3)的点上绘制了包含单词 aack 5 次、beep 8 次、crack 3 次的句子

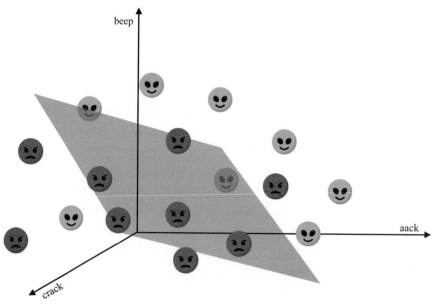

图 5.10　3 个词的句子数据集绘制在 3 个维度上。分类器将空间分成两个区域的平面表示

可使用尽可能多的单词为语言构建情感分析感知器分类器。假设语言有 n 个单词，表示为 $1,2,\cdots,n$。数据集由 m 个句子组成，表示为 $x^{(1)},x^{(2)},\cdots,x^{(m)}$。每个句子 $x^{(i)}$ ($i=1,2,\cdots,m$)都带有一个标签 y，如果句子是高兴的，则为 1，如果是悲伤的，则为 0。我们记录每个句子的方式是使用 n 个单词中每个单词的出现次数。因此，每个句子对应

于 数 据 集 中 的 一 行， 可 以 看 作 一 个 向 量， 或 者 一 个 n 元 组 的 数 字 $x^{(i)} = (x_1^{(i)}, x_2^{(i)}, \ldots, x_n^{(i)})$，其 中 $x_f^{(i)}$ 是 单 词 j 在 第 i 个 句 子 中 的 出 现 次 数。

感知器分类器由 n 个权重(分数)组成，我们语言中的 n 个单词分别对应一个权重和一个偏差。w_i 表示权重，b 表示偏差。因此，分类器对句子 $x^{(i)}$ 的预测是

$$\hat{y} = \text{step}(w_1 x_1^{(i)} + w_2 x_2^{(i)} + \cdots + w_n x_n^{(i)} + b)$$

就像有两个词的分类器在几何上可以表示为将平面切割成两个区的线，而带有 3 个词的分类器可以表示为将三维空间切割成两个区的平面，具有 n 个词也可以用几何形式来表示。遗憾的是，我们需要 n 维才能看到它们。人类只能看到 3 个维度，因此我们不得不想象一个称为**超平面(hyperplane)**的 $n–1$ 维平面，将 n 维空间切割成两个区域。

然而，我们无法从几何角度想象并不意味着我们无法很好地了解它们的工作原理。想象一下，假设分类器建立在英语之上。每个单词都会分配一个权重。这相当于翻阅字典并为每个单词分配一个高兴分数。结果可能如下所示。

权重(分数):

- a：0.1 分
- aardvark：0.2 分
- aargh：–4 分
- …
- joy：10 分
- …
- suffering：–8.5 分
- …
- zygote：0.4 分

偏差:

- –2.3 分

如果这些是分类器的权重和偏差，为了预测一个句子是高兴还是悲伤，我们将所有单词的分数相加(重复)。如果结果高于或等于 2.3(偏差的负数)，则预测句子为高兴；否则，预测为悲伤。

此外，这种表示法适用于任何示例，而不仅仅是情感分析。如果对不同的数据点、特征和标签有不同的问题，可使用相同的变量对其进行编程。例如，如果有一个医学应用程序，我们试图使用 n 个权重和偏差来预测患者是生病还是健康，我们仍然可以用 y 表示标签，x_i 表示特征，w_i 表示权重，b 表示偏差。

偏差、y 轴截距和一个安静外星人的内在情绪

到目前为止，我们已经很好地了解了分类器的权重是什么意思。权重为正的词是高兴的，权重为负类词是悲伤的。权重非常小的词(无论是正还是负)是更中性的词。

然而，偏差是什么意思？

在第 3 章中，我们指定了房价回归模型中的偏差是房屋的基价。换句话说，它是假设的零房间房屋(一个工作室？)的预测价格。在感知器模型中，偏差可以解释为空句子得分。换句话说，如果一个外星人什么都不说，这个外星人是高兴还是悲伤呢？如果一个句子没有词，它的分数就是偏差。因此，如果偏差是正，那么不说话的外星人是高兴的，如果偏差是负，那个外星人是悲伤的。

在几何上，正偏差和负偏差之间的区别在于相对于分类器的原点(坐标为(0,0)的点)的位置。这是因为坐标为(0,0)的点对应于没有单词的句子。在具有正偏差的分类器中，原点位于正区域，而在具有负偏差的分类器中，原点位于负区域，如图 5.11 所示。

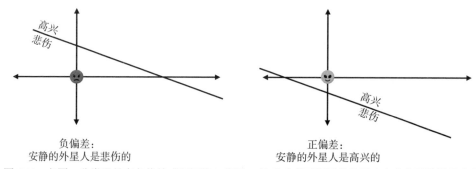

图 5.11　左图：分类器具有负偏差或正阈值(y 截距)。这意味着不说话的外星人在悲伤区并被认为是悲伤的。右图：分类器具有正偏差或负阈值。这意味着不说话的外星人属于高兴区，并被认为是高兴的

我们能想到偏差是正或负的情绪分析数据集吗？可以分析下面两个例子。

示例 1(正偏差)：产品在线评论数据集

想象一个数据集，我们在其中记录了对 Amazon 特定产品的所有评论。根据他们获得的星星数量，可以判定有些评论是正面的，有些是负面的。你认为空评论的分数是多少？根据我的经验，差评往往包含很多词，因为客户很不高兴，他们描述了负面体验。然而，许多正面评论都是空的——客户只是给了一个好分数，而不解释喜欢这个产品的原因。因此，该分类器可能具有正偏差。

示例 2(负偏差)：与朋友对话的数据集

想象一下，我们记录了与朋友的所有对话，并将它们归类为高兴或悲伤的对话。如果有一天我们碰到一个朋友，而我们的朋友什么也没说，我们会认为他是生气或感到沮丧。因此，空句子被归类为悲伤。这意味着该分类器可能有负偏差。

5.2　如何确定分类器的好坏？误差函数

现在已经定义了感知器分类器，下一个目标是了解如何训练它——换句话说，我

们如何找到最拟合数据的感知器分类器？但是在学习如何训练感知器之前，我们需要学习一个重要概念：如何评估它们。更具体地说，在本节中，我们将学习一个有用的误差函数，它将告诉我们感知器分类器是否适合我们的数据。与第 3 章中线性回归的绝对误差和平方误差的工作方式相同，这个新的误差函数对于不能很好拟合数据的分类器会很大，而对于那些拟合数据的分类器会很小。

如何比较分类器？误差函数

在本节中，将学习如何构建有效的误差函数，以帮助确定特定感知器分类器的性能。首先，让我们测试一下我们的直觉。图 5.12 显示了同一数据集上的两个不同的感知器分类器。分类器用一条线表示，有两个明确的方面：高兴和悲伤。很明显，左边的分类器不太好，而右边比较好。我们能想出一个好的衡量标准吗？换句话说，我们是否可以为它们分配一个数字，使得左侧的数字高，右侧的数字低呢？

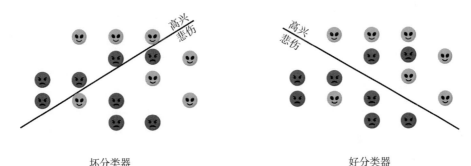

图 5.12　左图：一个坏分类器，它不能很好地划分点。右图：一个好的分类器。我们能想到一个误差函数，它为坏分类器分配一个高数字，为好分类器分配一个低数字吗

接下来，我们将看到这个问题的不同答案，每个答案都有一些优点和缺点。其中之一(剧透：第三个)是我们用来训练感知器的。

误差函数 1：错误数

评估分类器的最简单方法是计算它所犯的错误数——换句话说，就是计算它分类错误的点数。

这种情况下，左侧分类器的误差为 8，因为它错误地将 4 个高兴点预测为悲伤，将 4 个悲伤点预测为高兴。好分类器的误差为 3，因为它错误地将一个高兴点预测为悲伤，将两个悲伤点预测为高兴，如图 5.13 所示。

这是一个较好的误差函数，但它不是一个很好的误差函数。为什么？它会告诉我们何时出现错误，但它不会衡量错误的严重程度。例如，如果一个句子是悲伤的，而分类器给它的分数为 1，则分类器犯了错误。然而，如果另一个分类器给它 100 分，这个分类器就犯了更大的错误。如图 5.14 所示。在这张图片中，两个分类器都通过预

测它是高兴的，从而错误地分类一个悲伤的点。但是，左侧的分类器将线定位在靠近该点的位置，这意味着悲伤点离悲伤区不太远。相比之下，右侧的分类器将点定位到离悲伤区很远的地方。

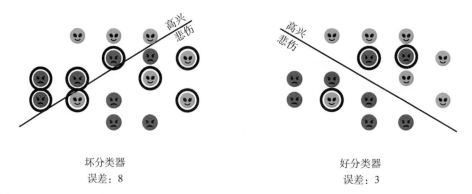

图 5.13 我们通过计算每个分类器误分类的点数来评估这两个分类器。左边的分类器错误分类了 8 个点，而右边的分类器错误分类了 3 个点。因此，我们得出结论，右侧的分类器对于我们的数据集来说是更好的分类器

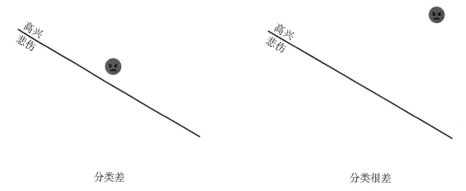

图 5.14 两个分类器将点错误分类。然而，右边的分类器比左边的分类器犯了更大的错误。左边的点离线不远，因此离悲伤区不是很远。然而，右边的点离悲伤区很远。理想情况下，我们想要一个误差函数，它为右侧的分类器分配比左侧的分类器更高的误差

　　为什么我们关心测量误差的严重程度？数一数还不够吗？回顾一下我们在第 3 章中对线性回归算法所做的事情。更具体地说，回想一下"梯度下降：如何通过缓慢下山来减少误差函数"一节，我们使用梯度下降来减少这个误差。减少误差的方法是少量减少，直至达到一个误差很小的点。在线性回归算法中，我们少量地摆动线并选择误差减少最多的方向。如果误差是通过计算误差分类点的数量来计算的，那么这个误差将只取整数值。如果稍微摆动这条线，误差可能根本不会减少，我们不知道向哪个方向移动。梯度下降的目标是通过在函数减少最多的方向上采取小步来最小化函数。如果函数只接收整数值，这相当于尝试从 Z 字型楼梯下降。当处于山顶时，不知道该

走哪一步，因为函数不会向任何方向减小。如图 5.15 所示。

图 5.15　执行梯度下降以最小化误差函数就像小步下山。然而，对于我们来说，误差函数一定不能
　　　　是平坦的(如右图)，因为在平坦的误差函数中，走一小步不会减少误差。一个好的误差函
　　　　数如左图所示，我们可以很容易地看到必须使用的方向来稍微减少误差函数

我们需要一个函数来测量误差的大小，并为远离边界的误分类点分配比靠近边界
的点更高的误差。

误差函数 2：距离

在图 5.16 中区分两个分类器的一种方法是考虑点到线的垂直距离。注意，对于左
侧的分类器，该距离很小，而对于右侧的分类器，距离很大。

这个误差函数更有效。误差函数的作用如下：

- 正确分类的点产生的误差为 0。
- 错误分类的点产生的误差等于该点到线的距离。

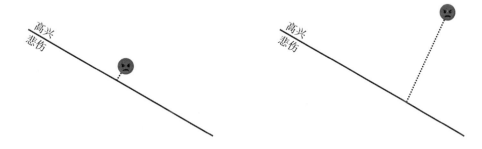

图 5.16　通过测量点到线的垂直距离可以有效衡量分类器分错点的严重程度。对于左边的
　　　　分类器，距离很小，而对于右边的分类器，距离很大

让我们回到本节开头的两个分类器。我们计算总误差的方法是将所有数据点对应
的误差相加，如图 5.17 所示。这意味着我们只查看错误分类的点并将这些点到线的垂
直距离相加。注意坏分类器的误差很大，好的分类器误差很小。

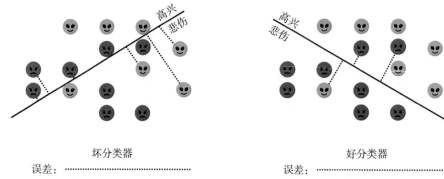

坏分类器   好分类器
误差：••••••••••••••••••••   误差：••••••

图 5.17　为了计算分类器的总误差，我们将所有误差相加，即错误分类点的垂直距离。左侧分类器
　　　　的误差较大，右侧分类器的误差较小。因此，我们得出结论，右侧的分类器更好

这几乎就是我们将要使用的误差函数。但我们为什么不使用这个函数呢？因为点到线的距离是一个复杂的公式。它包含一个平方根，因此我们使用勾股定理来计算。平方根的导数很复杂，这为我们应用梯度下降算法增加了不必要的复杂度。我们不需要这种复杂度，因为我们可以创建一个更容易计算的误差函数，同时仍然设法捕捉误差函数的本质：为错误分类的点返回误差，并根据错误分类的点与边界的距离改变大小。

误差函数 3：分数

在本节中，我们将看到如何构建感知器的标准误差函数，我们称之为**感知器误差函数(perceptron error function)**。首先，总结一下想要的误差函数的属性，如下所示：

- 正确分类的点的误差函数为 0。
- 错误分类点的误差函数为正数。
  - 对于靠近边界的误分类点，误差函数很小。
  - 对于远离边界的误分类点，误差函数很大。
- 它由一个简单公式给出。

回顾一下，分类器预测正区中点的标签为 1，负区中点的标签为 0。因此，错误分类的点要么是正区中标签为 0 的点，要么是负区中标签为 1 的点。

我们使用分数来构建感知器误差函数。值得注意的是，我们使用了分数的以下属性。

分数的属性：

(1) 边界内的点得分为 0。

(2) 正区中的点得分为正。

(3) 负区中的点得分为负。

(4) 靠近边界的点具有低量级的分数(即绝对值低的正分或负分)。

(5) 远离边界的点具有高量级的分数(即绝对值高的正分或负分)。

对于错误分类的点，感知器误差想要分配一个与其到边界的距离成正比的值。因此，远离边界的误分类点的误差必须高，接近边界的误分类点的误差必须低。查看属性 4 和 5，我们可以看到，分数的绝对值对于远离边界的点总是高的，而对于接近边界的点总是低的。因此，我们将误差定义为误分类点得分的绝对值。

更具体地说，考虑将 a 和 b 的权重分配给单词 aack 和 beep，其偏差为 c。该分类器对单词aack出现x_{aack}次和单词 beep出现 x_{beep} 次的句子进行预测，即 $\hat{y} = \text{step}(ax_{aack} + bx_{beep} + c)$。感知器误差的定义如下。

一个句子的感知器误差

- 如果句子分类正确，则误差为 0。
- 如果句子分类错误，则误差为$|x_{aack} + bx_{beep} + c|$。

关于符号的定义，可参见前面的"如果有两个以上的词会怎样？感知器分类器的一般定义"一节。以下是感知器误差的定义。

点的感知器误差(一般)

- 如果该点分类正确，则误差为 0。
- 如果该点分类错误，则误差为$|w_1 x_1 + w_2 x_2 + \cdots + w_n x_n + b|$。

平均感知器误差：一种计算整个数据集误差的方法

为了计算整个数据集的感知器误差，我们取所有点对应的所有误差的平均值。或者也可以取总和，尽管在本章中我们选取平均值并将其称为**平均感知器误差(mean perceptron error)**。

为了说明平均感知器误差，让我们看一个例子。

示例

该表是由 4 个句子组成的数据集，两个标记为高兴，两个标记为悲伤，如表 5.3 所示。

表 5.3　新的外星人数据集。同样，我们已经记录了每个句子中每个单词的出现次数
以及外星人的情绪

句子	aack	beep	标签(心情)
aack	1	0	悲伤
beep	0	1	高兴
aack beep beep beep	1	3	高兴
aack beep beep aack aack	3	2	悲伤

我们将在此数据集上比较以下两个分类器。

分类器 1

权重：

- aack：$a = 1$
- beep：$b = 2$

偏差： $c = -4$

句子得分： $1x_{aack} + 2x_{beep} - 4$

预测： $\hat{y} = \text{step}(1x_{aack} + 2x_{beep} - 4)$

分类器 2

权重：

- aack：$a = -1$
- beep：$b = 1$

偏差： $c = 0$

句子得分： $-x_{aack} + x_{beep}$

预测： $\hat{y} = \text{step}(-x_{aack} + x_{beep})$

点和分类器如图 5.18 所示。乍一看，哪个分类器更好？看起来分类器 2 更好，因为它正确分类了每个点，而分类器 1 犯了两个错误。现在让我们计算误差并确保分类器 1 的误差高于分类器 2。

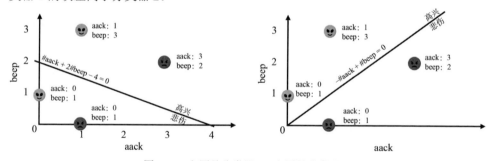

图 5.18　左图是分类器 1，右图是分类器 2

两个分类器的预测结果如表 5.4 所示。

表 5.4　4 个句子及其标签的数据集。每个分类器都标有分数和预测

句子 (x_{aack}, x_{beep})	标签 y	分类器 1 分数 $1x_{aack}+2x_{beep}-4$	分类器 1 预测 $\text{step}(1x_{aack}+2x_{beeg}-4)$	分类器 1 误差	分类器 2 分数 $-x_{aack}+2x_{beep}$	分类器 2 预测 $\text{step}(-x_{aack}+2x_{beep})$	分类器 2 误差
(1,0)	Sad (0)	-3	0(correct)	0	-1	0(correct)	0
(0,1)	Happy(1)	-2	0(incorrect)	3	1	1(correct)	0
(1,3)	Happy(1)	3	1(correct)	0	2	1(correct)	0
(3,2)	Sad (0)	3	1(incorrect)	2	-1	0(correct)	0
平均感知器误差				1.25			0

现在开始计算误差。注意，分类器 1 仅错误分类了句子 2 和 4。第 2 句是高兴，但被错误分类为悲伤，而第 4 句是悲伤，但被错误分类为高兴。第 2 句的误差是得分的绝对值，即|–2| = 2。第 4 句的误差是得分的绝对值，即|3| = 3。另外两个句子的误差为 0，因为它们被正确分类。因此，分类器 1 的平均感知器误差为

$$\frac{1}{4}(0+2+0+3)=1.25$$

分类器 2 没有错误，它正确地对所有点进行了分类。因此，分类器 2 的平均感知器误差为 0。然后我们得出结论，分类器 2 优于分类器 1。这些计算的汇总如表 5.4 和图 5.19 所示。

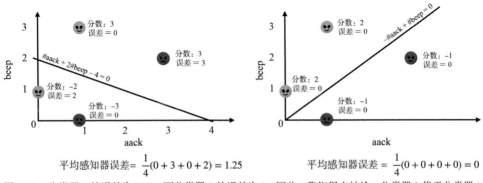

图 5.19　分类器 1 的误差为 1.25，而分类器 2 的误差为 0。因此，我们得出结论，分类器 2 优于分类器 1

现在我们已经知道了如何比较分类器，让我们继续寻找最好的分类器，或者至少寻找一个较好的分类器。

5.3　如何找到一个好的分类器？感知器算法

为了构建一个好的感知器分类器，我们将采用一种与第 3 章中的线性回归类似的方法。这个过程称为感知器算法(perceptron algorithm)，该方法从一个随机感知器分类器开始，然后慢慢对其进行改进，直到得到一个好的分类器。感知器算法的主要步骤如下：

(1) 随机选择一个感知器分类器。

(2) 稍微改进分类器(重复多次)。

(3) 测量感知器误差，以决定何时停止运行循环。

我们从开发循环内部的步骤开始，这是一种用于稍微改进感知器分类器的技术，称为感知器技巧(perceptron trick)。该方法与我们从第 3 章介绍的"平方技巧"和"绝对技巧"中学到的技巧相似。

感知器技巧：稍微改进感知器的方法

感知器技巧能帮助我们稍微改善感知器分类器。然而，需要首先描述一个小步骤。正如我们在第 3 章中所做的那样，我们将首先关注一个点，并尝试针对这一点对分类器进行改进。

查看感知器步骤的方法有两种，但实际上这两种方法是等效的。第一种方法是几何方法，我们将分类器视为一条线。

感知器技巧的伪代码(几何方法)

- **情况 1**：如果该点分类正确，则保持该线不变。
- **情况 2**：如果该点分类错误，请将线稍微靠近该点。

为什么要这样做呢？我们思考一下。如果该点分类错误，则意味着该点位于线的错误一侧。将线移近该点可能无法让点位于正确一侧，但至少能使它更靠近线，因此也更靠近线的正确一侧。我们多次重复这个过程，就可以想象有一天能够将线移过该点，从而正确地对其进行分类。过程如图 5.20 所示。

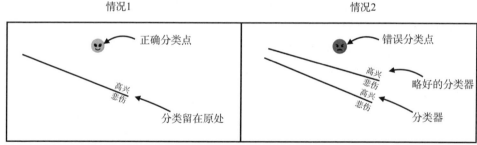

图 5.20　情况 1(左图)：正确分类的点让线留在原处。情况 2(右图)：错误分类的点让线向它靠近

还可以用代数方法来查看感知器技巧。

感知器技巧的伪代码(代数方法)

- **情况 1**：如果该点分类正确，则保持分类器不变。
- **情况 2**：如果该点分类错误，则会产生正误差。稍微调整权重和偏差，略微减小此误差。

几何方法能使这个技巧更可视化，但代数方法能使研究这个技巧更简单，所以我们将使用代数方法。首先，让我们依靠直觉。想象一下，我们有一个用于整个英语语言的分类器。我们在 "I am sad" 这个句子上尝试使用分类器，分类器预测这个句子为高兴。这一预测显然是错误的。出错点在哪里？如果预测结果是"这个句子为高兴"，那么这个句子一定是得到了正分。但这个句子不应该得到正分——应该得到一个负分，才能被归类为悲伤。句子的得分是通过计算单词 I、am 和 sad 的分数之和加上偏差得到的。我们需要降低这个分数，让句子归类为悲伤。即使我们稍微降低一点分数，分数依然为正，也可以接受。我们的想法是多次运行这个过程，以期有朝一日能将分数降低为负，并正确分类我们的句子。降低分数的方法是降低其所有部分，即 I、am、sad 这 3 个词的权重和偏差。应该降低多少呢？降低的量与我们从第 3 章介绍的"平方技巧"中学到的学习率相等。

同样，如果我们的分类器将句子"I am happy"错误分类为悲伤句子，那么我们的程序是将单词 I、am、happy 的权重和偏差略微增加到与学习率相等的量。

让我们用一个数值例子来说明这一点。本例使用 $\eta = 0.01$ 的学习率。想象一下，我们有与上一节相同的分类器，即分类器具有以下权重和偏差。我们将其称为坏分类器，因为我们的目标就是要改进它。

坏分类器

权重：

- aack：$a = 1$
- beep：$b = 2$

偏差： $c = -4$

预测： $\hat{y} = \text{step}(x_{\text{aack}} + 2x_{\text{beep}} - 4)$

以下句子被模型错误分类，我们将用它来提高权重：

句子 1： "beep aack aack beep beep beep beep。"

标签： 悲伤(0)

对于这句话，aack 的出现次数为 $x_{\text{aack}} = 2$，beep 的出现次数为 $x_{\text{beep}} = 5$。因此，得分为 $1 \cdot x_{\text{aack}} + 2 \cdot x_{\text{beep}} - 4 = 1 \cdot 2 + 2 \cdot 5 - 4 = 8$，预测公式为 $\hat{y} = \text{step}(8) = 1$。

句子得分应该为负分，被归类为悲伤。然而，分类器给了它 8 分的正分。我们需要降低这个分数。一种方法是将学习率减去 aack 的权重、beep 的权重和偏差，从而得到新的权重，即 $a' = 0.99$，$b' = 1.99$，以及一个新的偏差 $c' = 4.01$。但是，请想一想：beep 一词比 aack 出现的次数要多得多。在某种程度上，beep 对句子得分的影响比 aack 更大。与 aack 的分数相比，我们可能应该多降低一点 beep 的权重。让我们通过将学习率乘以单词在句子中出现的次数来减少每个单词的权重。换句话说：

- 单词 aack 出现了 2 次，所以我们将其权重降低 2 倍学习率，即 0.02。得到一个新的权重 $a' = 1 - 2 \cdot 0.01 = 0.98$。
- 单词 beep 出现了 5 次，因此我们将其权重降低 5 倍学习率，即 0.05。得到一个新的权重 $b' = 2 - 5 \cdot 0.01 = 1.95$。
- 偏差只加到分数上一次，所以我们使用学习率或 0.01 减少偏差。得到一个新的偏差 $c' = -4 - 0.01 = -4.01$。

提示： 除了从每个权重中减去学习率之外，我们还减去了学习率乘以单词在句子中出现的次数。这种做法的真正原理是微积分。换句话说，当开发梯度下降法时，误差函数的导数迫使我们采取这种做法。附录 B "使用梯度下降训练分类模型"一节对此过程进行了详细说明。

新改进的分类器如下。

改进的分类器 1

权重:

- aack: $a'=0.98$
- beep: $b'=1.95$

偏差: $c'=-4.01$

预测: $\hat{y} = \text{step}(0.98x_{\text{aack}} +1.95x_{\text{beep}} - 4.01)$

让我们验证一下两个分类器的误差。复习一下,误差是分数的绝对值。因此,坏分类器产生的误差为 $|1 \cdot x_{\text{aack}} +2 \cdot x_{\text{beep}} -4| = |1 \cdot 2 +2 \cdot 5 -4| = 8$。改进后的分类器产生的误差为 $|0.98 \cdot x_{\text{aack}} +1.95 \cdot x_{\text{beep}} - 4.01| = |0.98 \cdot 2 +1.95 \cdot 5 - 4.01| = 7.7$。这一误差较小,所以我们确实在这一点上改进了分类器!

我们刚刚研究的案例包含一个带有负标签的错误分类点。如果错误分类点有一个正标签会怎么样呢?过程是相同的,但我们不是从权重中减去一个数量,而是添加一个数量。让我们回到坏分类器,考虑以下句子:

句子 2: "aack aack。"

标签: 高兴

这句话的预测是 $\hat{y} = \text{step}(x_{\text{aack}} +2x_{\text{beep}} -4) = \text{step}(2 +2 \cdot 0-4) = \text{step}(-2) = 0$。预测句子为悲伤,所以分类错误。句子的得分是-2,为将这句话归类为高兴,需要给它一个正分。感知器技巧将增加单词的权重和偏差,以此增加-2 的分数,如下所示:

- 单词 aack 出现了 2 次,因此我们将其权重增加 2 倍的学习率,即 0.02。得到一个新的权重 $a'=1 +2 \cdot 0.01 =1.02$。
- 单词 beep 出现 0 次,所以我们不会增加其权重,因为这个词与句子不相关。
- 偏差只加到分数上一次,所以我们使用学习率增加偏差,即 0.01。得到一个新的偏差 $c' = -4+0.01 = -3.99$。

因此,最新改进的分类器如下。

改进的分类器 2

权重:

- aack: $a'=1.02$
- beep: $b'=2$

偏差: $c'=-3.99$

预测: $\hat{y} = \text{step}(1.02x_{\text{aack}} +2x_{\text{beep}} -3.99)$

现在让我们验证误差。因为坏分类器给这个句子的打分为-2,所以误差就是 $|-2| =2$。第二个分类器给这个句子打分为 $1.02x_{\text{aack}} +2x_{\text{beep}} -3.99 =1.02 \cdot 2 +2 \cdot 0-3.99 =$

–1.95，误差为 1.95。因此，在这一点上，改进后分类器的误差比坏分类器要小，我们得偿所愿。

下面总结一下这两种情况，并获得感知器技巧的伪代码。

感知器技巧的伪代码

输入：

- 具有权重 a、b 和偏差 c 的感知器
- 具有坐标(x_1, x_2)和标签 y 的点
- 一个小的正值 η(学习率)

输出：

- 具有新权重 a'、b'和偏差 c'的感知器

程序：

- 感知器在该点做出的预测是 $\hat{y} = \text{step}(ax_1 + bx_2 + c)$。
- **情况 1**：如果 $\hat{y} = y$，
  - 则**返回**具有权重 a、b 和偏差 c 的原始感知器。
- **情况 2**：如果 $\hat{y} = 1$ 且 $y = 0$，
  - 则**返回**具有以下权重和偏差的感知器：
    - $a' = a - \eta x_1$
    - $b' = b - \eta x_2$
    - $c' = c - \eta x_1$。
- **情况 3**：如果 $\hat{y} = 0$ 且 $y = 1$，
  - 则**返回**具有以下权重和偏差的感知器：
    - $a' = a + \eta x_1$
    - $b' = b - \eta x_2$
    - $c' = c + \eta x_1$。

如果感知器对点正确分类，则输出感知器与输入感知器相同，两者产生的误差皆为 0。如果感知器对点错误分类，则输出感知器会产生比输入感知器更小的误差。

以下是压缩伪代码的技巧。注意，感知器技巧包含 3 种情况，数量 $y - \hat{y}$ 可能是 0、–1 和+1。因此，我们可以总结如下。

感知器技巧的伪代码

输入：

- 具有权重 a、b 和偏差 c 的感知器
- 具有坐标(x_1, x_2)和标签 y 的点
- 一个小的值 η(学习率)

输出：

● 具有新权重 a'、b' 和偏差 c' 的感知器

程序：

● 感知器在该点做出的预测是 $\hat{y} = \text{step}(ax_1 + bx_2 + c)$。

● 返回具有以下权重和偏差的感知器：

- $a' = a + \eta(y - \hat{y})x_1$

- $b' = b + \eta(y - \hat{y})x_2$

- $c' = c + \eta(y - \hat{y})$

多次重复感知器技巧：感知器算法

在本节中，我们学习感知器算法，该算法可以在数据集上训练感知器分类器。复习一下，感知器技巧可以帮助我们稍微改进感知器，以便在某一点上做出更好的预测。感知器算法从随机分类器开始，不断改进，多次使用感知器技巧。

正如我们在本章中看到的，可通过两种方式研究这个问题：几何方法和代数方式。从几何上讲，数据集由平面中两种颜色的点给出，分类器是一条试图划分这些点的线。图 5.21 包含一个高兴句子和悲伤句子的数据集，就像我们在本章开头看到的那样。该算法的第一步是绘制一条随机线。很明显，图 5.21 中的线不能很好地划分高兴和悲伤的句子，因此并不能代表一个很好的感知器分类器。

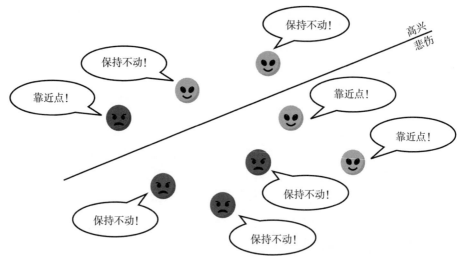

图 5.21　每个点都告诉分类器如何做得更好。正确分类的点告诉线保持不动。错误分类的
　　　　点告诉线稍微向点移动

感知器算法的下一步是随机选取一个点，如图 5.22 中的点。如果该点被正确分类，则线保持不动。如果该点被错误分类，那么线会稍微靠近该点，从而更适合该点。线可能会更不适合其他点，但现在这个问题并不重要。

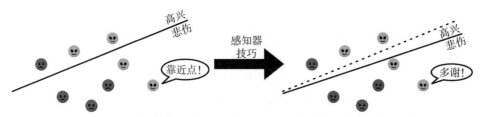

图 5.22　如果我们将感知器技巧应用于分类器和错误分类的点，分类器会稍微向点移动

可以想象，如果我们多次重复这个过程，最终可以得到一个很好的解决方案。这个过程并不总能帮助我们找到最好的解决方案。但在实践中，这种方法通常会让我们得到一个很好的解决方案，如图 5.23 所示。我们称之为感知器算法。

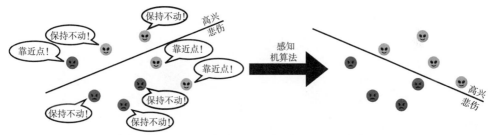

图 5.23　如果我们多次应用感知器技巧，每次选择一个随机点，可以想象，我们将获得一个能够正确分类大多数点的分类器

我们运行算法的次数就是迭代的数量。因此，该算法有两个超参数：迭代周期和学习率。感知器算法的伪代码如下。

感知器算法的伪代码

输入：

● 标记为 1 和 0 的点数据集
● 多次迭代周期，n
● 学习率 η

输出：

● 由一组权重和一个拟合数据集的偏差组成的感知器分类器

程序：

● 从感知器分类器的权重和偏差的随机值开始。
● 将以下步骤重复多次：
　　– 选择一个随机数据点。
　　– 使用感知器技巧更新权重和偏差。

返回：具有更新权重和偏差的感知器分类器。

我们需要循环多久？换句话说，应该迭代多少次？以下几个标准可以帮助我们做出决定：

- 固定循环运行次数，次数可能取决于我们的计算力或拥有的时间。
- 运行循环，直到误差低于预先设置的某个阈值。
- 运行循环，直到在一定数量的迭代周期内误差没有显著变化。

通常情况下，如果我们有充足的计算力，也可以运行比需要的次数更多的循环，因为一旦有了一个拟合良好的感知器分类器，每次循环往往不会发生太大的变化。在"编写感知器算法"一节，我们将编写感知器算法，并通过测量每一步的误差进行分析，从而更好地了解何时停止循环。

注意，在某些例子中，如图 5.24 所示，我们不可能找到一条线来分隔数据集中的两个类。但没关系：我们的目标是找到一条线，以尽可能少的误差(如图中的那条)分隔数据集，而感知器算法对此非常擅长。

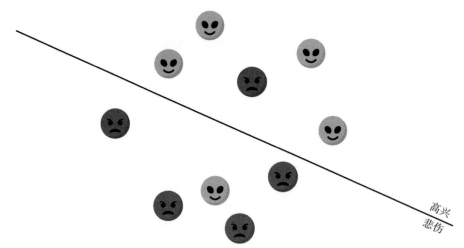

图 5.24　无法用线分隔两个类的数据集。训练感知器算法，找到尽可能将两个类分开的线

梯度下降

你可能注意到，这个模型的训练过程看起来很熟悉。实际上，这一过程与我们在第 3 章中使用线性回归的做法相似。回顾一下，线性回归的目的是拟合一条尽可能接近一组点的直线。在第 3 章中，我们从一条随机线开始，并逐步靠近点，以此训练线性回归模型。然后，我们使用下山(Mount Errorest)的例子来类比，向底部迈出一小步。山中每个点的高度是平均感知器误差函数，我们将其定义为绝对误差或平方误差。所以，下山就相当于把误差最小化，即找到最佳的直线拟合。我们称这个过程为梯度下降，因为梯度正是指向增长最大方向的向量(所以其负数指向下降最大的方向)，朝这个方向迈出一步会让我们下降最多。

本章的情况与此类似。此处问题的不同点在于，我们并不想拟合一条尽可能靠近一组点的线。相反，我们希望绘制一条以最佳方式分隔两组点的线。感知器算法从随机线开始，随后逐步移动，以构建更好的分隔符。下山的类比在这里也适用。唯一的不同是，在这座山中，每个点的高度都是"如何比较分类器？误差函数"一节中所介绍的高度。

随机梯度下降和批量梯度下降

我们在本节中研究感知器算法的方式是重复取一个点，并调整感知器(线)以更好地拟合该点。这一过程称为一次迭代。然而，正如我们在第 3 章 "我们是一次使用一个点还是同时使用多个点进行训练？随机梯度下降和批量梯度下降" 一节中对线性回归所做的那样，更好的方法是一次取一批点，一步到位调整感知器，以更好地拟合这些点。极端情况是一次取集合中的所有点，并在一步中调整感知器，以更好地适应所有点。在第 3 章中，我们将这些方法称为随机梯度下降、小批量梯度下降和批量梯度下降。在本节中，我们使用小批量梯度下降的正式感知器算法。附录 B 的 "使用梯度下降训练分类模型" 一节包含更多数学细节，并使用小批量梯度下降对感知器算法进行全面描述。

5.4　感知器算法编程实现

现在我们已经为情感分析应用程序开发了感知器算法，在本节中，我们为这一感知器算法编写代码。首先，我们将从头开始编写代码，以适应原始数据集。然后将使用 Turi Create。在现实生活中，我们往往会使用包，而几乎不需要编写自己的算法。然而，至少对一些算法进行一次编程总是有益的——把这一过程想象成做长除法。虽然我们通常不使用计算器进行长除法，但在高中时我们必须这样做。这也有一定的好处，因为当现在使用计算器进行长除法时，我们知道后台发生了什么。本节代码如下，我们使用的数据集如表 5.5 所示。

- **笔记**：Coding_perceptron_algorithm.ipynb
  - https://github.com/luisguiserrano/manning/blob/master/Chapter_5_Perceptron_
    Algorithm/Coding_perceptron_algorithm.ipynb

表 5.5　外星人数据集，他们说每个词的时间，以及他们的心情

aack	beep	高兴/悲伤
1	0	0
0	2	0
1	1	0
1	2	0

(续表)

aack	beep	高兴/悲伤
1	3	1
2	2	1
2	3	1
3	2	1

首先，将数据集定义为一个 NumPy 数组，特征对应于代表 aack 和 beep 出现的两个数字。高兴句子的标签为 1，悲伤句子的标签为 0。

```
import numpy as np
features = np.array([[1,0],[0,2],[1,1],[1,2],[1,3],[2,2],[2,3],[3,2]])
labels = np.array([0,0,0,0,1,1,1,1])
```

效果如图 5.25 所示。在这个图中，三角形代表高兴的句子，正方形代表悲伤的句子。

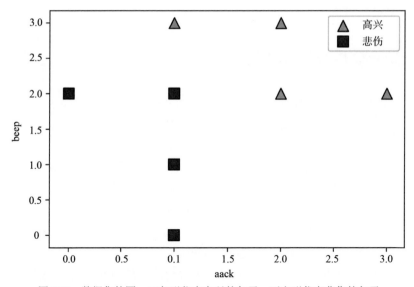

图 5.25 数据集的图。三角形代表高兴的句子，正方形代表悲伤的句子

感知器编程技巧

在本节中，我们编写感知器技巧。我们将使用随机梯度下降(一次一个点)对其进行编程，但也可以使用小批量梯度下降或批量梯度下降。我们首先对评分函数和预测函数进行编程。这两个函数接收相同的输入，即模型的权重、偏差和数据点的特征。评分函数返回模型给予该数据点的分数，如果分数大于或等于 0，则预测函数返回 1；如果分数小于 0，则返回 0。我们对这一函数使用第 3 章中"绘制误差函数并了解何时停止运行算法"一节定义的点积。

```
def score(weights, bias, features):
    return np.dot(features, weights) + bias
```

计算权重和特征之间的点积，添加偏差，并应用阶跃函数

要编写预测函数，首先要编写阶跃函数。评分的阶跃函数即为预测。

```
def step(x):
    if x >= 0:
        return 1
    else:
        return 0

def prediction(weights, bias, features):
    return step(score(weights, bias, features))
```

查看分数，如果是正数或 0，则返回 1；如果是负数，则返回 0

接下来，我们对点的误差函数进行编程。复习一下，如果该点被正确分类，则误差为 0；如果被错误分类，则误差为该分数的绝对值。该函数将模型的权重和偏差以及数据点的特征和标签作为输入。

```
def error(weights, bias, features, label):
    pred = prediction(weights, bias, features)
    if pred == label:
        return 0
    else:
        return np.abs(score(weights, bias, features))
```

如果预测等于标签，则该点被正确分类，这意味着误差为 0

如果预测与标签不同，则该点被错误分类，即误差均值等于分数的绝对值

现在为平均感知器误差编写一个函数。这个函数计算数据集中所有点的误差平均值。

```
def mean_perceptron_error(weights, bias, features, labels):
    total_error = 0
    for i in range(len(features)):
        total_error += error(weights, bias, features[i], labels[i])
    return total_error/len(features)
```

误差总和除以点数，获得平均感知器误差

循环遍历数据，并为每个点添加该点的误差，然后返回此误差

现在我们有了误差函数，可以继续编写感知器技巧。我们将对"感知器技巧：稍微改进感知器的方法"一节末尾的精简版算法进行编程。但在笔记中，可以发现编程方式有两种，第一种使用 **if** 语句检查点是否正确分类。

```
def perceptron_trick(weights, bias, features, label, learning_rate = 0.01):
    pred = prediction(weights, bias, features)
    for i in range(len(weights)):
        weights[i] += (label-pred)*features[i]*learning_rate
    bias += (label-pred)*learning_rate
    return weights, bias
```

使用感知器技巧更新权重和偏差

编写感知器算法

现在我们有了感知器技巧，可以编写感知器算法。复习一下，感知器算法从随机感知器分类器开始，并多次重复感知器技巧(重复次数与迭代次数相同)。为了跟踪算法的性能，我们还将跟踪每次迭代的平均感知器误差。我们将数据(特征和标签)、默认学习率 0.01 和默认迭代次数 200 作为输入。感知器算法的代码如下。

重复该过程，重复次
数与迭代次数相同

将权重初始化为 1，将偏差初始化
为 0。如果你愿意，也可以将它们
初始化为小的随机数

```
def perceptron_algorithm(features, labels, learning_rate = 0.01,
  epochs = 200):
    weights = [1.0 for i in range(len(features[0]))]
    bias = 0.0
    errors = []
    for epoch in range(epochs):
        error = mean_perceptron_error(weights, bias, features, labels)
        errors.append(error)
        i = random.randint(0, len(features)-1)
        weights, bias = perceptron_trick(weights, bias, features[i], labels[i])
    return weights, bias, errors
```

用于存储误差的数组

计算并保存平
均感知器误差

在数据集中选择一个随机点

根据该点，应用感知器算
法更新模型的权重和偏差

现在让我们在数据集上运行这个算法吧！

```
perceptron_algorithm(features, labels)
输出: ([0.6299999999999997, 0.17999999999999938], -1.0400000000000007)
```

输出显示获得的权重和偏差如下。

- aack 的权重：0.63
- beep 的权重：0.18
- 偏差：−1.04

因为算法中的点是随机选择的，因此也可得到不同的答案。为让仓库中的代码始终返回相同的答案，我们将随机种子设置为 0。

图 5.26 的两图中，左图是拟合线，右图是误差函数。与生成的感知器对应的线是粗线，该线正确分类每个点。较细的线对应于每 200 次迭代后获得的感知器。注意在每次迭代中，线是如何变得更拟合这些点的。随着迭代次数的增加，误差会极大地减少，直到在 140 次迭代左右减少到 0，这意味着每个点都被正确分类。

这就是感知器算法代码！正如我之前所说，在实践中，我们通常不会手动编写算法，而是使用包，例如 Turi Create 或 Scikit-Learn。这是下一节要介绍的内容。

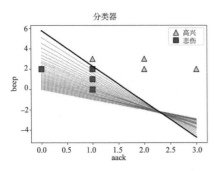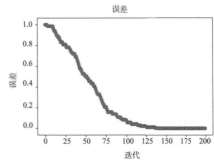

图 5.26　左图：生成分类器的图示。注意，图中的线对每个点都进行了正确分类。右图：误差图示。
　　　　注意，运行感知器算法的迭代次数越多，误差就越低

使用 Turi Create 编程感知器算法

在本节中，我们将在 Turi Create 中学习编写感知器算法。代码与先前练习的代码在同一个笔记中。我们的第一个任务是导入 Turi Create，并使用字典中的数据创建一个 SFrame，如下所示：

```
import turicreate as tc

datadict = {'aack': features[:,0], 'beep':features[:,1], 'prediction': labels}
data = tc.SFrame(datadict)
```

接下来，使用 logistic_classifier 对象和 create 方法，创建并训练感知器分类器，如下面的代码所示。输入为数据集和包含标签(目标)的列名。

```
perceptron = tc.logistic_classifier.create(data, target='prediction')
```

输出：

```
+-----------+----------+--------------+-------------------+
| Iteration | Passes   | Elapsed Time | Training Accuracy |
+-----------+----------+--------------+-------------------+
| 1         | 2        | 1.003120     | 1.000000          |
| 2         | 3        | 1.004235     | 1.000000          |
| 3         | 4        | 1.004840     | 1.000000          |
| 4         | 5        | 1.005574     | 1.000000          |
+-----------+----------+--------------+-------------------+
SUCCESS: Optimal solution found.
```

注意，感知器算法运行了 4 次迭代，最后一次迭代(实际上，所有迭代)中的训练精度为 1。这意味着数据集中的每个点都被正确分类。

最后，可以使用以下命令查看模型的权重和偏差：

```
perceptron.coefficients
```

此函数的输出显示了最终感知器的权重和偏差，如下：

- aack 权重：2.70
- beep 权重：2.46
- 偏差：-8.96

这些结果与我们手动获得的结果不同，但两种感知器在数据集中都运行良好。

5.5 感知器算法的应用

感知器算法在现实生活中有很多应用。几乎每次我们需要用是或否来回答一个问题时，如果答案是从以前的数据中预测出来的，那么感知器算法就可以发挥作用。以下是感知器算法在现实生活中的一些应用例子。

垃圾邮件过滤器

与根据句子中的词来预测句子是高兴还是悲伤的方式类似，我们可以根据电子邮件中的词来预测电子邮件是垃圾邮件还是非垃圾邮件。还可以使用其他特征，例如：

- 电子邮件的长度
- 附件大小
- 发件人数量
- 发件人是否为我们的联系人

目前，大多数顶尖的电子邮件公司将感知器算法(及其高级形态，逻辑回归和神经网络)和其他分类模型用于垃圾邮件分类，并取得了很好的效果。

还可以使用分类算法(如感知器算法)对电子邮件进行分类。将电子邮件分为联系人信息、订阅信息和促销信息完全是同一类问题。即使电子邮件的潜在回复问题也属于分类问题，但需要使用的标签是对电子邮件的回复。

推荐系统

在许多推荐系统中，向用户推荐视频、电影、歌曲或产品都可以归结为回答是或否的问题。这些情况下，问题可以是以下任何一项：

- 用户会单击我们推荐的视频/电影吗？
- 用户会观看我们推荐的整个视频/电影吗？
- 用户会听我们推荐的歌曲吗？
- 用户会购买我们推荐的产品吗？

特征可以是任何东西，包括人口统计(用户年龄、性别、位置)以及用户行为(用户观看了哪些视频、听了哪些歌曲、购买了哪些产品)。可以想象，用户向量会很长！想要实现这些问题，需要强大的计算力和卓越的算法。

Netflix、YouTube 和 Amazon 等公司在其推荐系统中使用的就是感知器算法或类似的更高级分类模型。

医疗保健

许多医学模型还使用分类算法(如感知器算法)来回答以下问题：

- 患者是否患有某种特定疾病？
- 某种治疗对患者有用吗？

这些模型的特征通常是患者目前的症状和他们的病史。这些类型的算法需要非常高的性能水平。

为患者推荐错误的治疗方法比推荐用户不会观看的视频要严重得多。请参阅第 7 章了解这种类型的分析，其中讨论了准确率和其他评估分类模型的方法。

计算机视觉

感知器算法等分类算法也广泛用于计算机视觉领域，具体来说，即用于图像识别。想象一下，我们有一张图片，我们想教计算机判断图片中是否包含一只狗。这就是一个分类模型，特征是图像的像素。

感知器算法在精选图像数据集中(例如手写数字数据集 MNIST)性能优良。然而，在处理更复杂的图像时，效果不是很好。人们使用由许多感知器组合而成的模型处理更复杂的图像。这些模型被称为多层感知器或神经网络，第 10 章将对此进行详细介绍。

5.6　本章小结

- 分类是机器学习的重要组成部分。分类类似于回归，因为分类包括使用标记数据训练算法，并使用分类对未来的无标签数据进行预测。与回归不同的是，分类中的预测是类别，例如是/否、垃圾邮件/非垃圾邮件等。
- 感知器分类器为每个特征和偏差分配权重。数据点的分数为权重和特征的乘积之和加上偏差。如果分数大于或等于 0，则分类器预测为是，反之，则预测为否。
- 用于情感分析的感知器由字典中每个单词的分数和偏差组成。高兴的词通常是正分，悲伤的词通常是负分。the 等中性词最终得分接近于 0。
- 偏差帮助我们决定空句是高兴还是悲伤。如果偏差为正，那么空句是高兴；如果为负，则是悲伤。
- 从图形上看，可将感知器看作一条试图将两类点分开的线，这些点由两种不同颜色表示。在更高维度上，感知器是一个分离点的超平面。

- 感知器算法的工作原理是从一条随机线开始，然后慢慢移动线以很好地分离点。在每次迭代中，感知器算法都会选择一个随机点。如果该点被正确分类，则该线不会移动。如果错误分类，那么线会稍微靠近该点，以通过该点，并对其进行正确分类。
- 感知器算法有很多应用，包括垃圾邮件检测、推荐系统、电子商务和医疗保健。

5.7 练习

练习 5.1

以下是 COVID-19 检测呈阳性或阴性的患者数据集。患者的症状是咳嗽(C)、发烧(F)、呼吸困难(B)和疲倦(T)。

	咳嗽(C)	发烧(F)	呼吸困难(B)	疲倦(T)	诊断(D)
患者 1		X	X	X	生病
患者 2	X	X		X	生病
患者 3	X		X	X	生病
患者 4	X	X	X		生病
患者 5	X			X	健康
患者 6		X	X		健康
患者 7		X			健康
患者 8				X	健康

构建一个感知器模型，对这个数据集进行分类。

提示：可以使用感知器算法，但也可能发现一个有效的感知器模型。

练习 5.2

考虑将预测值 $\hat{y} = \text{step}(2x_1 + 3x_2 - 4)$ 分配给点 (x_1, x_2) 的感知器模型。该模型的边界线公式为 $2x_1 + 3x_2 - 4 = 0$。我们有标签为 0 的点 $p = (1,1)$。

a. 验证点 p 是否被模型错误分类。

b. 计算模型在 p 点产生的感知器误差。

c. 使用感知器技巧获得一个新模型，该模型仍然对 p 进行错误分类，但会产生较小的误差。可以使用 $\eta = 0.01$ 的学习率。

d. 找到新模型在 p 点给出的预测，验证所得感知器误差比原来的小。

练习 5.3

感知器对于构建逻辑门(例如 AND 和 OR)特别有用。

a. 构建一个为 AND 门建模的感知器。换句话说，构建一个感知器以适应以下数据集(其中 x_1、x_2 是特征，y 是标签):

x_1	x_2	y
0	0	0
0	1	0
1	0	0
1	1	1

b. 同样，基于以下数据集，构建一个为 OR 门建模的感知器:

x_1	x_2	y
0	0	0
0	1	1
1	0	1
1	1	1

c. 基于以下数据集，证明没有感知器可以为 XOR 门建模:

x_1	x_2	y
0	0	0
0	1	1
1	0	1
1	1	0

划分点的连续方法: 逻辑分类器

第6章

本章主要内容:

- 分类模型中硬分配和软分配的区别
- sigmoid 函数——连续的激活函数
- 离散感知器与连续感知器(也称为逻辑分类器)
- 用于分类数据的逻辑回归算法
- 用 Python 编写逻辑回归算法
- 使用 Turi Create 中的逻辑分类器分析影评情绪
- 使用 softmax 函数来构建两类以上的分类器

在前一章中，我们构建了一个分类器来确定一个句子是高兴还是悲伤。但是我们可以想象，有些句子比其他句子更高兴。例如，句子"I'm good"和句子"Today was the most wonderful day in my life!"都高兴，但第二个比第一个更高兴。如果有一个分类器，不仅可以预测句子是高兴还是悲伤，还可对句子的高兴程度进行评级，不是很好吗？比如说，一个分类器告诉我们第一个句子的高兴程度是60%，第二个句子的高兴程度是95%。在本章中，我们定义了逻辑分类器(logistic classifier)，它的功能就是如此。逻辑分类器给每个句子分配一个从0到1的分数，句子的高兴程度越高，得到的分数就越高。

简而言之，逻辑分类器是一种工作方式与感知器分类器类似的模型，不同之处在于逻辑分类器不返回是或否的答案，而返回0到1之间的数字。这种情况下，目标是为悲伤程度最高的句子分配接近0的分数，为高兴程度最高的句子分配接近1的分数，为中性句子分配接近0.5的分数。这个0.5的阈值是任意分配的，但在实践中很常见。在第7章中，我们将看到如何调整这一阈值，以优化模型。但在本章中，使用0.5作为阈值。

本章内容以第5章为基础，因为此处开发的算法与第5章相似，只有一些技术方面的差异。很好地理解第5章将有助于你理解本章中的材料。第5章描述了感知器算法，其中，我们使用误差函数和迭代步骤；误差函数体现感知器分类器的优点，迭代步骤可以稍微优化分类器。在本章中，我们学习逻辑回归算法，其工作方式与感知器算法类似。主要区别如下：

- 阶跃函数被一个新的激活函数取代，该函数返回0到1之间的值。
- 感知器误差函数被一个新的误差函数取代，该函数基于概率计算。
- 感知器技巧被一个新的技巧取代，该技巧基于新的误差函数改进分类器。

提示：在本章中，我们进行了大量的数值计算。如果遵循这些公式，可能发现你的计算与书中的计算略有不同。这本书在公式的最后对数字进行取整，而不是在每两个步骤之间对数字进行取整。但是，这对最终结果的影响应该很小。

在本章的最后，我们将知识应用于流行网站IMDB(www.imdb.com)上的真实电影评论数据集，使用逻辑分类器来预测电影评论是正面的还是负面的。

本章的代码可在以下 GitHub 仓库中找到：https://github.com/luisguiserrano/manning/tree/master/Chapter_6_Logistic_Regression。

6.1　逻辑分类器：连续版感知器分类器

在第5章中，我们介绍了感知器。感知器是一种使用数据特征进行预测的分类器，预测值可以是1或0。这称为**离散感知器(continuous perceptron)**，因为它从离散集(包含0和1的集合)中返回答案。在本章中，我们学习连续感知器，它可以返回0到1

区间内的任何数字答案。连续感知器的一个更常见名称是**逻辑分类器(logistic classifier)**。逻辑分类器可以输出一个分数，目标是分配尽可能接近点标签的分数——标签为 0 的点应该得到接近于 0 的分数，标签为 1 应该得到接近 1 的分数。

可将类似于离散感知器的连续感知器可视化：用一条线(或高维平面)将两类数据分开。唯一的区别是，离散感知器预测直线一侧的所有东西都带有标签 1，而另一侧的所有东西都带有标签 0，而连续感知器根据点与线的位置为所有点分配一个从 0 到 1 的值。线上的每个点的值都为 0.5。这个值意味着模型无法决定句子是高兴的还是悲伤的。例如，在情绪分析示例中，句子"Today is Tuesday"既不高兴也不悲伤，因此模型会为其分配接近 0.5 的分数。正区中的点得分大于 0.5，在正方向上离线更远的点的值更接近 1。负区中的点的分数小于 0.5，同样，离线较远的点的值更接近 0。没有点的值为 1 或 0(除非我们考虑无穷远处的点)，如图 6.1 所示。

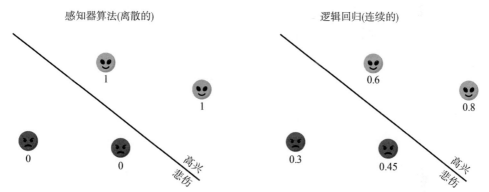

图 6.1　左图：感知器算法训练离散感知器，预测为 0(高兴)和 1(悲伤)。右图：逻辑回归算法训练连续感知器，预测是 0 到 1 之间的数字，表示预测的高兴程度

既然逻辑分类器本身输出的不是状态而是数字，为什么我们称为分类而不是回归？原因是，打分后，可将分数分为两类，即 0.5 或更高的分数和低于 0.5 的分数。从图形上看，这两类被边界线分开，就像感知器分类器一样。但是，我们用来训练逻辑分类器的算法称为逻辑回归算法(logistic regression algorithm)。这个称呼有点奇怪，但我们会沿用这一名称，以与文献相匹配。

分类的概率方法：sigmoid 函数

怎样才能稍微修改上一节中感知器模型，以获得每个句子的分数，而不只是简单的"高兴"或"悲伤"呢？回想一下我们在感知器模型中进行预测的方法。我们分别对每个单词进行评分，并添加分数和偏差，以此对每个句子进行评分。如果分数为正，则预测句子是高兴的，如果分数为负，则预测句子是悲伤的。换句话说，我们所做的是将阶跃函数应用于分数。如果分数为非负，则阶跃函数返回 1；如果分数为负，则返回 0。

现在，我们要做的事情与此类似。我们将一个接收分数的函数作为输入，并输出一个介于 0 和 1 之间的数字。如果分数为正，则该数字接近于 1；如果分数为负，则该数字接近于 0；如果分数为 0，则输出为 0.5。想象一下，我们可将整个数轴压缩成0 到 1 的区间，如图 6.2 中所示的函数。

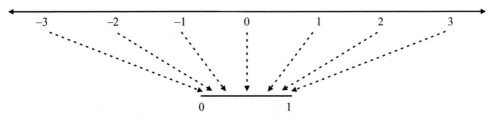

图 6.2　sigmoid 函数将整个数轴发送到区间(0,1)

我们可以运用的函数有许多。在本例中，我们使用一个名为 sigmoid 的函数，用希腊字母 sigma（σ）表示。公式如下：

$$\sigma(x) = \frac{1}{1+e^{-x}}$$

这里真正重要的不是公式，而是函数的作用，即将实数线压缩到区间(0,1)中。图6.3 比较了阶跃函数和 sigmoid 函数。

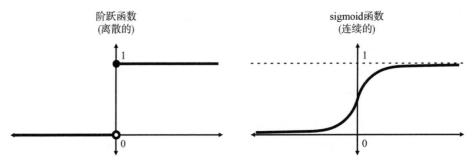

图 6.3　左图：用于构建离散感知器的阶跃函数。该函数为任何负输入输出值 0，为任何正输入或 0
　　　　输出值 1，在 0 处具有不连续性。右图：用于构建连续感知器的 sigmoid 函数。该函数为负
　　　　输入输出小于 0.5 的值，为正输入输出大于 0.5 的值，为 0 输出值 0.5。该函数在任何地方都
　　　　是连续且可微的

由于多种原因，sigmoid 函数通常比阶跃函数更好。与离散预测相比，连续预测可以为我们提供更多信息。此外，当进行微分时，sigmoid 函数比阶跃函数有更好的导数。但原点除外，阶跃函数的导数为 0，原点未定义。在表 6.1 中，我们计算了 sigmoid函数的一些值，以确保函数执行的操作如我们所愿。

表 6.1　sigmoid 函数下的一些输入及其输出。注意，对于大的负输入，输出接近于 0；而对于大的
正输入，输出接近于 1。当输入为 0 时，输出为 0.5

x	$\sigma(x)$
−5	0.007
−1	0.269
0	0.5
1	0.731
5	0.993

　　通过将 sigmoid 函数应用于分数，可以获得逻辑分类器的预测，预测将返回一个
介于 0 和 1 之间的数字。正如前面所说，在我们的例子中，这一数字可以表示句子是
高兴的概率。

　　在第 5 章中，我们为感知器定义了一个误差函数，称为感知器误差。我们使用这
个感知器误差来迭代构建一个感知器分类器。在本章中，我们遵循相同的过程。连续
感知器误差与离散预测器误差略有不同，但仍有相似之处。

数据集和预测

　　在本章中，我们使用与第 5 章相同的例子，例子中有一个外星人句子数据集，标
签为"高兴"和"悲伤"，分别用 1 和 0 表示。本章数据集与第 5 章的数据集略有不
同，如表 6.2 所示。

表 6.2　带有高兴/悲伤标签的句子数据集。坐标是单词 aack 和 beep 在句子中出现的次数

	词	坐标(#aack, #beep)	标签
句子 1	aack beep beep aack aack.	(3,2)	悲伤(0)
句子 2	beep aack beep.	(1,2)	高兴(1)
句子 3	beep!	(0,1)	高兴(1)
句子 4	aack aack.	(2,0)	悲伤(0)

我们使用的模型具有以下权重和偏差。

逻辑分类器 1

- aack 权重：$a = 1$
- beep 权重：$b = 2$
- 偏差：$c = -4$

我们使用与第 5 章相同的符号，其中变量 x_{aack} 和 x_{beep} 分别跟踪 aack 和 beep 的出
现频率。感知器分类器将根据公式 $\hat{y} = \text{step}(ax_{aack} + bx_{beep} + c)$ 进行预测，但因为这是
一个逻辑分类器，所以使用 sigmoid 函数代替阶跃函数。因此，该分类器的预测是
$\hat{y} = \sigma(1 \cdot x_{aack} + bx_{beep} - 4)$。这种情况下，预测如下。

预测：$\hat{y} = \sigma\,(1 \cdot x_{\text{aack}} + 2 \cdot x_{\text{beep}} - 4)$

因此，分类器对我们的数据集做出以下预测：

- **句子 1**：$\hat{y} = \sigma\,(3 + 2 \cdot 2 - 4) = \sigma\,(3) = 0.953$。
- **句子 2**：$\hat{y} = \sigma\,(1 + 2 \cdot 2 - 4) = \sigma\,(1) = 0.731$。
- **句子 3**：$\hat{y} = \sigma\,(0 + 2 \cdot 1 - 4) = \sigma\,(-2) = 0.119$。
- **句子 4**：$\hat{y} = \sigma\,(2 + 2 \cdot 0 - 4) = \sigma\,(-2) = 0.119$。

"高兴"和"悲伤"之间的边界是公式 $x_{\text{aack}} + 2x_{\text{beep}} - 4 = 0$ 所描绘的线，如图 6.4 所示。

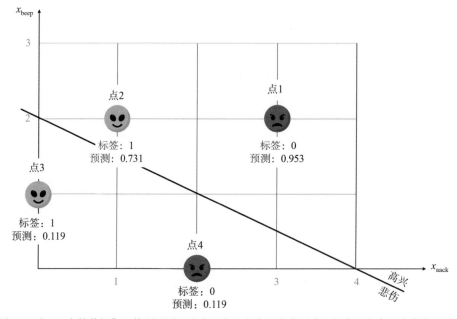

图 6.4　表 6.2 中的数据集及其预测图。注意，点 2 和点 4 分类正确，但点 1 和点 3 分类错误

这条线将平面分成正区(高兴)和负区(悲伤)。正区由预测值大于或等于 0.5 的点组成，负区由预测值小于 0.5 的点组成。

误差函数：绝对误差、平方误差和对数损失

在本节中，我们为逻辑分类器构建 3 个误差函数。你希望好的误差函数具有哪些属性？一些例子如下：

- 如果一个点被正确分类，则误差是一个很小的数字。
- 如果一个点被错误分类，则误差是一个很大的数字。
- 一组点的分类器误差是所有点误差的总和(或平均值)。

许多函数都满足这些性质，我们将关注其中的 3 个；绝对误差、平方误差和对数损失。在表 6.3 中，我们有 4 个点的标签和预测，这 4 个点对应于数据集中的句子，

特征如下所示：

- 线上点的预测值为 0.5。
- 正区中点的预测值高于 0.5，并且点在该方向上距离直线越远，其预测值就越接近 1。
- 负区中点的预测值低于 0.5，并且点在该方向上距离直线越远，其预测值就越接近 0。

表 6.3　如图 6.4 所示 4 个点，两个高兴、两个悲伤及其各自的预测。注意，点 1 和点 4 已正确分类，但点 2 和点 3 未正确分类。一个好的误差函数应该将小误差分配给正确分类的点，将大误差分配给错误分类的点

点	标签	预测	误差？
1	0 (悲伤)	0.953	很大的数字
2	1 (高兴)	0.731	很小的数字
3	1 (高兴)	0.119	很大的数字
4	0 (悲伤)	0.119	很小的数字

注意，在表 6.3 中，点 2 和点 4 得到的预测与标签接近，因此应该具有较小的误差。相比之下，点 1 和点 3 得到的预测与标签相差很远，因此应该有很大的误差。具有此特定属性的 3 个误差函数如下。

误差函数 1：绝对误差

绝对误差(absolute error)类似于我们在第 3 章中为线性回归定义的绝对误差。它是预测和标签之间差的绝对值。正如我们所见，当两者相差甚远时，绝对误差很大；当两者相差无几时，绝对误差就会很小。

误差函数 2：平方误差

同样，就像在线性回归中一样，我们也有平方误差(square error)。平方误差是预测和标签之间差的平方，其工作原理与绝对误差的工作原理相同。

在继续学习之前，让我们计算表 6.4 中点的绝对误差和平方误差。注意，点 2 和点 4(正确分类)具有较小的误差，而点 1 和点 3(未正确分类)具有较大的误差。

表 6.4　我们附上了表 6.3 中点的绝对误差和平方误差。注意，如我们所愿，点 2 和点 4 的误差较小，而点 1 和点 3 的误差较大

点	标签	预测标签	绝对误差	平方误差
1	0 (悲伤)	0.953	0.953	0.908
2	1 (高兴)	0.731	0.269	0.072

（续表）

点	标签	预测标签	绝对误差	平方误差
3	1 (高兴)	0.119	0.881	0.776
4	0 (悲伤)	0.119	0.119	0.014

　　绝对误差和平方误差可能会让你想起回归中使用的误差函数。然而，在分类中，这两种函数并没有被广泛使用，最受欢迎的是我们即将学习的下一个函数。为什么它会更受欢迎？因为它能够很好地与数学(导数)结合。此外，绝对误差和平方误差都非常小。事实上，无论该点分类多么糟糕，这些误差都小于 1，因为两个介于 0 和 1 之间的数字差(或差的平方)最多为 1。为了正确训练模型，我们需要误差函数能够取比这更大的值。幸运的是，第三个误差函数可以实现这一点。

误差函数 3：对数损失

　　对数损失(log loss)是连续感知器使用最广泛的误差函数。本书中的大多数误差函数的名称中都有误差(error)这个词，但这个函数名称中的词却是损失。名称中的对数是我们在公式中使用的自然对数。然而，对数损失的灵魂是概率。

　　连续感知器输出的数字范围在 0 到 1 之间，因此可以将其视为概率。该模型为每个数据点分配一个概率，即该点高兴的概率。由此，我们可以推断出该点是悲伤的概率，即 1 减去高兴的概率。例如，如果预测为 0.75，则意味着模型认为该点高兴的概率为 0.75，而悲伤的概率就为 0.25。

　　现在，主要的观察结果如下。该模型的目标是为高兴点(标签为 1 的点)分配高概率，为悲伤点(标签为 0 的点)分配低概率。注意，一个点悲伤的概率是 1 减去该点高兴的概率。因此，对于每个点，让我们计算模型赋予其标签的概率。与数据集中的点对应的概率如下。

- **点 1：**
  - 标签 = 0(悲伤)
  - 预测(高兴的概率) = 0.953
  - 成为其标签的概率：1 − 0.953 = 0.047
- **点 2：**
  - 标签 = 1(高兴)
  - 预测(高兴的概率) = 0.731
  - 成为其标签的概率：0.731
- **点 3：**
  - 标签 = 1(高兴)
  - 预测(高兴的概率) = 0.119
  - 成为其标签的概率：0.119

- **点 4：**
  - 标签=0(悲伤)
  - 预测(高兴的概率)= 0.119
  - 成为其标签的概率：1 – 0.119 = **0.881**

注意，点 2 和点 4 分类良好，模型为这两点成为其标签分配了很高的概率。相比之下，点 1 和点 3 分类很差，模型为这两点成为其标签分配的概率很低。

与感知器分类器相比，逻辑分类器不会给出明确的答案。感知器分类器会表示，"我 100%确定这个点是高兴的"，而逻辑分类器会说，"你的点有 73%的概率是高兴的，27%的概率是悲伤的。"尽管感知器分类器的目标是尽可能正确，但逻辑分类器的目标是为每个点分配具有正确标签的最高可能概率。该分类器将概率 0.047、0.731、0.119 和 0.881 分配给 4 个标签。理想情况下，我们希望这些数字更高。如何衡量这 4 个数字呢？一种方法是将它们相加或求平均值。但是因为这些数字是概率，所以我们自然会选择将其相乘。当事件独立时，它们同时发生的概率是它们各自概率的乘积。我们假设 4 个预测是独立的，那么该模型分配给标签"悲伤、高兴、高兴、悲伤"的概率是这 4 个数字的乘积，即 $0.047 \cdot 0.731 \cdot 0.119 \cdot 0.881 \approx 0.004$。这个概率非常小。我们希望模型能够更好地拟合该数据集，生成更高的概率。

我们刚刚计算的概率对于模型来说似乎是一个很好的衡量标准，但也存在一些问题。例如，这一概率是许多小数的乘积。许多小数的乘积往往更小。想象一下，如果数据集上有 100 万个点。概率将是 100 万个数字的乘积，所有数字都在 0 到 1 之间。这个数字可能很小，以至于计算机都可能无法显示。此外，计算 100 万个数字的乘积是极其困难的。有什么方法可以把它转换为更容易操作的对象(如总和)吗？

幸运的是，有一种方便方法可以将乘积转化为求和——使用对数。在整本书中，我们需要了解的关于对数的全部内容就是对数将乘积转化为求和。更具体地说，两个数乘积的对数是这些数的对数之和，如下所示：

$$\ln(a \cdot b) = \ln(a) + \ln(b)$$

可以使用以 2、10 或 e 为底的对数。在本章中，使用以 e 为底的自然对数。但是，如果我们以任何其他数字为底使用对数，也可以获得相同的结果。

如果将自然对数应用于概率乘积，就会得到

$$\ln(0.047 \cdot 0.731 \cdot 0.119 \cdot 0.881) = \ln(0.047) + \ln(0.731) + \ln(0.119) + \ln(0.881) \approx -5.616$$

注意一个小细节，结果是负数。事实上，情况总是如此，因为 0 到 1 之间数的对数总是负数。因此，如果我们取概率乘积的负对数，就总能得到一个正数。

对数损失的定义为概率乘积的负对数，也是概率负对数之和。此外，每个被加数都是该点的对数损失。在表 6.5 中，可以看到每个点的对数损失的计算。通过将所有点的对数损失相加，我们得到的总对数损失是 5.616。

表6.5　数据集中点的对数损失计算。注意，分类良好的点(2和4)具有较小的对数损失，而分类不佳的点(1和3)具有较大的对数损失

点	标签	预测标签	标签概率	对数损失
1	0 (悲伤)	0.953	0.047	$-\ln(0.047) \approx 3.058$
2	1 (高兴)	0.731	0.731	$-\ln(0.731) \approx 0.313$
3	1 (高兴)	0.119	0.119	$-\ln(0.119) \approx 2.129$
4	0 (悲伤)	0.119	0.881	$-\ln(0.881) \approx 0.127$

注意，分类良好的点(2和4)的确具有较小的对数损失，而分类不佳的点的确具有较大的对数损失。这是因为如果一个数 x 接近 0，$-\ln(x)$ 就数值较大；但如果 x 接近 1，那么 $-\ln(x)$ 就数值较小。

总而言之，计算对数损失的步骤如下：

- 对于每个点，我们计算分类器给出其标签的概率。
  - 高兴点的概率就是分数。
  - 悲伤点的概率是 1 减去分数。
- 将所有这些概率相乘，以获得分类器赋予这些标签的总概率。
- 将自然对数应用于该总概率。
- 乘积的对数是因子的对数之和，因此我们将在每个点得到一个对数之和。
- 我们注意到所有项都是负数，因为小于 1 的数字的对数是负数。因此，我们将所有内容乘以-1，以获得正数的总和。
- 这个总和就是对数损失。

对数损失与交叉熵的概念密切相关，交叉熵是一种衡量两个概率分布之间相似度的方法。有关交叉熵的详细信息，请参阅附录 C 中的参考资料。

对数损失公式

一个点的对数损失可以被很好地浓缩成一个公式。回顾一下，对数损失为该点是其标签(高兴或悲伤)的概率的负对数。模型给每个点的预测是 $\hat{y}$，也就是这个点高兴的概率。因此，根据模型，该点为悲伤的概率是 $1-\hat{y}$。因此，我们可以将对数损失写成：

- 如果标签为 0，对数损失 $= -\ln(1-\hat{y})$
- 如果标签为 1，对数损失 $= -\ln(\hat{y})$

因为标签是 y，所以前面的 if 语句可以浓缩成以下公式：

$$对数损失 = -y \ln(\hat{y}) - (1-y) \ln(1-\hat{y})$$

前面的公式有效，因为如果标签为 0，则第一个被加数为 0；如果标签为 1，则第二个被加数为 0。对数损失这个术语适用于一个点或整个数据集。数据集的对数损失是每个点对数损失的总和。

使用对数损失比较分类器

现在，我们已经确定了逻辑分类器的误差函数，即对数损失，我们可以用它来比较两个分类器。回顾一下，我们在本章中使用的分类器由以下权重和偏差定义。

逻辑分类器 1

- aack 权重：$a = 1$
- beep 权重：$b = 2$
- 偏差：$c = -4$

在本节中，我们将其与以下逻辑分类器进行比较：

逻辑分类器 2

- aack 权重：$a = -1$
- beep 权重：$b = 1$
- 偏差：$c = 0$

每个分类器做出的预测如下：

- **分类器 1：** $\hat{y} = \sigma\left(x_{\text{aack}} + 2x_{\text{beep}} - 4\right)$
- **分类器 2：** $\hat{y} = \sigma\left(-x_{\text{aack}} + x_{\text{beep}}\right)$

两个分类器的预测记录在表 6.6 中，数据集和两条边界线如图 6.5 所示。

表 6.6　计算数据集中点的对数损失。注意，分类器 2 的预测比分类器 1 的预测更接近点的标签。因此，分类器 2 更好

点	标签	分类器 1 预测	分类器 2 预测
1	0 (悲伤)	0.953	0.269
2	1 (高兴)	0.731	0.731
3	1 (高兴)	0.119	0.731
4	0 (悲伤)	0.881	0.119

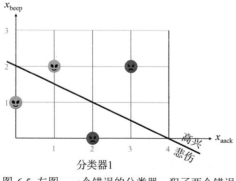 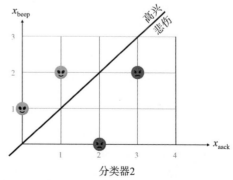

图 6.5　左图：一个错误的分类器，犯了两个错误。右图：一个好的分类器，可以正确地对所有 4 个点进行分类

从表 6.6 和图 6.5 的结果可以看出，分类器 2 明显优于分类器 1。例如，在图 6.5 中，可以看到分类器 2 正确定位了正区中的两个高兴句子和负区中的两个悲伤句子。接下来，对比一下对数损失。回顾一下，分类器 1 的对数损失是 5.616。而分类器 2 更好，因此应该为分类器 2 获得更小的对数损失。

由于对数损失 $= -y \ln(\hat{y}) - (1-y) \ln(1-\hat{y})$，数据集中每个点的分类器 2 的对数损失如下。

- **点 1**：$y=0$，$\hat{y}=0.269$
  - 对数损失 $= -\ln(1-0.269) \approx 0.313$
- **点 2**：$y=1$，$\hat{y}=0.731$
  - 对数损失 $= -\ln(0.731) \approx 0.313$
- **点 3**：$y=1$，$\hat{y}=0.731$
  - 对数损失 $= -\ln(0.731) \approx 0.313$
- **点 4**：$y=0$，$\hat{y}=0.119$
  - 对数损失 $= -\ln(1-0.119) \approx 0.127$

数据集的总对数损失是这四者的总和，即 1.066。注意，这一数值远远小于 5.616，证实分类器 2 确实比分类器 1 好得多。

6.2 如何找到一个好的逻辑分类器？逻辑回归算法

在本节中，我们将学习如何训练逻辑分类器。该过程类似于训练线性回归模型或感知器分类器的过程，包括以下步骤。

- 从随机逻辑分类器开始。
- 重复多次：
  - 稍微改进分类器。
- 测量对数损失，以确定何时停止运行循环。

该算法的关键是循环内部的步骤，包括稍微改进逻辑分类器。这一步使用了一种逻辑技巧。逻辑技巧类似于感知器技巧，我们将在下一节中学习。

逻辑技巧：一种稍微改进连续感知器的方法

回忆第 5 章，感知器技巧从随机分类器开始，连续选择一个随机点，然后应用感知器技巧。存在以下两种情况。

- **情况 1**：如果该点分类正确，则保持该线不变。
- **情况 2**：如果该点分类错误，则稍微将线移近该点。

逻辑技巧(如图 6.6 所示)类似于感知器技巧。唯一不同的是，当点分类良好时，我们将线从该点移开。存在以下两种情况。

- **情况 1**：如果该点分类正确，则稍微将线从该点移开。
- **情况 2**：如果该点分类错误，则稍微将线移近该点。

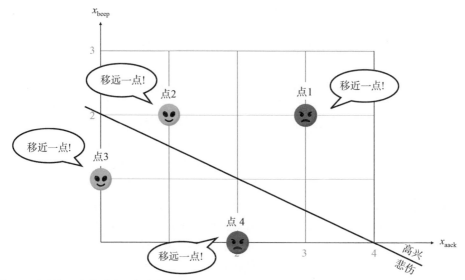

图 6.6 在逻辑回归算法中，每个点都有意义。正确分类的点告诉线移得更远，往正区中的更深处移动。错误分类的点告诉线移近一点，希望有一天可以移动到线的正确一侧

为什么将线从正确分类的点上移开？如果该点分类良好，则意味着点位于相对线的正确区域中。如果我们将线移得更远，就会将点更深地移入正确区域。因为预测的依据是点到线边界的距离，对于正(高兴)区中的点，如果点离边界线更远，则预测会增加。类似地，对于负(悲伤)区中的点，如果该点离线更远，则预测会降低。因此，如果点的标签为 1，我们就增加预测(使其更接近 1)；如果点的标签为 0，我们就减少预测(使其更接近 0)。

例如，查看分类器 1 和数据集中的第一个句子。回顾一下，分类器的权重 $a = 1$，$b = 2$，偏差 $c = -4$。句子对应一个坐标点 $(x_{aack}, x_{beep}) = (3, 2)$，并且标签 $y = 0$。我们对这一点的预测是 $\hat{y} = \sigma(3 + 2 \cdot 2 - 4) = \sigma(3) = 0.953$。预测与标签相距很远，因此误差很大；实际上，在表 6.5 中，我们计算的值为 3.058。这个分类器所得出的误差判断这句话比本身更高兴。因此，为了微调权重以确保分类器减少对这句话的预测，我们应该大幅降低权重 a、b 和偏差 c。

可以使用相同的逻辑分析如何微调权重以改进其他点的分类。数据集中的第二个句子的标签为 $y = 1$，预测为 0.731。这是一个很好的预测，但如果我们依然想对此做出改进，就应该稍微增加权重和偏差。数据集中的第三句话的标签是 $y = 1$，预测是 $\hat{y} = 0.119$，因此应该大幅增加权重和偏差。最后，第四句话的标签为 $y = 0$，预测为 $\hat{y} = 0.119$，因此应该稍微降低权重和偏差。表 6.7 对此做出了总结。

表 6.7　计算数据集中点的对数损失。注意，分类正确的点(2 和 4)具有较小的对数损失，

而分类错误的点(1 和 3)具有较大的对数损失

点	标签 y	分类器 1 预测值 y	如何微调权重 a,b 和偏差 c	$y-\hat{y}$
1	0	0.953	减少较大的量	−0.953
2	1	0.731	增加较小的量	0.269
3	1	0.119	增加较大的量	0.881
4	0	0.119	减少较小的量	−0.119

以下观察结果可以帮助我们确定精确数值，以添加到权重和偏差，对预测结果进行改进。

- **观察 1**：表 6.7 的最后一列是标签值减去预测值。注意此表中最右边两列之间的相似之处。这暗示我们应该更新权重和偏差，更新数值应该是 $y-\hat{y}$ 的倍数。
- **观察 2**：想象一个句子，句子中单词 aack 出现了 10 次，而 beep 只出现 1 次。如果我们想要修改这两个词的权重，那么合理考量应该是将 aack 的权重更新为更大的值，因为 aack 一词对句子的总分影响更大。因此，aack 权重的更新数值应该乘以 x_{aack}，beep 权重的更新数值应该乘以 x_{beep}。
- **观察 3**：我们需要确保数值很小，因此权重和偏差的更新数值也应该乘以学习率 η。

我们将 3 个观察结果放在一起，得出结论如下。以下是一组更新后的权重：

- $a' = a + \eta(y - \hat{y})x_1$
- $b' = b + \eta(y - \hat{y})x_2$
- $c' = c + \eta(y - \hat{y})$

因此，逻辑技巧的伪代码如下。注意，逻辑技巧的伪代码与第 5 章"感知器技巧：稍微改进感知器的方法"一节介绍的感知器技巧的伪代码非常相似。

逻辑技巧的伪代码

输入：
- 权重为 a、b，偏差为 c 的逻辑分类器
- 坐标为 (x_1, x_2) 和标签为 y 的点
- 一个小的值 η(学习率)

输出：
- 新权重为 a'、b'，新偏差为 c' 的感知器，输出感知器至少也与该点的输入感知器一样好

程序：
- 感知器在该点做出的预测是 $\hat{y} = \sigma(ax_1 + bx_2 + c)$。

返回：

- 权重和偏差如下所示的感知器。
  - $a' = a + \eta(y - \hat{y})x_1$
  - $b' = b + \eta(y - \hat{y})x_2$
  - $c' = c + \eta(y - \hat{y})$

我们在逻辑技巧中更新权重和偏差的方式并非巧合，这一方式使用梯度下降算法来减少对数损失。附录 B 的"使用梯度下降训练分类模型"一节将详细介绍这一方法的数学原理。

为验证逻辑技巧在案例中是否有效，我们将其应用于当前数据集。事实上，将分别在 4 个点中的每一个点上应用该技巧，以查看每一个点是否都会修改模型权重和偏差。最后，我们将比较更新前后点的对数损失，并验证对数损失确实减少。以下计算中，我们使用 $\eta = 0.05$ 的学习率。

使用每个句子更新分类器

使用第一个句子

- 初始权重和偏差：$a = 1$，$b = 2$，$c = -4$
- 标签：$y = 0$
- 预测：0.953
- 初始对数损失：$-0 \cdot \ln(0.953) - 1\ln(1 - 0.953) \approx 3.058$
- 点坐标：$x_{\text{aack}} = 3$，$x_{\text{beep}} = 2$
- 学习率：$\eta = 0.01$
- 更新权重和偏差：
  - $a' = 1 + 0.05(0 - 0.953) \cdot 3 \approx 0.857$
  - $b' = 2 + 0.05(0 - 0.953) \cdot 2 \approx 1.905$
  - $c' = -4 + 0.05(0 - 0.953) \approx -4.048$
- 更新预测：$\hat{y} = \sigma(0.857 \cdot 3 + 1.905 \cdot 2 - 4.048) = 0.912$(注意，预测值下降，因此现在更接近标签 0)。
- 最终对数损失：$-0 \cdot \ln(0.912) - 1\ln(1 - 0.912) = 2.430$(注意，误差从 3.058 下降到 2.430)。

其他三点的计算结果见表 6.8。注意，表中更新后的预测总是比初始预测更接近标签，最终的对数损失也总是小于初始对数损失。这意味着无论我们在哪个点上应用逻辑技巧，都会改进该点的模型，并减少最终对数损失。

表 6.8　所有点的预测、对数损失、更新权重和更新预测的计算结果

点	坐标	标签	初始预测	初始对数损失	更新权重	更新预测	最终对数损失
1	(3,2)	0	0.953	3.058	$a' = 0.857$	0.912	2.430
					$b' = 1.905$		
					$c' = -4.048$		
2	(1,2)	1	0.731	0.313	$a' = 1.013$	0.747	0.292
					$b' = 2.027$		
					$c' = -3.987$		
3	(0,1)	1	0.119	2.129	$a' = 1$	0.129	2.050
					$b' = 2.044$		
					$c' = -3.956$		
4	(2,0)	0	0.119	0.127	$a' = 0.988$	0.127	0.123
					$b' = 2$		
					$c' = -4.006$		

　　本节的开头谈到，在几何上，逻辑技巧也可以被视为相对于点移动边界线。更具体地说，如果点被错误分类，则线会靠近该点；如果该点被正确分类，则线会远离该点。我们根据表 6.8 的数据，绘制 4 种情况下的初始分类器和修改后的分类器，以此验证这一点。图 6.7 包含 4 个小图。每个小图中，实线表示初始分类器，虚线表示应用逻辑技巧后所得的分类器，使用突出显示的点。注意，点 2 和点 4 分类正确，线被移远；而点 1 和点 3 分类错误，线被移近。

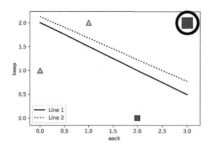

点：(3,2)(错误分类)
线1：$1x_{aack} + 2x_{beep} - 4 = 0$
线2：$0.857x_{aack} + 1.905x_{beep} - 4.048 = 0$

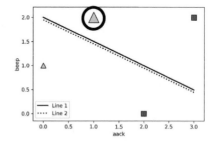

点：(1,2)(正确分类)
线1：$1x_{aack} + 2x_{beep} - 4 = 0$
线2：$1.013x_{aack} + 2.027x_{beep} - 3.987 = 0$

图 6.7　逻辑技巧应用于 4 个数据点。注意，正确分类的点中，线被移远；而错误分类的点中，线被移近

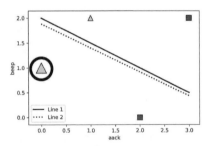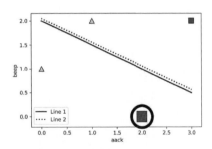

点：$(0,1)$(错误分类)　　　　　　　　点：$(2,0)$(正确分类)

线1：$1x_{\text{aack}} + 2x_{\text{beep}} - 4 = 0$　　　　线1：$1x_{\text{aack}} + 2x_{\text{beep}} - 4 = 0$

线2：$1x_{\text{aack}} + 2.044x_{\text{beep}} - 3.956 = 0$　　线2：$0.988x_{\text{aack}} + 2x_{\text{beep}} - 4.006 = 0$

图 6.7　(续)

多次重复逻辑技巧：逻辑回归算法

逻辑回归算法是训练逻辑分类器的算法。与感知器算法包括多次重复感知器技巧一样，逻辑回归算法也包括多次重复逻辑技巧。伪代码如下。

逻辑回归算法的伪代码

输入：

- 标记为 1 和 0 的点数据集
- 多次迭代周期，n
- 学习率 η

输出：

- 由一组权重和一个偏差组成的逻辑分类器，拟合于数据集

程序：

- 从逻辑分类器的权重和偏差的随机值开始。
- 将以下步骤重复多次。
  - 选择一个随机数据点。
  - 使用逻辑技巧更新权重和偏差。

返回：

- 具有更新权重和偏差的感知器分类器

正如我们之前看到的，逻辑技巧的每次迭代要么使线靠近错误分类的点，要么使线远离正确分类的点。

随机、小批量和批量梯度下降

逻辑回归算法、线性回归和感知器也属于基于梯度下降的算法。如果我们使用梯度下降来减少对数损失，梯度下降过程就变成逻辑技巧。

一般的逻辑回归算法不仅适用于具有两个特征的数据集，也适用于具有任意数量特征的数据集。在本例中，就像感知器算法一样，边界看起来不像一条直线，而像一个高维超平面在高维空间中分裂的点。然而，我们不需要将这一高维空间可视化；只需要构建一个逻辑回归分类器，该分类器的权重与数据特征相同。逻辑技巧和逻辑回归算法更新权重的方式与我们在前几节中所做的类似。

就像我们之前学习的算法一样，在实践中，我们不会一次选择一个点来更新模型。相反，我们使用小批量梯度下降——选择一批点，更新模型，从而更好地进行拟合。参阅附录 B 的"使用梯度下降训练分类模型"一节，了解通用逻辑回归算法以及使用梯度下降的逻辑技巧的全面数学推导过程。

6.3　对逻辑回归算法进行编程

在本节中，我们将了解如何手动编写逻辑回归算法。本节的代码如下。

- **笔记**：Coding_logistic_regression.ipynb
    - https://github.com/luisguiserrano/manning/blob/master/Chapter_6_Logistic_Regression/Coding_logistic_regression.ipynb

我们将在与第 5 章同样的数据集中测试代码。数据集如表 6.9 所示。

表 6.9　将用逻辑分类器拟合的数据集

aack x_1	beep x_2	标签 y
1	0	0
0	2	0
1	1	0
1	2	0
1	3	1
2	2	1
2	3	1
3	2	1

加载小数据集的代码如下，数据集的绘图如图 6.8 所示：

```
import numpy as np
features = np.array([[1,0],[0,2],[1,1],[1,2],[1,3],[2,2],[2,3],[3,2]])
labels = np.array([0,0,0,0,1,1,1,1])
```

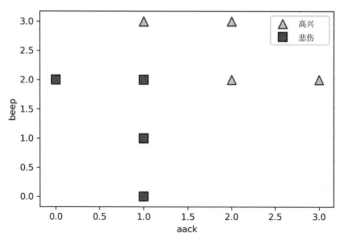

图 6.8　数据集图示，其中高兴的句子用三角形表示，悲伤的句子用正方形表示

手动编写逻辑回归算法

在本节中，我们将了解如何手动编写逻辑技巧和逻辑回归算法。通常情况下，我们将为具有 n 个权重的数据集编写逻辑回归算法。使用的符号如下：

- 特征：$x_1, x_2, \cdots, x_n$
- 标签：y
- 权重：$w_1, w_2, \cdots, w_n$
- 偏差：b

特定句子的分数是每个词的权重(w_i)与出现次数(x_i)的乘积的总和再加上偏差(b)。注意，我们使用求和符号表示

$$\sum_{n}^{i=1} a_i = a_1 + a_2 + \cdots + a_n$$

- 预测：$\hat{y} = \sigma\left(w_1 x_1 + w_2 x_2 + \cdots + w_n x_n\right) = \sigma\left(\sum_{n}^{i=1} w_i x_i + b\right)$

在当前的问题中，我们分别将 x_{aack} 和 x_{beep} 称为 x_1 和 x_2，对应的权重是 w_1 和 w_2，偏差是 b。

我们首先对 sigmoid 函数、分数和预测进行编程。回顾一下，sigmoid 函数的公式是

$$\sigma(x) = \frac{1}{1 + e^{-x}}$$

```
def sigmoid(x):
    return np.exp(x)/(1+np.exp(x))
```

评分函数中，我们使用特征和权重之间的点积。回顾一下，向量$(x_1, x_2, \cdots, x_n)$和$(w_1, w_2, \cdots, w_n)$ 之间的点积是 $w_1 x_1 + w_2 x_2 + \cdots + w_n x_n$。

```
def score(weights, bias, features):
    return np.dot(weights, features) + bias
```

最后，回顾一下，预测是应用于分数的 sigmoid 激活函数。

```
def prediction(weights, bias, features):
    return sigmoid(score(weights, bias, features))
```

现在我们得到了预测，可以继续计算对数损失。回顾一下，对数损失的公式是

$$对数损失 = -y \ln(\hat{y}) - (1-y) \ln(1-y)$$

对这一公式进行编程，如下所示：

```
def log_loss(weights, bias, features, label):
    pred = prediction(weights, bias, features)
    return -label*np.log(pred) - (1-label)*np.log(1-pred)
```

需要整个数据集的对数损失，因此可添加所有数据点，如下所示：

```
def total_log_loss(weights, bias, features, labels):
    total_error = 0
    for i in range(len(features)):
        total_error += log_loss(weights, bias, features[i], labels[i])
    return total_error
```

现在，我们准备编写逻辑回归技巧和逻辑回归算法。在两个以上的变量中，第 i 个权重的逻辑回归步骤如以下公式所示，其中 η 是学习率：

- $w_i \rightarrow w_i + \eta(y-\hat{y})x_i$，其中 $i = 1,2,\cdots,n$
- $b \rightarrow b + \eta(y-\hat{y})$，其中 $i = 1,2,\cdots,n$

```
def logistic_trick(weights, bias, features, label, learning_rate = 0.01):
    pred = prediction(weights, bias, features)
    for i in range(len(weights)):
        weights[i] += (label-pred)*features[i]*learning_rate
        bias += (label-pred)*learning_rate
    return weights, bias

def logistic_regression_algorithm(features, labels, learning_rate = 0.01,
 epochs = 1000):
    utils.plot_points(features, labels)
    weights = [1.0 for i in range(len(features[0]))]
    bias = 0.0
    errors = []
    for i in range(epochs):
        errors.append(total_log_loss(weights, bias, features, labels))
        j = random.randint(0, len(features)-1)
        weights, bias = logistic_trick(weights, bias, features[j], labels[j])
    return weights, bias
```

现在，可运行逻辑回归算法来构建一个拟合数据集的逻辑分类器，如下所示：

```
logistic_regression_algorithm(features, labels)
([0.46999999999999953, 0.09999999999999937], -0.6800000000000004)
```

所得分类器的权重和偏差如下：

- $w_1 = 0.47$
- $w_2 = 0.10$
- $b = -0.68$

图 6.9 显示了分类器。

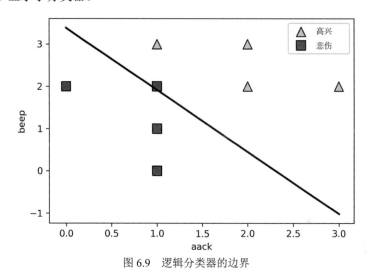

图 6.9　逻辑分类器的边界

　　图 6.10 中，我们可以看到所有迭代的分类器(左)和对数损失(右)。在中间分类器的图中，最后一个分类器用黑线表示。从对数损失图中可以看出，随着运行算法的迭代次数增多，对数损失急剧下降，这正是我们想要的。

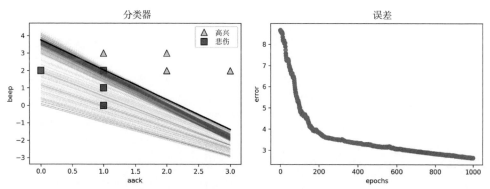

图 6.10　左图：逻辑回归算法所有中间步骤的图示。注意，我们从一个坏的分类器开始，然后慢慢
　　　　　过渡到好的分类器(粗线)。右图：误差图示。注意，运行逻辑回归算法的迭代次数越多，
　　　　　误差就越低

此外，即使所有点都被正确分类，对数损失也永远不会为 0。这是因为无论点被分类得多好，对数损失都永远不会为 0。对比该图与第 5 章中的图 5.26，当每个点都被正确分类时，感知器损失确实达到了 0 值。

6.4 实际应用：使用 Turi Create 对 IMDB 评论进行分类

在本节中，我们将看到逻辑分类器在情感分析中的实际应用。我们使用 Turi Create 构建了一个模型，用于分析热门 IMDB 网站上的电影评论。本节的代码如下。

- **笔记**：Sentiment_analysis_IMDB.ipynb
  - https://github.com/luisguiserrano/manning/blob/master/Chapter_6_Logistic_Regression/Sentiment_analysis_IMDB.ipynb
- **数据集**：IMDB_Dataset.csv

首先导入 Turi Create，下载数据集，并将其转换为 SFrame，我们称为 movies，如下所示：

```
ort turicreate as tc
movies = tc.SFrame('IMDB Dataset.csv')
```

数据集的前五行如表 6.10 所示。

表 6.10　IMDB 数据集的前五行。评论栏有评论的内容，情绪栏有评论的情绪，包括正面情绪和负面情绪

评论	情绪
评论者之一曾提及…	正面情绪
一个很棒的小制作…	正面情绪
我觉得这是美好的一天…	正面情绪
基本上，有一个家庭，其中有一点…	负面情绪
彼得·马太的"金钱时代的爱"是…	正面情绪

数据集有两列，一列是评论，作为字符串，另一列是情绪，可以是正面情绪或负面情绪。首先，我们需要处理字符串，因为每个词都是不同的特征。text_analytics 包中的 Turi Create 内置函数 count_words 可以有效完成这一工作，可将句子转化为显示单词出现次数的字典。例如，句子"to be or not to be"变成字典{'to':2,'be':2,'or':1,'not':1}。我们添加一个名为 words 的新列以显示此字典，如下所示：

```
movies['words'] = tc.text_analytics.count_words(movies['review'])
```

表 6.11 显示了包含新列的数据集的前几行内容。

表 6.11　单词列是一个字典，记录了评论中的每个单词及其出现次数。这是逻辑分类器的特征列

评论	情绪	词
评论者之一曾提及…	正面情绪	{'if': 1.0, 'viewing': 1.0, 'comfortable': 1.0, ...
一个很棒的小制作…	正面情绪	{'done': 1.0, 'every': 1.0, 'decorating': 1.0, ...
我觉得这是美好的一天…	正面情绪	{'see': 1.0, 'go': 1.0, 'great': 1.0, 'superm ...
基本上，有一个家庭，其中有一点…	负面情绪	{'them': 1.0, 'ignore': 1.0, 'dialogs': 1.0, ...
彼得·马太的"金钱时代的爱"是…	正面情绪	{'work': 1.0, 'his': 1.0, 'for': 1.0, 'anxiously': ...

万事俱备，可以开始训练模型了！我们使用 logistic_classifier 包中的函数 create，将目标(标签)指定为 sentiment 列，将特征指定为 words 列。注意，目标表示为包含标签的列名的字符串，但特征表示为包含每个特征的列名的字符串数组(以防我们需要指定多列)，如下所示：

```
model = tc.logistic_classifier.create(movies, features=['words'],
    target='sentiment')
```

现在，模型训练已经完成，我们使用 coefficients 命令查看单词的权重。得到的表有很多列，但我们关心的是 index 和 value，这两列显示了单词及其权重。前 5 个单词如下：

- (intercept)：0.065
- if：−0.018
- viewing：0.089
- comfortable：0.517
- become：0.106

第一个称为截距，是偏差。因为模型偏差为正，所以空评论为正，与第 5 章"偏差、y 轴截距和一个安静外星人的内在情绪"一节类似。这是说得通的，因为对电影不满的用户往往会留下评论，而许多对电影感到满意的用户却不会进行任何评论。其他词是中性的，所以它们的权重没有多大意义，但有些词的权重值得探索，例如 wonderful、horrible 和 the，如下所示：

- wonderful：1.043
- horrible：−1.075
- the：0.0005

如我们所见，wonderful 一词的权重为正，horrible 一词的权重为负，the 一词的权重较小。这也是说得通的：wonderful 是一个褒义词，horrible 是一个贬义词，而 the

属于中性词。

最后，让我们找出最好和最差的评论。为此，我们使用该模型对所有电影进行预测。我们使用以下命令，将这些预测存储在名为 prediction 的新列中：

```
movies['prediction'] = model.predict(movies, output_type='probability')
```

下面对数组进行排序，根据模型找出最好和最差的电影。如下所示。

最正面的评价：

```
movies.sort('predictions')[-1]
```

输出： "感觉很多人都不知道《假面骑士》实际上也是一部超级英雄电影，可以和《X 战警》比肩……"

最负面的评价：

```
movies.sort('predictions')[0]
```

输出： "甚至比原版还无聊……"

还可以进一步改进这个模型。例如，我们可以运用一些文本处理技术以获得更好的结果(例如去除标点符号和大写字母，或去除停用词，如 the、and、of、it)。但是仅仅通过几行代码就能构建出自己的情感分析分类器也足以令人兴奋了！

6.5　多分类：softmax 函数

到目前为止，我们学习内容都是将连续感知器分为两类，即高兴和悲伤。但是，可以有更多分类吗？第 5 章的结尾处提到，对于离散感知器来说，在两个以上的类别之间进行分类是很困难的。但是，使用逻辑分类器可以轻松实现这一点。

想象一个带有 3 个标签的图像数据集："狗""猫"和"鸟"。要构建为每张图像预测一个标签的分类器，就需要构建 3 个分类器，每个分类器分别预测一个标签。处理新图像时，3 个分类器中的每一个都需要被使用，以此对新图像进行评估。每个动物对应的分类器返回图像是该动物的概率。然后，我们根据返回概率最高的分类器，将图像分类为该分类器对应的动物。

然而，这种方法并不理想，因为分类器会返回一个离散答案，例如"狗""猫"或"鸟"。怎样才能获得一个返回 3 种动物概率的分类器呢？比如说，答案可以是"10%的概率是狗，85%的概率是猫和 5%的概率是鸟"。使用 softmax 函数可以实现这一点。

softmax 函数的工作原理如下：逻辑分类器的预测过程分为两步——首先计算一个分数，然后将 sigmoid 函数应用于该分数。让我们忘记 sigmoid 函数，转而输出分数。现在，想象 3 个分类器返回以下分数。

- 狗分类器：3

- 猫分类器：2
- 鸟分类器：–1

如何将这些分数转化为概率呢？一种操作设想是：归一化。这意味着将所有这些数字除以它们的总和，即 5，使结果相加为 1，从而得到狗的概率为 3/5，猫的概率为 2/5，鸟的概率为–1/5。这个方法虽然可行，但并不理想，因为图像是鸟的概率为负数。概率必须始终为正，所以我们需要尝试其他方法。

我们需要的是一个始终为正且持续递增的函数。指数函数符合这一要求。任何指数函数，例如 2^x、3^x 或 10^x 都可以完成这项工作。默认情况下，我们使用函数 e^x，这一函数具有很多奇妙的数学性质(例如，e^x 的导数也是 e^x)。我们将此函数应用于分数，获得以下数值：

- 狗分类器：$e^3 \approx 20.085$
- 猫分类器：$e^2 \approx 7.389$
- 鸟分类器：$e^{-1} \approx 0.368$

现在，我们重复之前的操作——将这些数字归一化，或者除以这些数字的总和，使结果相加为 1。总和是 20.085+7.389 +0.368 =27.842，所以我们得到以下结果：

- 狗的概率：20.085/27.842≈0.721
- 猫的概率：7.389/27.842≈0.265
- 鸟的概率：0.368/27.842≈0.013

这是 3 个分类器给出的 3 个概率。此处使用的函数是 softmax，一般版本如下：如果我们有 n 个分类器，输出 n 个分数 $a_1, a_2, \cdots, a_n$，得到的概率是 $p_1, p_2, \cdots, p_n$，其中

$$p_i = \frac{e^{a_i}}{e^{a_1} + e^{a_2} + \cdots + e^{a_n}}$$

这个公式被称为 softmax 函数。

如果只对两个分类使用 softmax 函数会发生什么呢？答案是会得到 sigmoid 函数。建议自行验证这一结论，作为练习。

6.6　本章小结

- 连续感知器(又称为逻辑分类器类)与感知器分类器类似，不同之处在于前者不是进行 0 或 1 等离散预测，而是预测 0 到 1 之间的任何数字。
- 逻辑分类器能够提供更多信息，比离散感知器更有用。除了显示分类器预测的类别外，逻辑分类器还可提供概率。一个好的逻辑分类器会为标签为 0 的点分配低概率，为标签为 1 的点分配高概率。
- 对数损失是逻辑分类器的误差函数。该函数针对每个点单独进行计算，作为分类器分配给其标签概率的自然负对数。

- 分类器在数据集上的总对数损失是每个点对数损失的总和。
- 逻辑技巧需要一个标记的数据点和一条边界线。如果该点分类错误，则将线移近该点；如果正确分类，则该线移远该点。逻辑技巧比感知器技巧更有用，因为当点被正确分类时，感知器技巧不会移动线。
- 逻辑回归算法用于将逻辑分类器拟合到标记数据集。该算法从具有随机权重的逻辑分类器开始，不断选择一个随机点，并应用逻辑技巧以获得稍加改进的分类器。
- 当有多个类要预测时，可以构建多个线性分类器，并使用 softmax 函数将其组合起来。

6.7　练习

练习 6.1

一位牙医在患者数据集上训练了一个逻辑分类器，以预测患者是否患有蛀牙。该模型已确定患者患有蛀牙的概率为

$$\sigma(d + 0.5c - 0.8),$$

其中

- d 是一个变量，表示患者过去是否长过其他蛀牙。
- c 是一个变量，表示患者是否吃糖果。

例如，如果患者吃糖果，则 $c = 1$，如果不吃，则 $c = 0$。一个吃糖果的病人去年因为蛀牙接受了治疗，今年患上蛀牙的概率是多少？

练习 6.2

现有一个将预测 $\hat{y} = \sigma(2x_1 + 3x_2 - 4)$ 分配给 (x_1, x_2) 点的逻辑分类器和一个标签为 0 的点 $p = (1,1)$。

a. 计算模型对点 p 的预测 $\hat{y}$。

b. 计算模型在 p 点产生的对数损失。

c. 使用逻辑技巧获得一个新模型，新模型产生较小的对数损失。可以使用 $\eta = 0.1$ 的学习率。

d. 找到新模型在 p 点给出的预测，验证得到的对数损失比原来的小。

练习 6.3

使用练习 6.2 语句中的模型，找到预测值为 0.8 的点。

提示：首先找到预测为 0.8 的分数，回忆一下，预测是 $\hat{y} = \sigma(\text{score})$。

如何衡量分类模型？准确率和其他相关概念 | 第 **7** 章

本章主要内容：

- 模型可能存在的误差类型：假阳性和假阴性

- 将这些误差放在表格中：混淆矩阵

- 准确率、召回率、查准率、*F*分数、敏感性和特异性的概念，以及在评估模型中的用途

- ROC 曲线的概念，以及同时跟踪敏感性和特异性的方法

本章与前两章略有不同——本章关注的重点不是分类模型的构建，而是分类模型的评估。对于机器学习专业人士来说，能够评估不同模型的性能与能够训练模型一样重要。我们很少在数据集上训练单个模型；常见的做法是训练数个不同的模型，并选择出表现最好的模型。我们还需要确保模型在投入生产之前具有良好的质量。衡量模型的质量并不总是简单易操作，在本章中，我们将学习几种评估分类模型的技术。在第 4 章中，我们学习了如何评估回归模型，因此可将本章视为第 4 章的类比章节，但本章关注的是如何评估分类模型。

最简单的衡量分类模型性能的方法是计算其准确率。然而，我们会看到准确率并不能描述模型的全貌，因为有些模型虽然表现出很高的准确率，但无论如何都不是好模型。为解决这个问题，我们将定义一些有用的指标，例如查准率和召回率。然后，我们会将这些指标组合成一个新的、更强大的指标，称为 F 分数。数据科学家们广泛使用这些指标进行模型评估。但是，在其他学科(例如医学)中也存在类似的指标，例如敏感性和特异性。后两者可以帮助我们构建一条曲线，称为受试者操作特性(receiver operating characteristic，ROC)曲线。ROC 曲线图非常简单，但可以帮助我们深入了解模型。

7.1　准确率：模型的正确频率是多少

在本节中，我们将学习准确率。准确率是最简单和最常见的分类模型衡量标准。模型的准确率是模型正确次数的百分比。换句话说，准确率是正确预测的数据点数量与数据点总数之间的比率。例如，如果在1000 个样本的测试数据集上评估模型，该模型正确预测样本标签 875 次，则该模型的准确率为 875/1000 = 0.875，即 87.5%。

准确率是最常用的评估分类模型的方法，我们本应频繁使用。然而，有时准确率并不能完全描述模型的性能，我们稍后将学习这一点。首先，让我们看一下本章研究的两个示例。

两个模型示例：冠状病毒和垃圾邮件

本章将使用我们的指标在两个数据集上评估几个模型。第一个数据集是患者的医疗数据集，有的患者已被诊断出患有冠状病毒。第二个数据集是电子邮件数据集，其中的电子邮件已被标记为垃圾邮件或非垃圾邮件。正如我们在第 1 章中所学，术语 spam 表示垃圾邮件，而术语 ham 表示非垃圾邮件。在第 8 章中，我们将在学习朴素贝叶斯算法时，更详细地研究此类数据集。在本章中，我们不是在构建模型，而是将模型用作黑匣子，并根据模型正确或错误预测的数据点数量来评估模型。两个数据集都是完全虚构的。

医疗数据集：一组确诊冠状病毒的患者

第一个数据集是一个包含 1000 名患者的医疗数据集。其中，10 人被诊断出患有冠状病毒，其余 990 人被诊断为健康。因此，该数据集中的标签是"生病"或"健康"，与诊断相对应。模型的目标是根据每个患者的特征预测诊断。

电子邮件数据集：一组标记为垃圾邮件或非垃圾邮件的电子邮件

我们的第二个数据集是一个包含 100 封电子邮件的数据集。其中，40 封邮件是垃圾邮件，其余 60 封是非垃圾邮件。该数据集中的标签是"垃圾邮件"和"非垃圾邮件"，模型的目标是根据电子邮件的特征预测标签。

一个超级有效但超级无用的模型

准确率是一个非常有用的指标，但它能否描绘模型的全貌？答案是不能。我们将用一个例子来说明这一点。现在，让我们关注冠状病毒数据集。我们将在下一节中使用电子邮件数据集。

假设数据科学家告诉我们以下内容："我研发了一种冠状病毒测试，运行时间为10 秒，不需要任何检查，准确率高达 99%！"我们应该感到兴奋还是怀疑？可能会感到怀疑。为什么？因为我们很快就会看到，计算模型的准确率有时是不够的。模型可能有 99% 的准确率，却完全没有用。

我们能想出一个预测数据集中冠状病毒的模型，虽然 99% 的情况下都是正确的却完全无用吗？回顾一下，我们的数据集包含 1000 名患者，其中 10 名患者患有冠状病毒。暂时放下这本书，想一想如何构建一个检测冠状病毒，且在 99% 的时间里对数据集都判断正确的模型。

模型可能会简单地将每个患者诊断为健康。这一模型虽然简单，但仍然是一个模型；将所有事物作为一个类别进行预测的模型。

那么这个模型的准确率是多少？在 1000 次尝试中，模型有 10 次错误，990 次正确。正如我们承诺的那样，模型提供了 99% 的准确率。但是，模型等于告诉所有人，他们在流行病全球暴发中都身体健康，这太可怕了！

那么模型有什么问题呢？问题在于，误差不是均等的，有些误差的代价比其他误差高得多，我们将在下一节中看到这一点。

7.2　如何解决准确率问题？定义不同类型的误差以及如何进行衡量

上一节中，我们构建了一个具有很高准确率的无用模型。在本节中，我们研究该模型的问题出自哪里。也就是说，我们研究在该模型中计算准确率的错误之处，并引入了一些略有不同的指标，这些指标将帮助我们更好地评估该模型。

首先，我们需要研究误差类型。我们将了解到一些误差比其他误差更严重；将学习不同的指标，这些指标比准确率更能捕捉到关键误差。

假阳性和假阴性：哪个更糟？

许多情况下，误差总数并不能告诉我们有关模型性能的所有信息，我们需要进一步研究，并以不同的方式识别某些类型的误差。在本节中，我们看到两种误差类型。冠状病毒模型可能存在的两种误差是什么？答案是，模型可将健康的人误诊为生病或将生病的人误诊为健康。在我们的模型中，按照惯例将生病标记为阳性。这两种误差类型称为假阳性和假阴性，如下所示。

- **假阳性**：被误诊为生病的健康者
- **假阴性**：被误诊为健康的病人

一般情况下，假阳性是具有阴性标签的数据点，但模型错误地将其分类为阳性。假阴性是具有阳性标签的数据点，但模型错误地将其分类为阴性。自然地，正确诊断的病例也有名称，如下所示。

- **真阳性**：被诊断为生病的病人
- **真阴性**：被诊断为健康的健康者

一般情况下，真阳性是具有阳性标签，且被正确分类为阳性的数据点；真阴性是具有阴性标签，且被正确分类为阴性的数据点。

现在，让我们看看电子邮件数据集。假设我们有一个模型可以预测每封电子邮件是垃圾邮件还是非垃圾邮件。我们将阳性定义为垃圾邮件。因此，两种误差类型如下。

- **假阳性**：非垃圾邮件被错误归类为垃圾邮件
- **假阴性**：垃圾邮件被错误分类为非垃圾邮件

正确分类的电子邮件如下：

- **真阳性**：垃圾邮件被正确分类为垃圾邮件
- **真阴性**：非垃圾邮件被正确分类为非垃圾邮件

模型如图 7.1 所示。竖线是边界，线左侧的区域是阴性区，右侧的区域是阳性区。三角形是带有阳性类标签的点，圆形是带有阴性类标签的点。以上定义的 4 个量如下。

- 线右边的三角形：真阳性
- 线左边的三角形：假阴性
- 线右侧的圆圈：假阳性
- 线左边的圆圈：真阴性

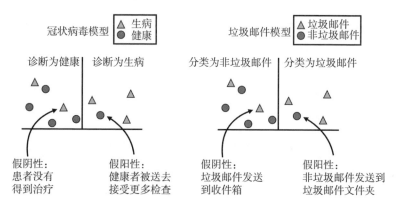

图 7.1　现实生活中广泛使用的两个模型示例将在本章中使用。左侧是冠状病毒模型，其中人们被诊
　　　　断为健康或生病。右侧是垃圾邮件检测模型，其中电子邮件被归类为垃圾邮件或非垃圾邮件。
　　　　我们强调了每个模型的一些误差，并将误差分为假阳性和假阴性

注意，图 7.1 中的两个模型产生：

- 3 个真阳性
- 4 个真阴性
- 一个假阳性
- 两个假阴性

　　要查看冠状病毒模型和垃圾邮件模型之间的差异，我们需要分析假阳性和假阴性之间哪个更糟糕。让我们分别分析这两个模型。

分析冠状病毒模型中的假阳性和假阴性

　　让我们停下来想一想。在冠状病毒模型中，哪个误差听起来更严重：假阳性还是假阴性？换句话说，以下两种情况哪个更糟糕：将健康者错误地诊断为病人，还是将病人错误地诊断为健康者？假设被诊断为健康的人会被送回家中而不进行治疗；而被诊断为患病的人将被送去进行更多检查。对健康者的错误诊断可能是一件小事，因为这意味着健康者将不得不留下来进行额外的检查。然而，对病人的误诊意味着病人将得不到治疗，他们的病情可能会恶化，并且可能会感染许多其他人。因此，**在冠状病毒模型中，假阴性比假阳性更糟糕。**

分析垃圾邮件模型中的假阳性和假阴性

　　现在我们将对垃圾邮件模型进行相同的分析。在本例中，假设电子邮件被垃圾邮件分类器归类为垃圾邮件，就将被自动删除；而如果被归类为非垃圾邮件，则将被发送到我们的收件箱。哪一个误差听起来更严重：假阳性还是假阴性？换句话说，以下两种情况那种更加糟糕：将非垃圾邮件错误地归类为垃圾邮件并将其删除，还是将垃圾邮件错误地归类为非垃圾邮件并将其发送到收件箱？我认为，删除一封非垃圾邮件比向收件箱发送垃圾邮件要糟糕得多。收件箱中偶尔出现的垃圾邮件可能令人讨厌，

但删除的非垃圾邮件可能酿成一场大祸！想象一下，如果祖母给我们发送了一封非常友好的电子邮件，告诉我们她烤了饼干，而我们的垃圾邮件过滤器将其删除，我们一定会感到非常悲伤。因此，**在垃圾邮件模型中，假阳性比假阴性更糟糕。**

这就是两种模型的不同之处。在冠状病毒模型中，假阴性更糟；而在垃圾邮件模型中，假阳性更糟。如果测量这两种模型的准确率，那么问题就在于，准确率将两种类型的错误视为同等严重，并没有将它们区分开来。

在"一个超级有效但超级无用的模型"一节中，我们有一个模型示例，该模型将每个患者都诊断为健康。这个模型在 1000 名患者中只犯了 10 个错误。然而，这 10 个都是假阴性，太可怕了。如果那 10 个是假阳性，模型就会好得多。

在接下来的部分中，我们将设计两个与准确率相似的新指标。第一个指标帮助我们处理假阴性更糟的模型，第二个指标帮助我们处理假阳性更糟的模型。

将正确分类和错误分类的点存储在表格中：混淆矩阵

在上一节中，我们了解了假阳性、假阴性、真阳性和真阴性。为跟踪这 4 个实体，我们将其放入同一个表格中，并将这一表格命名为混淆矩阵(confused matrix)。对于二元分类模型(预测两个类别的模型)，混淆矩阵有两行两列。我们在行中写下真实标签(在医学示例中，真实标签为个人健康状况，即生病或健康)，在列中写下预测标签(患者的诊断结果，即生病或健康)。一般混淆矩阵如表 7.1 所示，两个数据集中模型的具体示例如表 7.2 至表 7.5 所示。此类表格被称为混淆矩阵，因为可以清晰显示模型是否混淆了两个类别，即阳性(生病)和阴性(健康)。

表 7.1　混淆矩阵帮助我们计算每个类别被正确预测的次数以及与不同类别混淆的次数。在这个矩阵中，行代表标签，列代表预测。对角线上的元素分类正确，对角线外的元素分类错误

个人健康状况	预测阳性	预测阴性
阳性	真阳性数	假阴性数
阴性	假阳性数	真阴性数

从现在起，我们将现有模型(将所有患者诊断为健康的模型)称为冠状病毒模型 1，混淆矩阵如表 7.2 所示。

表 7.2　冠状病毒模型的混淆矩阵能够帮助我们深入研究模型并区分两种类型的错误。该模型产生 10 个假阴性错误(病人被诊断为健康)和 0 个假阳性错误(健康者被误诊为患病)。注意，该模型产生了太多的假阴性，这是本例中最糟糕的错误类型，意味着该模型不是很好

冠状病毒模型 1	误诊为患病(预测为阳性)	诊断为健康(预测为阴性)
患病(阳性)	0(真阳性数)	10(假阴性数)
健康(阴性)	0(假阳性数)	990(真阴性数)

我们使用更大的混淆矩阵分析分类种类更多的问题。例如，如果模型将图像分类为土豚、鸟、猫和狗，那么混淆矩阵将是一个 4 乘 4 的矩阵，行表示正类标签(动物类

型)，列表示预测标签(模型预测的动物类型)。这个混淆矩阵也拥有相同的性质，即正确分类的点位于对角线上，而错误分类的点位于非对角线上。

召回率：在正类中，我们正确分类了多少

现在，我们已经了解了这两种类型的误差。本节中，我们将学习一个指标，给冠状病毒模型 1 赋予一个很低的分数。我们已经明确知道这个模型的问题在于存在太多的假阴性，即把太多的病人误诊为健康。

暂时假设我们根本不介意假阳性。如果健康者被模型误诊为病人，就可能需要进行额外诊断或隔离更长时间，但这完全没有问题。当然，情况并非如此。假阳性代价巨大，但现在，让我们假设假阳性没有问题。在本例中，我们需要一个指标来代替准确率，该指标更加关注发现正类案例，而不是被错误分类的负类案例。

为了找到这个指标，我们需要评估我们的目标是什么。如果我们想治愈冠状病毒，那么我们真正想要的是：找到世界上的所有病人。不小心找到其他没生病的人也无所谓，只要找到所有生病的人就行。这是关键。名为召回率(recall)的新指标就可以精准测量以下问题：在病人中，我们的模型正确诊断了多少人？

用更常见的术语来说，召回率表示正确预测在具有正标签的数据点中所占的比例，即真阳性数除以正类总数。冠状病毒模型 1 在 10 个阳性中共有 0 个真阳性，因此其召回率为 0/10 = 0。另一种解释是，召回率表示为真阳性的数量除以真阳性和假阴性的总和，如下所示：

$$召回率 = \frac{真阳性}{真阳性 + 假阴性}$$

相比之下，假设我们有第二个模型，称为冠状病毒模型 2。该模型的混淆矩阵如表 7.3 所示。第二个模型比第一个模型犯了更多的错误——共犯了 50 个错误，而第一个模型只有 10 个错误。第二个模型的准确率为 950/1000 = 0.95，即 95%。在准确率方面，第二个模型不如第一个模型。

然而，第二个模型在 10 名患者中正确诊断出了 8 人，在 1000 人中正确诊断出了 942 人。换句话说，第二个模型有 2 个假阴性和 48 个假阳性。

表 7.3　第二个冠状病毒模型的混淆矩阵

冠状病毒模型 2	确诊生病	确诊健康
生病	8(真阳性)	2(假阴性)
健康	48(假阳性)	942(真阴性)

该模型的召回率是真阳性数(正确诊断的 8 人)除以正类总数(10 人)，即 8/10=0.8，即 80%。在召回率方面，第二个模型要好得多。为清楚起见，我们将计算总结如下。

冠状病毒模型 1：

真阳性(患者被诊断为病人并被送去接受更多检查) = 0

假阴性(患者被误诊为健康并被送回家) = 10

召回率 = 0/10 = 0%

冠状病毒模型 2：

真阳性(患者被诊断为病人并被送去接受更多检查) = 8

假阴性(患者被误诊为健康并被送回家) = 2

召回率 = 8/10 = 80%

像冠状病毒模型这样的模型，假阴性比假阳性更多，属于**高召回模型(high recall model)**。

既然我们有了更好的指标标准，就像可以戏弄准确率一样，我们是否也可以戏弄这一指标呢？换句话说，我们可以建立一个具有总召回率的模型吗？接下来，准备好迎接惊喜吧，因为我们真的可以。如果我们建立一个模型，将所有人都诊断为患病，那么这个模型就有100%的召回率。然而，这个模型也很糟糕，因为虽然模型不具有假阴性，但假阳性数量太多，因此也不能称为好模型。看起来，我们仍然需要更多指标，才能正确评估模型。

查准率：在分类为正类的例子中，正确分类的有多少

在上一节中，我们学习了召回率，这是一种衡量模型处理假阴性情况好坏的指标。该指标在处理冠状病毒模型方面表现出色——我们已经了解到，该模型中不应该存在太多的假阴性。在本节中，我们将学习一个类似的指标，查准率(precision)。这一指标衡量模型在假阳性方面的表现。我们将使用这个指标来评估垃圾邮件模型，因为垃圾邮件模型中不应该存在太多的假阳性。

正如我们在学习召回率时所做的那样，要提出一个指标，我们首先需要明确目标。我们想要一个不会删除任何非垃圾邮件的垃圾邮件过滤器。假设过滤器不删除电子邮件，而是将它们发送到垃圾邮件箱。然后，我们需要查看垃圾邮件箱，并希望垃圾邮件箱内不会有非垃圾邮件。因此，我们的指标应该精确地衡量：在垃圾邮件箱中，实际上有多少是垃圾邮件？换句话说，在预测为垃圾邮件的电子邮件中，实际上有多少是垃圾邮件？这是我们的指标，我们称之为查准率。

更正式地说，查准率只考虑被标记为正类的数据点，以及这些数据点中有多少是真正的正类。因为预测为正类的数据点是真阳性和假阳性的并集，所以查准率的公式表达如下：

$$查准率 = \frac{真阳性}{真阳性 + 假阳性}$$

请记住，在包含 100 封电子邮件的数据集中，40 封是垃圾邮件，60 封是非垃圾邮件。假设我们训练了以下两个模型，分别称为垃圾邮件模型 1 和垃圾邮件模型 2。两个模型的混淆矩阵如表 7.4 和表 7.5 所示。

表 7.4 第一个垃圾邮件模型的混淆矩阵

垃圾邮件模型 1	预测为垃圾邮件	预测为非垃圾邮件
垃圾邮件	30(真阳性)	10(假阴性)
非垃圾邮件	5(假阳性)	55(真阴性)

表 7.5 第二个垃圾邮件模型的混淆矩阵

垃圾邮件模型 2	预测为垃圾邮件	预测为非垃圾邮件
垃圾邮件	35(真阳性)	5(假阳性)
非垃圾邮件	10(假阴性)	50(真阴性)

就准确率而言，这两种模型似乎一样好——都做出了 15%的正确预测(100 封电子邮件中有 15 封正确)。但是，乍一看，第一个模型似乎比第二个要好，因为第一个模型只删除了 5 个非垃圾邮件，而第二个模型删除了 10 个。现在，让我们计算查准率，如下所示。

垃圾邮件模型 1：

- 真阳性(删除的垃圾邮件) = 30
- 假阳性(删除的非垃圾邮件) = 5
- 查准率 = 30/35≈85.7%

垃圾邮件模型 2：

- 真阳性(删除的垃圾邮件) = 35
- 假阳性(删除的非垃圾邮件) = 10
- 查准率 = 35/45≈77.8%

正如我们所想：第一个模型的查准率分数高于第二个模型。我们得出结论，垃圾邮件模型这样的模型是高查准率模型，模型中出现假阳性的后果比假阴性更加严重。为什么第一个模型比第二个模型好？第二个模型删除了 10 封(非垃圾邮件)电子邮件，但第一个模型只删除了 5 个。第二个模型比第一个模型清理了更多的垃圾邮件，但这并不能弥补它多删除了 5 封非垃圾邮件的过失。

现在，就像我们戏弄准确率和召回率一样，也可以戏弄查准率。考虑以下垃圾邮件过滤器：从不检测任何垃圾邮件的垃圾邮件过滤器。这个模型的查准率是多少？这很复杂，因为删除的垃圾邮件为 0(零真阳性)，删除的非垃圾邮件也为 0(零假阳性)。我们不会尝试将 0 除以 0，这完全不是本书能够探讨的问题。但按照惯例，一个不会出现假阳性错误的模型的查准率为 100%。但是，当然，一个什么都不做的垃圾邮件过滤器并不是一个好的垃圾邮件过滤器。

这表明，无论指标有多好，都总是会被戏弄。这并不意味着指标不起作用。准确率、查准率和召回率是数据科学家工具箱中的有用工具。通过决定哪些误差比其他误差代价更大，我们可以决定哪些误差对我们的模型有利。在使用不同的指标评估模型之前，请务必小心，不要陷入认为模型良好的陷阱。

一种结合召回率和查准率以优化两者的方式：F 分数

在本节中，我们将讨论 F 分数，这是一种结合召回率和查准率的指标。在前面的部分中，我们看到了两个例子，冠状病毒模型和垃圾邮件模型。两个例子中，假阴性或假阳性其中之一更为重要。然而，在现实生活中，虽然两者的重要程度不同，但是两者都很重要。例如，我们可能想要一个不会误诊任何病人但也不会误诊太多健康者的模型，因为误诊一个健康者可能导致一些不必要且麻烦的测试，甚至是不必要的手术，反而可能影响健康。同样，我们可能想要一个不会删除任何正常的电子邮件的模型。但是要成为一个好的垃圾邮件过滤器，就仍然需要捕获大量的垃圾邮件；否则，就没有什么用处。F 分数有一个伴随参数 β，所以更常见的术语是 F_β 分数。当 $\beta = 1$ 时，该分数称为 F_1 分数。

计算 F 分数

我们的目标是找到一个指标，可以获取召回率和查准率之间的更多数字。首先，我们想到的是召回率和查准率之间的平均值。这可行吗？可行，但不是我们最终选择的数值。一个好的模型是具有良好召回率和查准率的模型。如果模型的召回率为 50%，查准率为 100%，则平均值为 75%。这是一个很好的分数，但模型可能不是一个很好的模型，因为 50%的召回率并不是很好。我们需要一个类似于平均值但更接近召回率和查准率最小值的指标。

类似于两个数平均值的值称为**调和平均值(harmonic mean)**。两个数 a 和 b 的平均值是 $(a + b)/2$，而调和平均值是 $2ab/(a + b)$。调和平均值具有以下特性：始终小于或等于平均值。如果数字 a 和 b 相等，我们可以快速检查调和平均值是否等于 a 或 b，就像平均值一样。但在其他情况下，调和平均值较小。让我们看一个例子：如果 $a=1$ 并且 $b = 9$，它们的平均值是 5。调和平均值是 $\dfrac{2 \cdot 1 \cdot 9}{1 + 9} = 1.8$。

F_1 分数指的是查准率和召回率的调和平均值，如下所示：

$$F_1 = \frac{2PR}{P + R}$$

如果两个数字都很高，则 F_1 分数很高。但是，如果其中一个较低，则 F_1 分数较低。F_1 分数的目的是衡量召回率和查准率是否都高，并在这两个分数之一较低时予以提醒。

计算 F_β 分数

在上一小节中，我们了解了 F_1 分数，这是一种结合召回率和查准率的分数，用于评估模型。然而，有时我们想要更多的召回率而不是查准率，或是相反的情况。因此，将两个分数结合起来时，我们可能希望赋予某一分数更大的权重。这意味着有时我们可能需要一个既关心假阳性也关心假阴性的模型，但模型为其中之一分配更多权重。

例如，冠状病毒模型更关心假阴性，因为人们的生活可能取决于对病毒的正确识别，但这一模型仍然不想制造太多的假阳性，因为我们可能不想花费过多的资源重新测试健康的人。垃圾邮件模型更关心假阳性，因为我们真的不想删除正常的电子邮件，但仍然不想创建太多的假阴性，因为我们不希望收件箱里装满垃圾邮件。

这就是 F_β 分数发挥作用的地方。F_β 分数的公式乍一看可能很复杂，但是一旦我们仔细查看，就可以发现它完全符合要求。F_β 分数使用参数 β (希腊字母 beta)，β 可以取任何正值。β 可以充当转向强调查准率还是召回率的刻度盘。更具体地说，如果取 β 值为 0，将获得全查准率；如果取 β 值为无穷大，会得到全召回率。一般来说，β 值越低，越强调查准率；β 值越高，就越强调召回率。F_β 分数定义如下(其中查准率为 P，召回率为 R)：

$$F_\beta = \frac{(1+\beta^2)PR}{\beta^2 P + R}$$

让我们检测 β 值，仔细分析这个公式。

情况 1：$\beta = 1$

当 β 等于 1 时，F_β 分数如下：

$$F_1 = \frac{(1+1^2)PR}{1^2 P + R}$$

这与同等考虑召回率和查准率的 F_1 分数相同。

情况 2：$\beta = 10$

当 β 等于 10 时，F_β 分数如下：

$$F_{10} = \frac{(1+10^2)PR}{10^2 P + R}$$

这可以写成

$$\frac{101PR}{100P + R}$$

这类似于 F_1 分数，但注意，相比于 P，该分数赋予 R 更大的重要性。注意，β 趋向于 F_β 分数 ∞ 的极限是 R。因此，当想要一个召回率和查准率之间的分数，并且召回率权重更大时，我们选择一个大于 1 的 β 值。β 值越大，我们越强调召回率，而不是查准率。

情况 3：$\beta = 0.1$

当 β 等于 0.1 时，F_β 分数如下：

$$F_{0.1} = \frac{(1+0.1^2)PR}{0.1^2 P + R}$$

同样，可以另写为：

$$\frac{1.01PR}{0.01P + R}$$

这类似于情况 2 中的公式，但在这个公式中，P 值更重要。因此，当想要在召回率和查准率之间获得一个分数，且分数赋予查准率更大权重时，我们会选择一个小于 1 的 β 值。β 值越小，就越强调查准率，而不是召回率。在极限中，我们提到，$\beta = 0$ 时完全关注查准率，而 $\beta = \infty$ 时完全关注召回率。

召回率、查准率或 F 分数：我们应该使用哪一种？

现在，我们应该如何将召回率和查准率付诸实践？当有一个模型时，如何判断模型是高召回率模型还是高查准率模型？应该使用 F 分数吗？如果使用，应该选择怎样的 β 值？这些问题的答案由我们这些数据科学家而定。对我们来说，重要的是要充分了解我们试图解决的问题，以决定在假阳性和假阴性之间，哪个错误的代价更高。

在前两个例子中，我们可以看到，由于冠状病毒模型需要更多地关注召回率而非查准率，所以我们应该选择一个较大的 β 值，例如 2。相比之下，垃圾邮件模型需要更多地关注查准率而不是召回率，所以我们应该选择一个小的 β 值，比如 0.5。有关分析模型和估计 β 值的更多练习，请参阅本章末尾的练习 7.4。

7.3 一个有用的模型评价工具 ROC 曲线

前面讲述了如何使用查准率、召回率和 F 分数等指标来评估模型。我们还了解到，评估模型的主要挑战之一在于误差类型不止一种，并且不同类型的误差具有不同的重要性。我们学习了两种类型的误差：假阳性和假阴性。在某些模型中，假阴性的代价比假阳性更大，而在某些模型中，情况恰恰相反。

本节，我们将学习一种有用的技术，可以根据模型在假阳性和假阴性上的表现对模型进行评估。此外，这种方法有一个重要特点：模型具有一个刻度盘，帮助我们逐渐在假阳性方面表现良好的模型和在假阴性方面表现良好的模型之间进行切换。该技术的实现基础是受试者操作特性(Receiver Operating Characteristic，ROC)曲线。

在学习 ROC 曲线之前，我们需要引入两个新的指标，特异性和敏感性。实际上，只有一个指标是新指标。另一个指标我们以前见过。

敏感性和特异性：评估模型的两种新方法

在前面，我们将召回率和查准率定义为指标，并了解到两者衡量模型假阴性和假阳性的有用工具。但在本节中，我们使用两个不同但非常相似的指标：敏感性(sensitivity)和特异性(specificity)。这些指标和前面的指标作用类似，但是当必须构建 ROC 曲线时，新指标更有用。此外，尽管查准率和召回率在数据科学家中使用更广泛，但敏感性和特异性在医学领域更常见。敏感性和特异性定义如下。

敏感性(真阳性率)： 测试识别正类标记点的能力，即真阳性数与正类总数的比率。

(注意，这与召回率相同)。

$$敏感性 = \frac{真阳性}{真阳性 + 假阴性}$$

特异性(真阴性率)：测试识别负类标记点的能力，即真阴性数与负类总数的比率。

$$特异性 = \frac{真阴性}{真阴性 + 假阳性}$$

正如前文所提，敏感性与召回率相同。但是，特异性与查准率不同(每种命名法在不同学科中都很流行，因此，这里同时使用这两个名称)。我们将在"召回率是敏感性，但查准率和特异性并不相同"一节中更详细地介绍这一点。

在冠状病毒模型中，敏感性是模型正确诊断的病人在所有病人中的比例。特异性是模型正确诊断的健康者在健康者中的比例。我们更关心正确诊断的病人，所以需要冠状病毒模型具有高敏感性(high sensitivity)。

在垃圾邮件检测模型中，敏感性是正确删除的垃圾邮件在所有垃圾邮件中的比例。特异性是正确发送到收件箱的非垃圾邮件在所有非垃圾邮件中的比例。因为我们更关心正确检测的非垃圾邮件，所以需要垃圾邮件检测模型具有高特异性(high specificity)。

为了澄清前面的概念，下面查看图形示例，计算图 7.2(与图 7.1 相同)中两个模型的特异性和敏感性。

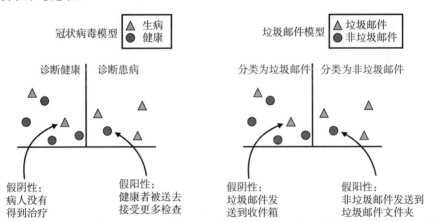

图 7.2　左图是冠状病毒模型，人们被诊断为健康或患病；右图是垃圾邮件检测模型，电子邮件被归
　　　　类为垃圾邮件或非垃圾邮件

正如我们之前看到的，这两个模型产生：

- 3 个真阳性
- 4 个真阴性
- 一个假阳性
- 两个假阴性

现在，让我们计算这些模型的敏感性和特异性。

计算敏感性

在这种情况下，敏感性计算如下：在正类点中，模型正确分类了多少？这相当于问：在三角形中，有多少位于直线的右侧？有 5 个三角形，模型将其中 3 个正确分类到线的右侧，因此敏感性为 3/5，即 0.6，即 60%。

计算特异性

特异性计算如下：在负类点中，模型正确分类了多少？这相当于问：在这些圆圈中，有多少位于线的左边？有 5 个圆圈，模型将其中 4 个正确分类到线的左侧，因此特异性为 4/5，等于 0.8，即 80%。

ROC 曲线：一种优化模型敏感性和特异性的方法

在本节中，我们将学习如何绘制 ROC 曲线，这条曲线将提供有关模型的大量信息。简而言之，我们要做的是慢慢修改模型，并记录模型在每个时间步的敏感性和特异性。

需要对模型做出的第一个且唯一的假设是模型将预测作为连续值返回，即作为概率。对于逻辑分类器之类的模型，这是正确的。在这类模型中，预测不是一个像正/负一样的类别，而是介于 0 和 1 之间的值，例如 0.7。我们通常对这个值选择一个阈值，例如 0.5，并将每个接收到高于或等于阈值的预测点分类为正，其余点分类为负。但是，该阈值可以是任何值——不必是 0.5。程序会将该阈值从 0 一直改到 1，并在每个阈值处记录模型的敏感性和特异性。

让我们看一个例子。我们计算 3 个不同阈值的敏感性和特异性：0.2、0.5 和 0.8。在图 7.3 中，我们可以看到每个阈值下，线的左右各有多少点。让我们详细研究一下。请记住，敏感性是真阳性与所有正类的比率，而特异性是真阴性与所有负类的比率。还要记住，每个模型共包含 5 个正类和 5 个负类。

阈值 = 0.2
真阳性数：4
敏感性：4/5
真阴性数：3
特异性：3/5
阈值 = 0.5
真阳性数：3
敏感性：3/5
真阴性数：4
特异性：4/5

阈值 = 0.2
真阳性数：2
敏感性：2/5
真阴性数：5
特异性：5/5 = 1

注意，低阈值会导致许多正类的预测。因此，得到较少的假阴性意味着敏感性评分较高，假阳性更多意味着特异性评分较低。同样，高阈值意味着敏感性分数较低，特异性分数较高。将阈值从低升高时，敏感性会降低，而特异性会增加。在本章后面部分，我们将学习确定模型的最佳阈值。届时，我们将把以上问题作为讨论重点。

现在，我们已准备好构建 ROC 曲线。首先，我们考虑将阈值设置为 0，并将该阈值缓慢增加到 1。每增加一次阈值，我们都精确超过一个点。阈值并不重要——重要的是在每一步，我们都只通过一个点(这是可能的，因为所有点给出的分数都不同，但这不是硬性要求)。因此，我们将这些步骤称为 0, 1, 2, ···,10。你应该可在脑海中想象图 7.3 中的竖线从 0 开始，从左到右慢慢移动，一次扫过一个点，直至到达 1。表 7.6记录这些步以及每个时间步的真阳性和真阴性、敏感性和特异性的数值。

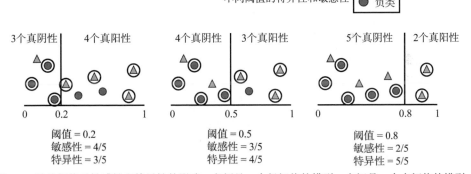

图 7.3　移动阈值对敏感性和特异性的影响。左侧是一个低阈值的模型；中间是一个中阈值的模型；右侧是一个高阈值的模型。每个模型有 5 个正类和 5 个负类。每个模型由竖线表示。该模型预测线右侧的点为正，左侧的点为负。我们计算了每个模型真阳性和真阴性的数量，即正确预测的正类和负类点的数量，以此计算敏感性和特异性。注意，阈值增加(即，当从左到右移动竖线时)，敏感性会下降，而特异性会上升

需要注意，在第一步(步骤 0)中，该线位于阈值 0。这意味着每个点都被模型归为正类。所有正类点也归为正，所以每一个正类都是真阳性。这意味着在时间步 0，敏感性为 5/5 = 1。但因为每一个负类点都被归类为正类，所以没有真阳性，特异性是 0/5 = 0。同样，在最后一步(第 10 步)，阈值为 1。因为每个点都被归类为负类，因此我们可以确认敏感性为 0，特异性为 1。为清楚起见，在表 7.6 中的时间步 4、6 和 8 分别突出显示图 7.3 中的 3 个模型。

表 7.6 增加阈值过程中的所有时间步是构建 ROC 曲线的重要一步。在每个时间步，我们记录真阳
性和真阴性的数量，然后通过将真阳性数量除以正类总数来计算模型的敏感性。最后，我
们通过将真阴性数量除以负类总数来计算特异性

步骤	真阳性	敏感性	真阴性	特异性
0	5	1	0	0
1	**5**	**1**	**1**	**0.2**
2	4	0.8	1	0.2
3	4	0.8	2	0.4
4	**4**	**0.8**	**3**	**0.6**
5	3	0.6	3	0.6
6	**3**	**0.6**	**4**	**0.8**
7	2	0.4	4	0.8
8	**2**	**0.4**	**5**	**1**
9	1	0.2	5	1
10	0	0	5	1

最后一步，我们绘制敏感性和特异性值。这是我们在图 7.4 中看到的 ROC 曲线。该
图中，每个黑点对应一个时间步(在点内表示)，横坐标对应敏感性，纵坐标对应特异性。

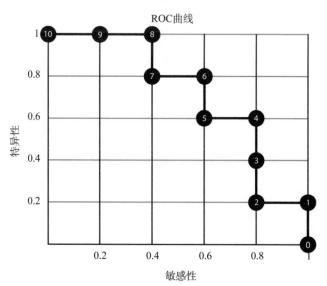

图 7.4 本图中，我们可以看到与正在进行的示例对应的 ROC 曲线，该曲线为我们提供了有关模型
的大量信息。突出显示的点对应于将阈值从 0 移动到 1 而获得的时间步，每个点都用时间步
标记。横轴记录模型在每个时间步的敏感性，纵轴记录特异性

体现模型好坏的指标：AUC(曲线下面积)

正如本书之前所介绍的，评估机器学习模型是一项非常重要的任务。在本节中，我们将讨论如何使用ROC曲线来评估模型。为此，我们已经完成了所有工作——剩下的就是计算曲线下面积(area under the curve，或 AUC)。在图 7.5 的顶部，我们可以看到 3 个模型，横轴(从 0 到 1)显示预测。在底部，可以看到 3 个对应的 ROC 曲线。每个正方形的大小都是 0.2 乘以 0.2。每条曲线下的方块数分别为 13、18 和 25，相当于曲线下的面积为 0.52、0.72 和 1。

注意，模型的最佳表现是 AUC 为 1，对应于右侧的模型。模型的最坏表现是 AUC 为 0.5，因为这意味着模型就像随机猜测，对应于左侧的模型。中间的模型是原始模型，AUC 为 0.72。

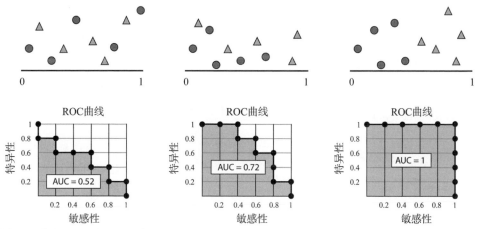

图 7.5　在此图中，我们可以看到 AUC 或曲线下面积是确定模型好坏的一个很好的指标。AUC 越高，模型越好。左侧为一个 AUC 为 0.52 的不好模型。中间为一个 AUC 为 0.72 的良好模型。右侧为一个 AUC 为 1 的优秀模型

AUC 为 0 的模型怎么样？这个问题很值得讨论。AUC 为 0 的模型对应于将每个点都分类错误的模型。这是一个糟糕的模型吗？实际上，它是一个非常好的模型，因为我们需要做的就是将所有正类和负类预测颠倒过来，然后得到一个完美的模型。这与让一个人每次碰到真假问题时都撒谎的效果相同。为了让他们说实话，我们所要做的就是翻转所有的答案。这意味着我们在二元分类模型中最糟糕的情况是 AUC 为 0.5，因为这对应于有人 50%的时间都在撒谎。他们不给我们任何信息，我们永远不知道他们是在说真话还是在撒谎！如果模型的 AUC 小于 0.5，我们可以颠倒正负预测，从而获得一个 AUC 大于 0.5 的模型。

如何使用 ROC 曲线做出决策

ROC 是一个强大的图形，为我们提供了有关模型的大量信息。在本节中，我们将

学习如何使用 ROC 改进模型。简而言之，我们使用 ROC 来调整模型中的阈值，并应用 ROC 为我们的用例选择最佳模型。

在本章开头，我们介绍了两个模型，冠状病毒模型和垃圾邮件检测模型。这两个模型非常不同。正如我们所见，冠状病毒模型需要高敏感性，而垃圾邮件检测模型需要高特异性。根据我们要解决的问题，每个模型都需要一定程度的敏感性和特异性。假设我们处于以下情况：我们本想训练一个具有高敏感性的模型，却得到一个具有低敏感性和高特异性的模型。有什么办法可以帮助我们权衡特异性并获得一些敏感性吗？

答案是肯定的！我们可以通过移动阈值来权衡特异性和敏感性。回顾一下我们第一次定义 ROC 曲线时，我们注意到，阈值越低，模型的敏感性越高，特异性越低；阈值越高，模型的敏感性越低，特异性越高。当阈值对应的竖线在最左边时，每个点都被预测为正类，所以所有的正类都是真阳性；而当竖线在最右边时，每个点都被预测为负类，所以所有负类都是真阴性。当将线向右移动时，就会失去一些真阳性并获得一些真阴性，因此敏感性降低，而特异性增加。注意，随着阈值从 0 移动到 1，ROC 曲线会向上和向左移动，如图 7.6 所示。

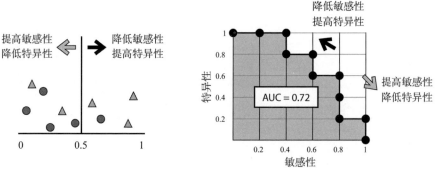

图 7.6　模型的阈值与敏感性和特异性有很大关系，这种关系将帮助我们为模型选择完美的阈值。左边是我们的模型，右边是相应的 ROC 曲线。随着增加或减少阈值，我们会改变模型的敏感性和特异性，这种变化可以通过移动 ROC 曲线来说明

为什么会发生这种情况呢？阈值告诉我们在对点进行分类时，应该在哪里绘制线。例如，在冠状病毒模型中，阈值告诉我们将一个人送去接受更多检查或送回家的界限在哪里。低阈值的模型中，如果人们表现出轻微的症状，就会将他们送去进行额外的检查。而高阈值的模型中，需要人们表现出明显的症状才能让他们进行更多检查。因为我们要找到所有生病的人，所以我们希望这个模型的阈值低，这意味着我们需要一个敏感性高的模型。为清楚起见，图 7.7 显示我们之前使用的 3 个阈值，以及各自在曲线中对应的点。

如果我们希望模型具有高敏感性，只需要将阈值向左推(即减小阈值)，直到曲线中包含我们想要的敏感性的点。注意，模型可能失去一些特异性，这就是我们付出的代价。相反，如果我们想要更高的特异性，我们将阈值向右推(即增加阈值)，直到曲

线中出现我们想要的特异性的点。同样，我们在这个过程中失去了一些敏感性。曲线准确体现出我们的得与失。因此，作为数据科学家，ROC 曲线是帮助我们确定模型最佳阈值的有效工具。在图 7.8 中，我们可以看到一个具有更大数据集的一般示例。

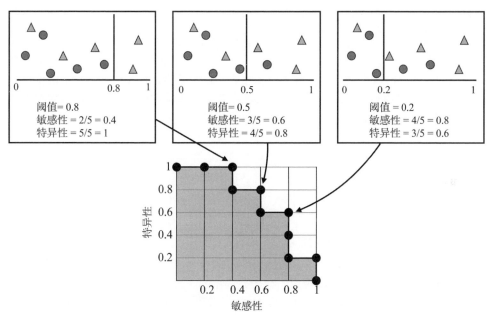

图 7.7　模型阈值与其 ROC 的平行度。左边的模型具有高阈值、低敏感性和高特异性。中间的模型具有中等阈值、敏感性和特异性。右边的模型具有低阈值、高敏感性和低特异性

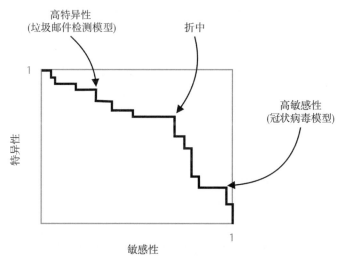

图 7.8　在这个更一般的场景中，我们可以看到一条 ROC 曲线，曲线上面的 3 个点对应 3 个不同的阈值。如果想要提供高特异性的阈值，就选择左侧的点。如果想要高敏感性的模型，就选择右侧的点。如果想要一个兼具敏感性和特异性的模型，就选择中间的点

如果我们需要一个高敏感性模型，比如冠状病毒模型，我们会选择右边的点。如果我们需要一个高特异性模型，比如垃圾邮件检测模型，我们可以选择左边的点。但是，如果我们想要相对较高的敏感性和特异性，我们可能会选择中间那个点。作为数据科学家，我们有责任充分了解问题，以做出正确决定。

召回率是敏感性，但查准率和特异性并不相同

就此，你可能想知道我们如何才能记住所有这些术语。答案是，这些术语很难不被混淆。大多数数据科学家(包括作者)也经常需要在维基百科中快速查找这些术语，以确保自己不会混淆。我们可以使用助记符来辅助记忆。

例如，当想到召回率时，就会想到一家汽车公司制造的汽车存在致命的设计缺陷。他们需要找到所有存在问题的汽车，并将其召回。如果他们不小心召回了更多无问题的汽车，只需要归还汽车即可。然而，如果有漏网之鱼，情况会很糟糕。因此，召回率关心的是找到所有正类标记的例子。这代表了一个具有高召回率模型。

另一方面，如果我们在这家汽车公司工作，我们开始召回所有汽车，老板可能过来说："嘿，你召回了太多车进行返厂修理，我们的资源不够了。你能不能只召回那些有问题的汽车？"然后，我们需要为模型增加查准率，并尝试只召回问题汽车，即使我们不小心错过了一些问题汽车(希望不会如此！)。这代表了一个高查准率的模型。

当谈到特异性和敏感性时，想想每次发生地震时都会发出哔声的地震传感器。这个传感器非常灵敏。如果一只蝴蝶在隔壁房子里打喷嚏，传感器就会发出哔声，那么这个传感器肯定会捕捉到所有的地震，但同时会捕捉到许多不是地震的其他东西。这就是具有高敏感性的模型。

现在，让我们想象一下这个传感器有一个刻度盘，我们把传感器的敏感性逐渐调低。现在传感器只会在有大量运动存在时才会发出哔声。当传感器发出哔声时，我们知道这是地震。问题是，传感器可能错过一些强度较小或中等的地震。换句话说，这个传感器对于地震具有特异性，所以很可能在其他场景下不会发出声音。这就是具有高特异性的模型。

如果我们回过头来阅读前四段，我们可能注意到以下两点：

- 召回率和敏感性非常相似。
- 查准率和特异性非常相似。

至少，召回率和敏感性具有相同目的，即衡量有多少假阴性。同样，查准率和特异性也有相同的目的，就是衡量有多少假阳性。

事实证明，召回率和敏感性是一回事。但是，查准率和特异性并不是一回事。尽管它们的测量结果不同，但都会惩罚具有大量假阳性的模型。如何记住所有这些指标？图形启发式可以帮助我们记住召回率、查准率、敏感性和特异性。在图 7.9 中，我们看到一个包含 4 个量的混淆矩阵：真阳性、真阴性、假阳性和假阴性。如果我们关注顶行(正类标记的示例)，就可以通过将左列中的数字除以两列中的数字之和来计

算召回率。如果我们关注最左列(预测为正类示例)，可通过将第一行的数字除以两行数字的总和来计算查准率。如果我们关注底行(负类标记的示例)，可通过将右列的数字除以两列数字的总和来计算特异性。

- 召回率和敏感性对应于顶行。
- 查准率对应于左列。
- 特异性对应于底行。

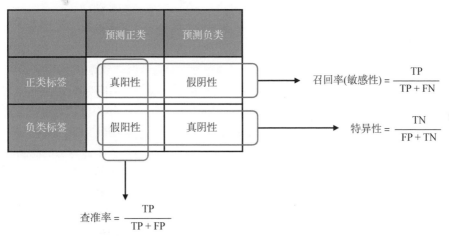

图 7.9　混淆矩阵的第一行给出了召回率和敏感性：真阳性数量与真阳性和假阴性总和之间的比率。最左列给出了查准率：真阳性数量与真阳性和假阳性总和之间的比率。底行给出了特异性：真阴性数量与假阳性和真阴性之和的比率

总而言之，我们两个模型中的这些数量如下。

医疗模型
- **召回率和敏感性**：在患病的人(正类)中，有多少人被正确诊断为患者？
- **查准率**：被诊断为患者的人中，实际患病的有多少？
- **特异性**：在健康者(负类)中，有多少人被正确诊断为健康？

电子邮件模型
- **召回率和敏感性**：在垃圾邮件(正类)中，有多少被正确删除？
- **查准率**：在被删除的邮件中，实际上有多少是垃圾邮件？
- **特异性**：在非垃圾邮件(负类)中，有多少被正确发送到收件箱？

7.4　本章小结

- 能够评估模型与能够训练模型同样重要。
- 可使用几个重要指标来评估模型。本章学习的指标是准确率、召回率、查准

率、F 分数、特异性和敏感性。

- 查准率计算正确预测与总预测之间的比率。查准率很有用，但某些情况下可能会失败，特别是当正类和负类标签不平衡时。

- 误差分为两类：假阳性和假阴性。

  - 假阳性是标记为负类的点，模型错误地将其预测为正类。

  - 假阴性是标记为正类的点，模型错误地将其预测为负类。

- 对于某些模型，假阴性和假阳性被赋予不同的重要性。

- 召回率和查准率是评估模型的有用指标，特别是当模型给出不同重要性的假阴性和假阳性时。

  - 召回率衡量模型正确预测了多少正类点。当模型产生许多假阴性时，召回率很低。出于这个原因，在我们不希望出现很多假阴性的模型(例如医学诊断模型)中，召回率是一个有用的指标。

  - 查准率衡量模型预测为正类点中有多少实际上是正类。当模型产生许多假阳性时，查准率较低。因此，如果我们不希望模型中出现很多的假阳性(例如垃圾邮件模型)，那么查准率将是一个有用的指标。

- F_1 分数是一个有用的指标，它结合了召回率和查准率。F_1 分数返回一个介于召回率和查准率之间的值，但更接近两者中的较小者。

- F_β-分数是 F_1 分数的一种变体，我们可以调整参数 β 以赋予查准率或召回率更高的重要性。β 值越高，召回率越重要；β 值越低，查准率越重要。F_β 分数对于评估该模型的查准率或召回率是否比另一个模型更重要时特别有用，但我们仍然关心这两个指标。

- 敏感性和特异性是两个帮助我们评估模型的有用指标，在医疗领域得到广泛应用。

  - 敏感性，或真阳性比率，衡量模型正确预测的正类点数。当模型产生许多假阴性时，敏感性较低。因此，当不希望将患者误诊为健康，从而使其无法接受治疗时，敏感性将成为医疗模型里的一个有效指标。

  - 特异性，或真阴性比率，衡量模型正确预测了多少负类点。当模型产生许多假阳性时，特异性较低。因此，当不希望将健康者误诊为患病，并使其接受进一步治疗，甚至是手术时，特异性将成为医疗模型里的一个有效指标。

- 召回率和敏感性完全一样。然而，查准率和特异性不是一回事。查准率确保大多数预测的正类都是真阳性，并且特异性检查大多数真阴性已经被检查到。

- 当增加模型中的阈值时，会降低其敏感性，而增加其特异性。

- ROC，或受试者操作特性曲线，是一个有用的图表，可以帮助我们跟踪模型对每个不同阈值的敏感性和特异性。

- ROC 还可以帮助我们使用曲线下面积或 AUC 来确定模型的好坏。AUC 越接近 1，模型越好。AUC 越接近 0.5，模型越差。

- 通过查看 ROC 曲线，我们可以决定使用什么阈值来提供良好的敏感性和特异性值，这取决于我们对模型的期望值。因此，ROC 曲线成为评估和改进模型的最流行、最有用的方法之一。

7.5　练习

练习 7.1

一个视频网站已经确定某个特定用户喜欢动物视频，但绝对不喜欢其他任何东西。在下图中，我们可以看到该用户在登录站点时获得的推荐。

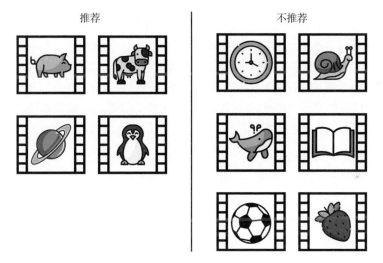

如果这是模型上的所有数据，请回答以下问题：

a. 模型的准确率是多少？

b. 模型的召回率是多少？

c. 模型的查准率是多少？

d. 模型的 F_1 分数是多少？

e. 你觉得这是一个很好的推荐模型吗？

练习 7.2

使用以下混淆矩阵找出医学模型的敏感性和特异性：

	预测为生病	预测为健康
生病	120	22
健康	63	795

练习 7.3

对于以下模型，确定哪个误差更严重，是假阳性还是假阴性？在此基础上，确定在评估每个模型时，我们应该强调查准率还是召回率。

1. 预测用户是否会看电影系统推荐的电影
2. 一种用于自动驾驶汽车的图像检测模型，用于检测图像是否包含行人
3. 家中的语音助手，可预测用户是否下订单

练习 7.4

我们给出了以下模型：

1. 基于汽车摄像头图像检测行人的自动驾驶模型
2. 基于患者症状诊断是否为致命疾病的医学模型
3. 基于用户之前看过的电影进行推荐的系统
4. 根据语音命令确定用户是否需要帮助的语音助手
5. 根据电子邮件中的字词确定电子邮件是否为垃圾邮件的检测模型

我们的任务是使用 F_β 分数评估这些模型。但是，我们还不知道要使用的 β 值。你会用什么 β 值来评估每个模型？

使用概率最大化：朴素 贝叶斯模型 | 第 **8** 章

本章主要内容：

- 什么是贝叶斯定理
- 相关事件和独立事件
- 先验概率和后验概率
- 基于事件计算条件概率
- 根据电子邮件中的字词，使用朴素贝叶斯模型预测电子邮件是垃圾邮件还是非垃圾邮件
- 用 Python 编写朴素贝叶斯算法

我总是带着我的橡皮鸭子去坐飞机。

为什么？

因为飞机坠落的概率很低。然而，飞机坠落的同时，里面有一只橡皮鸭子的概率要远远更低！

你的论点在贝叶斯定理上是站不住脚的。

朴素贝叶斯是一种用于分类的重要机器学习模型。朴素贝叶斯模型是纯概率模型，这意味着预测是 0 到 1 之间的数字，表示标签为正类概率。朴素贝叶斯模型的主要组成部分是贝叶斯定理。

贝叶斯定理有助于计算概率，在概率和统计中起着重要作用。贝叶斯定理具有以下前提，即我们收集越多的关于事件的信息，就越能更好地估计概率。例如，假设我们想找出今天下雪的概率。如果我们没有关于地理以及时间的信息，就只能得出一个模糊的估计。然而，如果有相关信息，就可以更好地估计概率。想象一下，我告诉你我在想一种动物，我想让你猜一猜。我想的动物是狗的概率是多少？因为你不知道任何信息，所以猜到的概率很小。但是，如果我告诉你我想到的动物是家养宠物，那么概率就会增加很多。但是，如果我现在告诉你我想到的动物有翅膀，那么概率现在为0。每次我告诉你一条新的信息，你对"答案是狗"这一概率的估计就会越来越准确。贝叶斯定理将这种逻辑形式化，并用公式表达出来。

更具体地说，贝叶斯定理回答了这个问题，"在 X 发生的情况下，Y 发生的概率是多少？"这就是**条件概率(conditional probability)**。可以想象，回答这类问题在机器学习中非常有用，因为如果我们能回答"在给定特征下，标签为正类的概率是多少？"这个问题，我们就能获得一个分类模型。例如，我们可以回答以下问题，构建情感分析模型(就像我们在第 6 章中所做的那样)："在给定单词的情况下，这个句子的情感状态是高兴的概率是多少？"。然而，当有太多特征(本例中，特征是单词)时，使用贝叶斯定理计算概率会变得非常复杂。这就是朴素贝叶斯算法派上用场的地方。朴素贝叶斯算法使用这种计算的简化技巧来帮助我们构建所需的分类模型，称为朴素贝叶斯模型(naive Bayes model)。之所以称为朴素(naive)贝叶斯，是因为为了简化计算，我们做出了一个不一定正确的略微朴素的假设。然而，这个假设有助于我们很好地估计概率。

在本章中，我们将看到贝叶斯定理与现实生活中一些例子的结合。首先，将研究一个有趣且略微令人惊讶的医学例子。然后，将朴素贝叶斯模型应用于机器学习中的一个常见问题：垃圾邮件分类问题，以深入研究朴素贝叶斯模型。最后，将在 Python 中对算法进行编程，并在真实的垃圾邮件数据集中使用算法进行预测。

本章的所有代码都可以在这个 GitHub 仓库中找到：https://github.com/luisguiserrano/manning/tree/master/Chapter_8_Naive_Bayes。

8.1　生病还是健康？以贝叶斯定理为主角的故事

考虑以下场景。你的(轻度疑病症患者)朋友给你打电话，并进行了以下对话。

你：你好！

朋友：你好。我有一些可怕的消息！

你：哦，不，什么消息？

朋友：我听说了这种可怕而罕见的疾病，我去看医生接受检查。医生说她会进行非常准确的检测。今天，医生打电话给我说我检测结果是阳性！我一定是得病了！

哦！你应该对你的朋友说什么？首先，先让他冷静一下，并看看他是否患病。

你：首先，让我们冷静一下。检查可能出错了。让我们试着看看你实际患病的可能性有多大。医生说检测的准确率如何？

朋友：她说准确率 99%。这意味着我有 99% 的可能患有这种疾病！

你：等等，让我们看看全部数据。不管检测结果，患病的可能性有多大？有多少人患有这种疾病？

朋友：我在网上看到平均每 10 000 人中就有一个人患有这种疾病。

你：好的，让我拿一张纸(让朋友稍等)。

让我们停下来做个测验。

测验 已知你的朋友检测呈阳性，你认为他患病的概率是多少？

a. 0%～20%

b. 20%～40%

c. 40%～60%

d. 60%～80%

e. 10%～100%

让我们计算一下这个概率。简而言之，我们有以下两条信息：

- 该测试在 99% 的时间是正确的。更准确地说(我们咨询了医生以确认这一点)，平均而言，每 100 个健康者中，该测试正确诊断了其中的 99 个；而每 100 个病人中，该测试也正确诊断了其中的 99 个。因此，无论是健康者还是病人，该测试的准确率都为 99%。

- 平均而言，每 10 000 人中就有 1 人患有这种疾病。

让我们做一些粗略的计算，看看概率是多少。这些在图 8.1 所示的混淆矩阵中进行了总结。作为参考，我们可以随机选择 100 万人。平均而言，每 10 000 人中就有 1 人生病，因此我们预计其中 100 人会患病，999 900 人会保持健康。

首先，我们对 100 个生病的人进行检测。由于检测在 99% 的情况下都是正确的，因此我们预计这 100 人中有 99 人会被正确误诊为病人——即 99 人的检测结果呈阳性。

现在，我们对 999 900 名健康者进行测试。该测试有 1% 的错误率，因此我们预计这 999 900 名健康者中有 1% 会被误诊为生病。因此有 9 999 名检测结果呈阳性的健康者。

这意味着检测呈阳性的总人数为 99+9999=10 098。其中，只有 99 人生病。因此，假设你的朋友检测呈阳性，他生病的概率为 99/10 098≈0.0098 或 0.98%。那还不到 1%！所以我们可以继续和朋友对话。

你：别担心，根据你给我的数字，如果你检测呈阳性，你患上这种疾病的概率不到 1%!

朋友：天啊，真的吗？那真是太好了，谢谢！

你：不要感谢我，感谢数学(眨眼)。

让我们总结一下我们的计算。以下是我们的事实依据：

- **事实 1**：每 10 000 人中就有一个患有这种疾病。
- **事实 2**：每 100 名接受检测的病人中，99 人检测呈阳性，1 人检测呈阴性。
- **事实 3**：在接受检测的每 100 名健康者中，有 99 名检测呈阴性，1 名检测呈阳性。

我们选取了一个 100 万人的样本人群，在图 8.1 中细分如下：

- 根据事实 1，我们预计样本人群中有 100 人患有这种疾病，而 999 900 人是健康的。
- 根据事实 2，在 100 名病人中，99 人检测呈阳性，1 人检测呈阴性。
- 根据事实 3，在 999 900 名健康者中，9999 人检测呈阳性，989 901 人检测呈阴性。

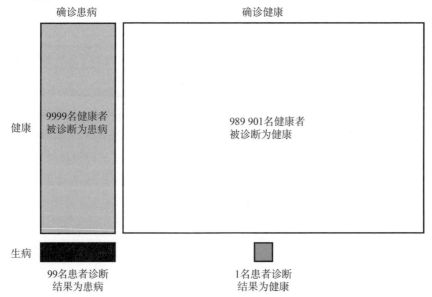

图 8.1　在 1 000 000 名患者中，只有 100 人生病(底行)。在确诊的 10 098 人(左栏)中，实际上只有 99 人患病。其余 9999 人是健康的，但被误诊为患病。因此，如果我们的朋友被诊断患病，他成为 9999 名健康者之一(左上角)的概率要比成为 99 名患病者之一(左下角)的概率高得多

因为我们的朋友检测呈阳性，所以他必须在图 8.1 的左栏中。本栏中有 9999 名健康者被误诊为病人，99 名病人被正确诊断。概率是 99/9999≈0.0099，小于 1%。

这有点令人惊讶，如果测试在 99%的情况下都是正确的，为什么实际上会出现如此错误？好吧，如果只有 1%的时间出错，测试也不错。但是因为每 10 000 人中就有

一个人患有这种疾病，这意味着一个人患病的概率为 0.01%。成为误诊人口的 1%或患病人口的 0.01%，哪个更有可能呢？1%虽然是一个小群体，但比 0.01%大得多。检测结果的问题在于：错误率远大于患病率。在第 7 章中，我们遇到了相同的问题——不能依靠准确率来衡量模型。

一种解决方式是使用树状图。在我们的图表中，我们从左边的一个根开始，并将其分为两种可能性：朋友生病或健康。这两者之一都分为另两种可能性：朋友被诊断为健康或被误诊为生病。该树以及每个分支中的患者数量如图 8.2 所示。

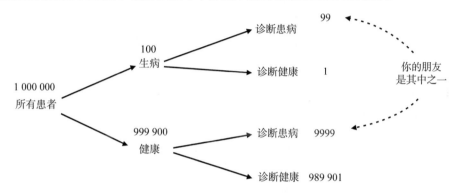

图 8.2　概率树。每个病人都可能生病或健康。对于每一种可能性，患者都可以被诊断为生病或健康，这为我们提供了 4 种可能性。我们从一百万患者开始：其中 100 人生病，其余 999 900 人健康。在 100 人中，有 1 人被误诊为健康，其余 99 人被正确诊断为患病。在 999 900 名健康患者中，有 9999 人被误诊为患病，其余 989 901 人被正确诊断为健康

从图 8.2 中，我们可以再次看到，已知检测结果呈阳性，你朋友生病的概率是 $\frac{99}{9999+99} \approx 0.0098$ ，因为他只能在右边的第一组和第三组中。

贝叶斯定理的前奏：先验、事件和后验

现在我们拥有陈述贝叶斯定理的所有工具。贝叶斯定理的主要目标是计算概率。一开始，我们手中没有任何信息，只能计算一个初始概率，我们称之为先验(prior)概率。然后，新的事件发生，为我们提供信息。在这些信息之后，我们对要计算的概率有了更好的估计，这一估计被称为后验(posterior)估计。图 8.3 展示了先验、事件和后验。

先验　初始概率

事件　发生的事情，为我们提供信息

后验　我们使用先验概率和事件计算的最终(更准确的)概率

下面是一个例子。想象一下，我们想找出今天下雨的概率。如果我们什么都不知道，就只能对概率做出一个粗略的估计，也就是先验。如果我们环顾四周并发现我们在 Amazon 雨林(事件)中，那么可以得出更准确的估计。事实上，如果我们在 Amazon

雨林，今天就可能会下雨。这个新的估计是后验。

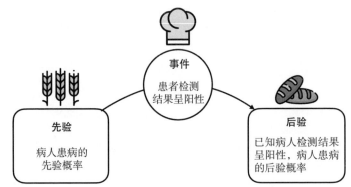

图 8.3　先验、事件和后验。先验是"原始"概率，即我们在知之甚少时计算出的概率。事件是我们
　　　　获得的信息，帮助我们改进对概率的计算。后验是"加工后"概率，即我们拥有更多信息后
　　　　计算出的更准确概率

在我们正在进行的医学示例中，我们需要计算患者生病的概率。先验、事件和后验如下。

- **先验**：最初，这个概率是 1/10 000，因为除了每 10 000 人中有一名患者这一事实之外，我们没有任何其他信息。这个 1/10 000 或 0.0001 就是先验。
- **事件**：突然间，新信息浮出水面。在本例中，患者接受了检测，且结果为阳性。
- **后验**：在得出阳性结果后，我们重新计算患者生病的概率，结果为 0.0098。这是后验。

贝叶斯定理是概率和机器学习最重要的组成部分之一。贝叶斯定理十分重要，并且有数个领域以它命名，例如贝叶斯学习(Bayesian learning)、贝叶斯统计(Bayesian statistics)和贝叶斯分析(Bayesian analysis)。在本章中，我们学习贝叶斯定理以及从中派生出的一个重要分类模型：朴素贝叶斯模型。简而言之，朴素贝叶斯模型和大多数分类模型一样，根据一组特征预测一个标签。该模型以概率的形式返回答案，概率通过贝叶斯定理计算得出。

8.2　用例：垃圾邮件检测模型

我们在本章中研究的用例是垃圾邮件检测模型。该模型帮助我们区分垃圾邮件与非垃圾邮件。正如我们在第 1 章和第 7 章中讨论的，spam 是指垃圾邮件，而 ham 指非垃圾邮件。

朴素贝叶斯模型输出电子邮件是垃圾邮件或非垃圾邮件的概率。这样，我们可以将垃圾邮件概率最高的电子邮件直接发送到垃圾邮件文件夹，而将其余邮件保存在收件箱中。此概率应取决于电子邮件的特征，例如单词、发件人、大小等。在本章中，我们仅将单词视为特征。这个例子与我们在第 5 章和第 6 章中的情感分析例子类似。本例中，这一"情感分析分类器"的关键是每个单词都有一定的概率出现在垃圾邮件中。例如，"彩票"一词比"会议"一词更有可能出现在垃圾邮件中。这个概率是计算的基础。

寻找先验：任何电子邮件是垃圾邮件的概率

电子邮件是垃圾邮件的概率是多少？这是一个很难的问题，但让我们试着做一个粗略的估计，称之为先验。我们查看当前的收件箱并计算有多少电子邮件是垃圾邮件和非垃圾邮件。想象一下，在 100 封电子邮件中，20 封是垃圾邮件，80 封是非垃圾邮件。因此，20%的电子邮件是垃圾邮件。如果我们想做出一个合理的估计，我们可以说，据我们所知，一封新电子邮件是垃圾邮件的概率是 0.2。这就是先验概率。计算如图 8.4 所示，垃圾邮件为深灰色，非垃圾邮件为白色。

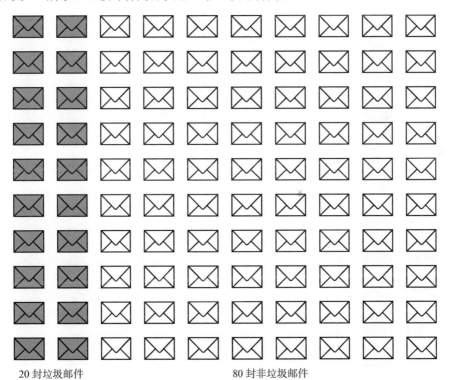

20 封垃圾邮件　　　　　　　　　　　　80 封非垃圾邮件

垃圾邮件的概率：0.2

图 8.4　我们有一个包含 100 封电子邮件的数据集，其中 20 封是垃圾邮件。电子邮件是垃圾邮件的
　　　　概率估计为 0.2。这是先验概率

寻找后验：包含某一特定单词的电子邮件是垃圾邮件的概率

当然，并非所有电子邮件都是相同的。我们想使用电子邮件的属性对概率进行更有根据的猜测。我们可以在电子邮件中使用许多属性，例如发件人、大小或单词。此处，我们仅使用电子邮件中的单词。但是，建议读者仔细阅读示例，思考如何将其与其他属性一起使用。

假设我们找到了一个特定的词，比如"彩票"，这个单词出现在在垃圾邮件中的频率比出现在非垃圾邮件中的更高。这个单词代表我们的事件。在垃圾邮件中，有 15 封垃圾邮件出现了"彩票"一词；而在非垃圾邮件中，仅有 5 封出现了彩票一词。因此，在包含彩票一词的 20 封电子邮件中，15 封是垃圾邮件，5 封是非垃圾邮件。

因此，包含"彩票"一词的电子邮件是垃圾邮件的概率正好是 $\frac{15}{20} = 0.75$ 。这就是后验概率。这一概率的计算过程如图 8.5 所示。

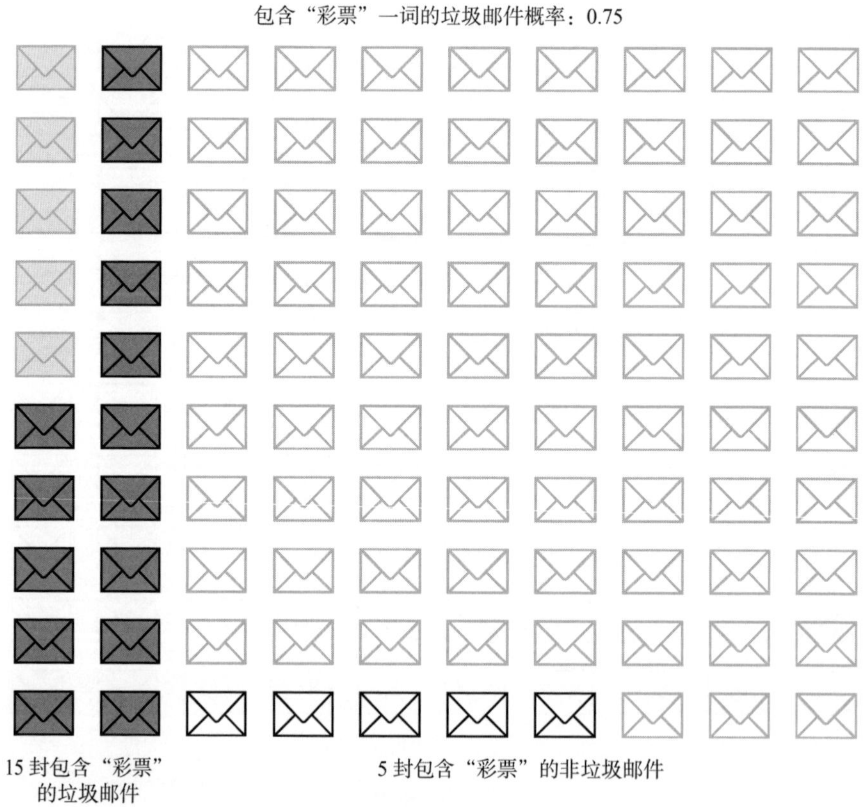

包含"彩票"一词的垃圾邮件概率：0.75

15 封包含"彩票"   5 封包含"彩票"的非垃圾邮件
的垃圾邮件

图 8.5   我们已删除不包含"彩票"一词的电子邮件(变灰)。突然之间，我们的概率发生了变化。在包含彩票一词的邮件中，有 15 封垃圾邮件和 5 封非垃圾邮件，因此包含"彩票"一词的邮件是垃圾邮件的概率为 15/20=0.75

到目前为止，我们已经计算了包含"彩票"一词的电子邮件是垃圾邮件的概率。总结一下。

- **先验**概率是 0.2。这是在对电子邮件一无所知的情况下，得出的电子邮件是垃圾邮件的概率。
- **事件**是电子邮件包含"彩票"一词，有助于我们更好地估计概率。
- **后验**概率为 0.75。这是在假设电子邮件包含"彩票"一词的情况下，得出的电子邮件是垃圾邮件的概率。

在本例中，我们通过计算电子邮件数量并使用除法来计算概率。这主要是出于教学目的，但在现实生活中，我们可以使用公式作为快捷方式来计算此概率。这个公式叫做贝叶斯定理。接下来，让我们继续学习。

刚刚运用了什么数学方法？将比率转化为概率

一种将示例可视化的方法是使用包含所有 4 种可能性的概率树，就像我们在图 8.2 中医学示例中所做的那样。概率是该电子邮件是垃圾邮件还是非垃圾邮件，并且是否包含"彩票"一词。绘制方式如下：我们从根开始，分成两个分支。顶部分支对应垃圾邮件，底部分支对应非垃圾邮件。每个分支又分成两个分支，即，电子邮件包含"彩票"一词和电子邮件不包含"彩票"一词。该树如图 8.6 所示。注意，在这棵树中，我们还指出了总共 100 封电子邮件中，每个特定组各包含多少邮件。

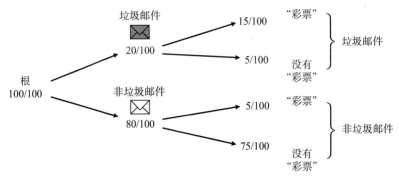

图 8.6　概率树。根分成两个分支：垃圾邮件和非垃圾邮件。每一个分支都分成两个小分支：电子邮件包含"彩票"一词和电子邮件不包含"彩票"一词

一旦我们有了这棵概率树，当想要计算一封包含"彩票"一词的电子邮件是垃圾邮件的概率时，我们只需要删除不包含"彩票"一词的所有分支。如图 8.7 所示。

现在，我们有 20 封电子邮件，其中 15 封是垃圾邮件，5 封是非垃圾邮件。因此，假设一封电子邮件包含"彩票"一词，那么这封邮件是垃圾邮件的概率是 15/20 = 0.75。

我们已经完成了这一步骤，那么图中的概率优点是什么？图中的概率可以让事情更加简单，此外，我们获得的信息通常是基于概率的，而不是基于电子邮件数量的。很多时候，我们不知道有多少电子邮件是垃圾邮件或是非垃圾邮件。

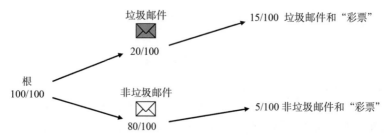

图 8.7   从上一棵概率树中，我们删除了不包含"彩票"一词的两个分支。在最初的 100 封电子邮件
中，我们还剩下 20 封包含"彩票"一词的电子邮件。由于这 20 封电子邮件中，有 15 封是
垃圾邮件，因此我们得出的结论是，如果一封电子邮件包含"彩票"一词，则该电子邮件是
垃圾邮件的概率为 0.75

我们只知道以下几点：
- 电子邮件是垃圾邮件的概率是 1/5 = 0.2。
- 垃圾邮件中包含"彩票"一词的概率是 3/4 = 0.75。
- 非垃圾邮件包含"彩票"一词的概率是 1/16 = 0.0625。
- **问题**：包含"彩票"一词的电子邮件是垃圾邮件的概率是多少？

首先，让我们检查一下这些信息是否足够。我们知道电子邮件是非垃圾邮件的概率吗？好吧，我们知道电子邮件是垃圾邮件的概率是 1/5 = 0.2。另一种可能性是非垃圾邮件，概率是 4/5=0.8。这是一条重要的规则——互补概率规则。

互补概率规则   对于事件 E，事件 E 的补充记为 E^c，是与 E 相反的事件。E^c 的概率为 1 减去 E 的概率，即，

$$P(E^c) = 1 - P(E)$$

因此，我们得出以下几点。
- P(垃圾邮件) = 1/5 = 0.2：垃圾邮件的概率
- P(非垃圾邮件) = 4/5 = 0.8：非垃圾邮件的概率

现在让我们看看其他信息。垃圾邮件包含"彩票"一词的概率彩票是 3/4 = 0.75。这可以理解为，以垃圾邮件为例，电子邮件中包含"彩票"一词的概率是 0.75。这是一个条件概率，条件是电子邮件是垃圾邮件。我们用竖线表示条件，所以这可以写成 P('彩票' | 垃圾邮件)。它的补充是 P(没有 '彩票' | 垃圾邮件)，即垃圾邮件不包含"彩票"一词的概率。这个概率是 1–P('彩票' | 垃圾邮件)。这样，我们可以计算其他概率，如下所示。
- P('彩票' | 垃圾邮件) =3/4 = 0.75：垃圾邮件包含"彩票"一词的概率。
- P(没有'彩票' | 垃圾邮件) = 1/4 = 0.25：垃圾邮件不包含"彩票"一词的概率。
- P('彩票' | 非垃圾邮件) = 1/16 = 0.0625：非垃圾邮件包含"彩票"一词的概率。
- P(没有 '彩票' | 非垃圾邮件) = 15/16 = 0.9375：非垃圾邮件不包含"彩票"一词的概率。

接下来我们要做的是找出两个事件同时发生的概率。更具体地说，我们想要以下4 个概率：

- 电子邮件是垃圾邮件且包含"彩票"一词的概率
- 电子邮件是垃圾邮件且不包含"彩票"一词的概率
- 电子邮件是非垃圾邮件且包含"彩票"一词的概率
- 电子邮件是非垃圾邮件且不包含"彩票"一词的概率

以上事件称为事件的交集，用符号∩表示。因此，需要找到以下概率：

- $P('彩票' ∩ 垃圾邮件)$
- $P(没有 "彩票" ∩ 垃圾邮件)$
- $P('彩票' ∩ 非垃圾邮件)$
- $P(没有'彩票' ∩ 非垃圾邮件)$

让我们看一些数字。我们知道，100 封电子邮件中有 1/5，或 20 封邮件是垃圾邮件。在这 20 封中、有 3/4 的邮件包含"彩票"一词。最后，我们将这两个数字相乘，1/5 乘以 3/4，得到 3/20，与 15/100 相同，即电子邮件是垃圾邮件且包含"彩票"一词的比例。做法如下：我们将电子邮件是垃圾邮件的概率乘以垃圾邮件包含"彩票"一词的概率，得到一封电子邮件是垃圾邮件且包含"彩票"一词的概率。垃圾邮件中包含"彩票"一词的概率正是条件概率，或者一封垃圾邮件包含"彩票"一词的概率。这产生了概率的乘法规则。

概率乘积法则　对于事件 E 和 F，两个事件相交的概率是给定 F 时 E 的条件概率与 F 概率的乘积，即 $P(E ∩ F) = P(E | F) \cdot P(F)$。

现在可以计算概率，如下所示：

- $P('彩票' ∩ 垃圾邮件) = P('彩票' | 垃圾邮件) \cdot P(垃圾邮件) = 3/4 \cdot 1/5 = 3/20 = 0.15$
- $P(没有'彩票' ∩ 垃圾邮件) = P(没有 "彩票" | 垃圾邮件) \cdot P(垃圾邮件) = 1/4 \cdot 1/5 = 1/20 = 0.05$
- $P('彩票' ∩ 非垃圾邮件) = P('彩票' | 非垃圾邮件) \cdot P(非垃圾邮件) = 1/16 \cdot 4/5 = 1/20 = 0.05$
- $P(没有'彩票' ∩ 非垃圾邮件) = P(没有'彩票' | 非垃圾邮件) \cdot P(非垃圾邮件) = 15/16 \cdot 4/5 = 15/20 = 0.75$

这些概率总结在图 8.8 中。注意，边缘概率的乘积是右侧的概率。此外，注意，这 4 种概率的总和为 1，因为这 4 种概率包含了所有可能的情况。

我们离成功不远了。我们想要找到 $P(垃圾邮件 | '彩票')$，即包含"彩票"一词的电子邮件是垃圾邮件的概率。在我们刚刚研究的 4 个事件中，只有两个事件中出现了"彩票"这个词。因此，只需要考虑这两个事件，即：

- $P('彩票' ∩ 垃圾邮件) = 3/20 = 0.15$
- $P('彩票' ∩ 非垃圾邮件) = 1/20 = 0.05$

图 8.8　概率树与图 8.6 相同，但此处带有概率。从根开始，出现了两个分支，一个是垃圾邮件，一个是非垃圾邮件。在每个分支中，我们记录相应的概率。每个分支再次分成两片叶节点：一个指包含"彩票"一词的电子邮件，另一个指不包含"彩票"一词的电子邮件。在每个分支中，我们记录相应的概率。注意，这些概率的乘积是每个叶子右侧的概率。例如，顶部叶子所得的概率为 1/5 · 3/4 = 3/20 = 0.15

换句话说，我们只需要考虑图 8.9 所示的两个分支——第一个和第三个，即电子邮件中包含"彩票"一词的分支。

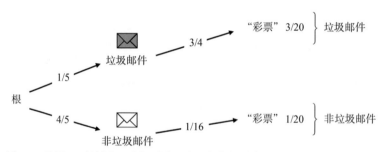

图 8.9　从图 8.8 的树中，我们删除了电子邮件不包含"彩票"一词的两个分支

第一个是电子邮件是垃圾邮件的概率，第二个是电子邮件是非垃圾邮件的概率。这两个概率不会相加。然而，因为现在电子邮件中常包含"彩票"一词，所以只可能有这两种情况。因此，它们的概率之和应该是 1。此外，它们彼此之间仍应具有相同的相对比率。解决这个问题的方法是归一化——找到两个与 3/20 和 1/20 比例相同，但相加为 1 的数字。实现方法是将两者除以总和。这种情况下，数字变为 $\dfrac{3/20}{3/20+1/20}$

和 $\dfrac{1/20}{3/20+1/20}$，简化为 3/4 和 1/4，即所需的概率。因此，我们得出以下结论：

- $P(\text{垃圾邮件} \mid \text{'彩票'}) = 3/4 = 0.75$
- $P(\text{非垃圾邮件} \mid \text{'彩票'}) = 1/4 = 0.25$

这正是我们在计算电子邮件时得出的结论。我们需要一个公式来总结这些信息。我们有两个概率：电子邮件是垃圾邮件且包含"彩票"一词的概率，以及电子邮件是垃圾邮件且不包含"彩票"一词的概率。为了让两者相加之和为 1，我们将其归一化。

这与分别将两者除以总和是一回事。在数学方面，我们做了以下工作：

$$P(\text{垃圾邮件} \mid \text{'彩票'}) = \frac{P(\text{'彩票'} \cap \text{垃圾邮件})}{P(\text{'彩票'} \cap \text{垃圾邮件}) + P(\text{'彩票'} \cap \text{非垃圾邮件})}$$

如果我们还记得这两个概率是什么，那么使用乘积规则，会得到以下结果：

$$P(\text{垃圾邮件} \mid \text{'彩票'})$$
$$= \frac{P(\text{'彩票'} \mid \text{垃圾邮件}) \cdot P(\text{垃圾邮件})}{P(\text{'彩票'} \mid \text{垃圾邮件}) \cdot P(\text{垃圾邮件}) + P(\text{'彩票'} \mid \text{非垃圾邮件}) \cdot P(\text{非垃圾邮件})}$$

为了验证，我们插入数字，获得：

$$P(\text{垃圾邮件} \mid \text{'彩票'}) = \frac{\dfrac{1}{5} \cdot \dfrac{3}{4}}{\dfrac{1}{5} \cdot \dfrac{3}{4} + \dfrac{4}{5} \cdot \dfrac{1}{16}} = \frac{\dfrac{3}{20}}{\dfrac{3}{20} + \dfrac{1}{20}} = \frac{\dfrac{3}{20}}{\dfrac{4}{20}} = \frac{3}{4} = 0.75$$

这就是贝叶斯定理！更正式的公式表述如下：

贝叶斯定理　　对于事件 E 和 F，

$$P(E \mid F) = \frac{P(F \mid E) \cdot P(E)}{P(F)}$$

因为事件 F 可分解为两个不相交的事件 $F \mid E$ 和 $F \mid E^c$，那么

$$P(E \mid F) = \frac{P(F \mid E) \cdot P(E)}{P(F \mid E) \cdot P(E) + P(F \mid E^c) \cdot P(E^c)}$$

如果有两个词呢？朴素贝叶斯算法

在上一节中，我们计算了一封包含关键词"彩票"的电子邮件是垃圾邮件的概率。然而，字典里还包含更多单词，我们想计算一封包含多个单词的电子邮件是垃圾邮件的概率。正如你想象的那样，计算将变得更复杂，但在本节中，我们将学习一个技巧来帮助我们估计这个概率。

一般来说，这个技巧可帮助我们计算基于两个事件而不是一个事件的后验概率(并且它很容易推广到两个以上的事件)。这一技巧的前提为，当事件独立时，两者同时发生的概率是各自概率的乘积。事件并不总是独立的，但假设独立有时会帮助我们做出很好的近似。例如，想象以下场景：有一个有1000个居民的岛屿。一半的居民(500人)是女性，十分之一的居民(100人)是棕色眼睛。你认为有多少居民是棕色眼睛的女性？如果我们只知道这些信息，除非我们一个一个地数，否则无法找到答案。然而，如果我们假设性别和眼睛颜色是独立的，那么我们可以估计有十分之一的人是棕色眼睛的妇女。那是总人口的 $\dfrac{1}{2} \cdot \dfrac{1}{10} = \dfrac{1}{20}$。因为总人口是1000人，我们估计棕色眼睛女性人数是 $1000 \cdot \dfrac{1}{2} = 50$ 人。也许我们去岛上会发现事实并非如此，但据我们所知，50是一个

很好的估计。有人可能会说，假设性别和眼睛颜色相互独立过于简单。也许事实确实如此，但这是根据现有信息能够得出的最佳估计。

我们在前面的例子中使用的规则是独立概率的乘积规则，规则的内容表述如下。

独立概率的乘积规则 如果两个事件 E 和 F 是独立的，即一个事件的发生不会以任何方式影响另一个事件的发生，那么两者同时发生的概率(事件的交集)就是每个事件的概率的乘积。换句话说，

$$P(E \cap F) = P(E) \cdot P(F)。$$

回到电子邮件示例。在计算出一封包含"彩票"一词的电子邮件是垃圾邮件的概率后，我们注意到另一个词"促销"也经常出现在垃圾邮件中。我们想算出一封电子邮件是垃圾邮件且同时包含"彩票"和"促销"两个词的概率。首先，我们计算包含"促销"一词的垃圾邮件和非垃圾邮件的数量。我们发现，在 20 封垃圾邮件中有 6 封邮件包含"促销"，而在 80 封非垃圾邮件中只有 4 封邮件包含"促销"(如图 8.10 所示)。

包含"促销"一词的垃圾邮件概率：0.3

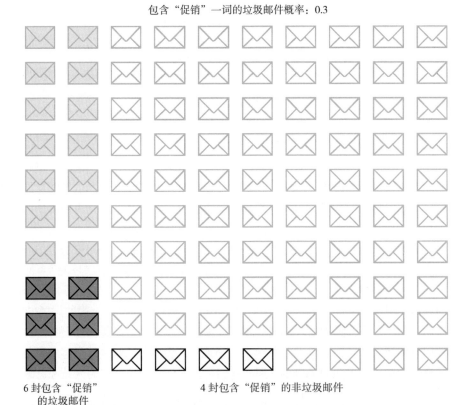

6 封包含"促销"
的垃圾邮件   4 封包含"促销"的非垃圾邮件

图 8.10 与计算包含"彩票"一词的概率相同，我们将此应用于包含"促销"一词的电子邮件。在这些(未变灰的)电子邮件中，有 6 封垃圾邮件和 4 封非垃圾邮件

因此，概率如下：

- P('促销' | 垃圾邮件) = 6/20 = 0.3
- P('促销' | 非垃圾邮件) = 4/80 = 0.05

然而，更重要的问题是：如果一封电子邮件同时包含"彩票"和"促销"这两个词，那么它是垃圾邮件的概率是多少？在探索答案之前，让我们计算一下，如果一封邮件是垃圾邮件，那么邮件同时包含"彩票"和"促销"两词的概率。这应该很简单：我们浏览所有电子邮件，并找出有多少垃圾邮件包含"彩票"和"促销"字样。

但是，我们可能会遇到不包含"彩票"和"促销"字样的电子邮件。我们只有 100 封电子邮件，当试图在其中找到两个词时，可能没有足够的信息来正确估计概率。如何解决这一问题呢？一种可能的解决方案是收集更多数据，直到我们有足够多的电子邮件，确保这两个词很可能出现在其中一些邮件里。但是，现实情况可能是我们无法收集更多数据，因此我们必须使用拥有的数据。这就是简单假设对我们有帮助的地方。

让我们尝试估计这一概率，方法与本节开始时我们估计岛上棕色眼睛的女性人数的方法相同。我们从上一节中了解到，在垃圾邮件中出现"彩票"一词的概率是 0.75；从本节的前半部分了解到，在垃圾邮件中出现"促销"一词的概率是 0.3。因此，如果我们简单假设这两个单词的出现是独立的，那么这两个词出现在垃圾邮件中的概率为 0.75 · 0.3 = 0.225。以类似的方式，我们计算出非垃圾邮件包含"彩票"一词的概率为 0.062 5，包含"促销"一词的概率为 0.05，所以非垃圾邮件同时包含两个单词的概率为 0.062 5 · 0.05 = 0.003 125。换句话说，我们做了以下估算：

- P('彩票', '促销' | 垃圾邮件) = P('彩票' | 垃圾邮件) · P('促销' | 垃圾邮件) = 0.75 · 0.3 = 0.225
- P('彩票', '促销' | 非垃圾邮件) = P('彩票' | 非垃圾邮件) · P('促销' | 非垃圾邮件) = 0.062 5 · 0.05 = 0.003 125

我们做出的简单假设如下。

简单假设　电子邮件中出现的词完全相互独立。换句话说，电子邮件中某个特定词的出现绝不会影响另一个词的出现。

但简单假设很可能是不正确的。一个词的出现有时会严重影响另一个词的出现。例如，如果一封电子邮件包含"盐"这个词，那么"胡椒"这个词就更有可能出现在这封电子邮件中，因为盐和胡椒很多时候一起出现。这就是为什么我们的假设是简单的。然而，事实证明，这个假设在实践中运作良好，并且大大简化了数学计算。这一假设被称为概率的乘积规则，如图 8.11 所示。

既然我们已经对概率进行了估计，我们将继续查找包含"彩票"和"促销"这两个词的垃圾邮件和非垃圾邮件的预期数量。

- 因为有 20 封垃圾邮件，并且一封垃圾邮件同时包含这两个词的概率是 0.225，所以包含这两个词的垃圾邮件的预期数量是 20 · 0.225 = 4.5。

- 同样,有 80 封非垃圾邮件,一封非垃圾邮件包含这两个词的概率是 0.003 125,所以包含这两个词的非垃圾邮件的预期数量是 80 · 0.003 125 = 0.25。

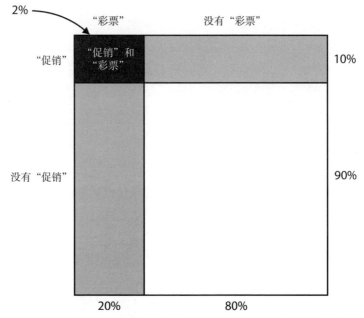

图 8.11　假设20%的电子邮件包含"彩票"一词,10%的电子邮件包含"促销"一词。我们简单假设这两个词相互独立。在这个假设下,包含这两个单词的电子邮件的百分比可以估计为 2%,即 20%和 10%的乘积

　　前面的计算意味着,如果我们将数据集限制为仅包含"彩票"和"促销"的电子邮件,则预计其中有 4.5 个垃圾邮件,0.25 个非垃圾邮件。因此,如果我们从这些中随机选择一个,我们选择到垃圾邮件的概率是多少?使用非整数可能看起来比使用整数更难,但是如果我们查看图 8.12,非整数可能会更清楚直观。我们有 4.5 封垃圾邮件和 0.25 封非垃圾邮件(这正好是一封电子邮件的四分之一)。如果我们向这些电子邮件投掷飞镖,飞镖落入垃圾邮件的概率是多少?电子邮件总数(或总面积,如果你想这样的话)是 4.5 + 0.25 = 4.75。因为垃圾邮件数量为 4.5,所以飞镖落到垃圾邮件的概率是 4.5/4.75≈0.947 4。这意味着带有"彩票"和"促销"单词的电子邮件有 94.74%的可能性是垃圾邮件。那是相当高了!

4.5 封包含"彩票"和　　　　　　　　0.25 封包含"彩票"和
"促销"的垃圾邮件　　　　　　　　　"促销"的非垃圾邮件

图 8.12　我们有 4.5 封垃圾邮件和 0.25 封非垃圾邮件。我们投掷飞镖,射中其中一封电子邮件,射中垃圾邮件的概率是多少?答案是 94.74%

此处，我们利用概率使用贝叶斯定理，但事件

- E = 彩票∩促销
- F = 垃圾邮件

得到公式

P(垃圾邮件 | 彩票∩促销) =

$$\frac{P(彩票∩促销 \mid 垃圾邮件) \cdot P(垃圾邮件)}{P(彩票∩促销 \mid 垃圾邮件) \cdot P(垃圾邮件) + P(彩票∩促销 \mid 非垃圾邮件) \cdot P(非垃圾邮件)}$$

然后我们(简单)假设"彩票"和"促销"这两个词在垃圾邮件(和非垃圾邮件)中的出现是独立的，得到以下两个公式：

$$P(彩票∩促销 \mid 垃圾邮件) = P(彩票 \mid 垃圾邮件) \cdot P(促销 \mid 垃圾邮件)$$
$$P(彩票∩促销 \mid 非垃圾邮件) = P(彩票 \mid 非垃圾邮件) \cdot P(促销 \mid 非垃圾邮件)$$

代入前面的公式，我们得到

P(垃圾邮件 | 彩票∩促销)=

$$\frac{P(彩票 \mid 垃圾邮件) \cdot P(促销 \mid 垃圾邮件) \cdot P(垃圾邮件)}{P(彩票 \mid 垃圾邮件) \cdot P(促销 \mid 垃圾邮件) \cdot P(垃圾邮件) + P(彩票 \mid 非垃圾邮件) \cdot P(促销 \mid 非垃圾邮件) \cdot P(非垃圾邮件)}$$

最后，代入以下值：

- P(彩票|垃圾邮件) = 3/4
- P(促销|垃圾邮件) = 3/10
- P(垃圾邮件) = 1/5
- P(彩票|非垃圾邮件) =1/16
- P(促销|非垃圾邮件) = 1/20
- P(非垃圾邮件) = 4/5

我们得到

$$P(垃圾邮件 \mid 彩票 ∩ 促销) = \frac{\frac{3}{4} \cdot \frac{3}{10} \cdot \frac{1}{5}}{\frac{3}{4} \cdot \frac{3}{10} \cdot \frac{1}{5} + \frac{1}{16} \cdot \frac{1}{20} \cdot \frac{4}{5}} \approx 0.947\,4$$

超过两个单词怎么办

一般情况下，电子邮件有 n 个单词 $x_1, x_2, \cdots, x_n$。贝叶斯定理指出，如果一封电子邮件包含单词 $x_1, x_2, \cdots, x_n$，则邮件是垃圾邮件的概率如下。

$P(\text{垃圾邮件} \mid x_1, x_2, \cdots, x_n)$

$$= \frac{P(x_1, x_2, \cdots, x_n \mid \text{垃圾邮件})P(\text{垃圾邮件})}{P(x_1, x_2, \cdots, x_n \mid \text{垃圾邮件})P(\text{垃圾邮件}) + P(x_1, x_2, \cdots, x_n \mid \text{非垃圾邮件})P(\text{非垃圾邮件})}$$

在前面的公式中，我们删除了交符号，将其替换为逗号。简单假设所有单词的出现都是独立的。所以，

$$P(x_1, x_2, \cdots, x_n \mid \text{垃圾邮件}) = P(x_1 \mid \text{垃圾邮件})\, P(x_2 \mid \text{垃圾邮件}) \cdots P(x_n \mid \text{垃圾邮件})$$

且

$$P(x_1, x_2, \cdots, x_n \mid \text{非垃圾邮件}) = P(x_1 \mid \text{非垃圾邮件})\, P(x_2 \mid \text{非垃圾邮件}) \cdots P(x_n \mid \text{非垃圾邮件})$$

把最后 3 个公式放在一起，得到

$P(\text{垃圾邮件} \mid x_1, x_2, \cdots, x_n) =$

$$\frac{P(x_1|\text{垃圾邮件})\, P(x_2|\text{垃圾邮件}) \cdots P(x_n|\text{垃圾邮件})P(\text{垃圾邮件})}{\begin{array}{c} P(x_1|\text{垃圾邮件})\, P(x_2|\text{垃圾邮件}) \cdots P(x_n|\text{垃圾邮件})P(\text{垃圾邮件}) + P(x_1|\text{非垃圾邮件}) \\ P(x_2|\text{非垃圾邮件}) \cdots P(x_n|\text{非垃圾邮件})P(\text{非垃圾邮件}) \end{array}}$$

右侧的每个数量都很容易估计为电子邮件数量之间的比率。例如，$P(x_i|\text{垃圾邮件})$ 是包含单词 x_i 的垃圾邮件数量与垃圾邮件总数之间的比率。

举一个小例子，假设电子邮件包含单词"彩票""促销"和"妈妈"。我们检查"妈妈"一词，并注意到在 20 封垃圾邮件中，仅有 1 封出现了这一单词；在 80 封非垃圾邮件中，仅有 10 封出现了这一单词。因此，$P(\text{妈妈} \mid \text{垃圾邮件}) = 1/20$, $P(\text{妈妈} \mid \text{非垃圾邮件}) = 1/8$。对于"彩票"和"促销"这两个词，我们使用同样的计算方式，得到以下公式：

$P(\text{垃圾邮件} \mid \text{彩票, 促销, 妈妈}) =$

$$\frac{P(\text{彩票}|\text{垃圾邮件})\, P(\text{促销}|\text{垃圾邮件})P(\text{妈妈}|\text{垃圾邮件})P(\text{垃圾邮件})}{\begin{array}{c} P(\text{彩票}|\text{垃圾邮件})\, P(\text{促销}|\text{垃圾邮件})P(\text{妈妈}|\text{垃圾邮件})P(\text{垃圾邮件}) + P(\text{彩票}|\text{非垃圾邮件}) \\ P(\text{促销}|\text{非垃圾邮件})P(\text{妈妈}|\text{非垃圾邮件})P(\text{非垃圾邮件}) \end{array}}$$

$$= \frac{\dfrac{3}{4} \cdot \dfrac{3}{10} \cdot \dfrac{1}{20} \cdot \dfrac{1}{5}}{\dfrac{3}{4} \cdot \dfrac{3}{10} \cdot \dfrac{1}{20} \cdot \dfrac{1}{5} + \dfrac{1}{16} \cdot \dfrac{1}{20} \cdot \dfrac{1}{8} \cdot \dfrac{4}{5}}$$

$$\approx 0.8780$$

注意，将"妈妈"一词添加到公式中，会将垃圾邮件的概率从 94.74% 降至 87.80%，这是有道理的，因为与垃圾邮件相比，这个词更有可能出现在非垃圾邮件中。

8.3　使用真实数据构建垃圾邮件检测模型

现在我们已经开发了算法，让我们撸起袖子继续编写朴素贝叶斯算法。Scikit-Learn 等软件包能很好地实现了这个算法，建议读者查看。但是，我们将手动对其进行编程。我们使用的数据集来自 Kaggle，下载链接请查看附录 C 中的资源。下面是本节的代码。

- **笔记**：Coding_naive_Bayes.ipynb
  - https://github.com/luisguiserrano/manning/blob/master/Chapter_8_Naive_Bayes/Coding_naive_Bayes.ipynb
- **数据集**：emails.csv

对于这个例子，我们将介绍一个可以有效处理大型数据集的包，称为 Pandas。在 Pandas 中存储数据集的主要对象是 DataFrame。要将数据加载到 Pandas DataFrame 中，需要使用以下命令：

```
import pandas
emails = pandas.read_csv('emails.csv')
```

在表 8.1 中，可以看到数据集的前五行。

表 8.1　电子邮件数据集的前五行。文本列显示每封电子邮件中的文本。如果电子邮件是垃圾邮件，则垃圾邮件列显示 1；如果电子邮件是非垃圾邮件，则显示 0。注意，前五封电子邮件都是垃圾邮件

文本	垃圾邮件
主题：完全无法抗拒你的公司…	1
主题：炒股神枪手…	1
主题：完美新房轻松购…	1
主题：4 色印刷特殊要求加…	1
主题：没钱，拿软件光盘…	1

该数据集有两列。第一列是电子邮件的文本(连同其主题行)，采用字符串格式。第二列告诉我们电子邮件是垃圾邮件(1)还是非垃圾邮件(0)。首先需要做一些数据预处理。

数据预处理

首先将文本字符串转换为单词列表。我们使用以下函数执行此操作，该函数使用 lower()函数将所有单词转换为小写，并使用 split()函数将单词转换为列表。我们只检查每个单词是否出现在电子邮件中，而不必在意单词的出现次数，所以将其做成一个

集合放入列表。

```
def process_email(text):
    text = text.lower()
    return list(set(text.split()))
```

现在，我们使用 apply()函数将此更改应用于整个列。我们将新列称为 emails['words']。

```
emails['words'] = emails['text'].apply(process_email)
```

修改后的电子邮件数据集的前五行如表 8.2 所示。

表 8.2 带有新列"词"的电子邮件数据集，包含电子邮件中的单词列表(不重复)和主题行

文本	垃圾邮件	词
主题：完全无法抗拒你的公司…	1	[lets, you, all, do, but, list, is, information,...
主题：炒股神枪手…	1	[not, like, duane, trading, libretto, attainde...
主题：完美新房轻松购…	1	im, have, $, take, foward, all, limited, subj...
主题：4 色印刷特殊要求加…	1	[color, azusa, pdf, printable, 8102, subject:,...
主题：没钱，拿软件光盘…	1	get, not, have, all, do, subject:, be, by, me...

求出先验

让我们首先找出电子邮件是垃圾邮件的概率(先验)。为此，我们计算垃圾邮件的数量，并将其除以电子邮件总数。注意，垃圾邮件的数量是垃圾邮件列中条目的总和。以下行将完成这项工作：

```
sum(emails['spam'])/len(emails)
0.2388268156424581
```

我们推断电子邮件是垃圾邮件的先验概率约为 0.24，即我们对电子邮件一无所知的情况下，该电子邮件是垃圾邮件的概率。同样，电子邮件是非垃圾邮件的先验概率约为 0.76。

根据贝叶斯定理求出后验

我们需要求出垃圾邮件(和非垃圾邮件)包含某个单词的概率。同时对所有单词执行此操作。以下函数创建了一个名为 model 的字典。字典记录了每个单词以及单词在垃圾邮件和非垃圾邮件中的出现次数：

```
model = {}

for index, email in emails.iterrows():
    for word in email['words']:
```

```
if word not in model:
    model[word] = {'spam': 1, 'ham': 1}
if word in model:
    if email['spam']:
        model[word]['spam'] += 1
    else:
        model[word]['ham'] += 1
```

注意，计数初始化为 1。因此，实际上，我们正在将电子邮件的另一个外表记录为垃圾邮件和非垃圾邮件。我们使用这个小技巧来避免 0 计数，以避免意外地被 0 除。现在，让我们检查字典的一些行，如下所示：

```
model['lottery']
{'ham': 1, 'spam': 9}
model['sale']
{'ham': 42, 'spam': 39}
```

这意味着有 1 封非垃圾邮件和 9 封垃圾邮件中出现了"彩票"一词，而有 42 封非垃圾邮件和 39 封垃圾邮件中出现了"促销"一词。虽然这本字典不包含任何概率，但我们可以将第一个条目除以两个条目的总和，从而推导出这些概率。因此，如果一封电子邮件包含"彩票"一词，那么邮件是垃圾邮件的概率为 9/(9 + 1) = 0.9，如果一封电子邮件包含"促销"一词 ，那么邮件是垃圾邮件的概率为 39/(39 + 42)≈0.48。

实现朴素贝叶斯算法

该算法的输入是电子邮件。算法遍历电子邮件中的所有单词，计算每个单词出现在垃圾邮件和非垃圾邮件中的概率。我们使用在上一节中定义的字典计算出这些概率，然后将这些概率相乘(简单假设)，并应用贝叶斯定理来找出一封包含某一特定单词的电子邮件是垃圾邮件的概率。使用此模型进行预测的代码如下：

计算电子邮件、垃圾邮件和非垃圾邮件的总数

```
def predict_naive_bayes(email):
    total = len(emails)
    num_spam = sum(emails['spam'])
    num_ham = total - num_spam
    email = email.lower()
    words = set(email.split())
    spams = [1.0]
    hams = [1.0]
    for word in words:
        if word in model:
            spams.append(model[word]['spam']/num_spam*total)
            hams.append(model[word]['ham']/num_ham*total)
    prod_spams = np.long(np.prod(spams)*num_spam)
    prod_hams = np.long(np.prod(hams)*num_ham)
    return prod_spams/(prod_spams + prod_hams)
```

处理每封电子邮件，将其变成小写的单词列表

计算包含每个单词的电子邮件是垃圾邮件(或非垃圾邮件)的条件概率，作为一个比率

将所有先前的概率乘以该邮件是垃圾邮件的先验概率，并将其称为 prod_spams。对 prod_hams 做类似的处理

将这两个概率归一化，使其相加为 1(使用贝叶斯定理)，并返回结果

你可能会注意到，在前面的代码中，我们使用了另一个小技巧。每个概率乘以数据集中的电子邮件总数。这不会影响我们的计算，因为这个因子同时出现在分子和分母中。但是，这样做可以避免概率乘积太小，导致 Python 无法处理。

现在我们已经建立了模型，让我们使用模型预测一些电子邮件，以对模型进行预测。如下所示：

```
predict_naive_bayes('Hi mom how are you')
0.12554358867163865

predict_naive_bayes('meet me at the lobby of the hotel at nine am')
0.00006964603508395

predict_naive_bayes('buy cheap lottery easy money now')
0.9999734722659664

predict_naive_bayes('asdfgh')
0.2388268156424581
```

模型似乎运作良好。像"嗨，妈妈，你好吗"这样的电子邮件是垃圾邮件的概率很低(大约 0.12)，而像"立即购买廉价彩票轻松赚钱"这样的电子邮件是垃圾邮件的概率非常高(超过 0.99)。注意，最后一封电子邮件不包含字典中的任何单词，其概率约为 0.2388，这就是先验。

进一步的工作

这是朴素贝叶斯算法的快速实现方法。但是在处理更大的数据集和更大的电子邮件时，我们应该使用包。Scikit-Learn 之类的软件包使用多种参数，可以出色实现朴素贝叶斯算法。让我们探索 Scikit-Learn 包和其他包，并在所有类型的数据集上使用朴素贝叶斯算法！

8.4　本章小结

- 贝叶斯定理是一种广泛用于概率、统计和机器学习的技术。
- 贝叶斯定理包括根据先验概率和事件计算后验概率。
- 先验概率是在给定信息很少时得到的概率的基本计算。
- 贝叶斯定理使用事件来更好地估计所讨论的概率。
- 要将先验概率与多个事件组合在一起，需要使用朴素贝叶斯算法。
- naive 一词的事实基础为：我们做出了一个简单假设，即所讨论的事件都是独立的。

8.5 练习

练习 8.1

对于每对事件 A 和 B，要确定事件是独立的还是相关的。对 a～d 提供数学证明。对 e 和 f 提供口头解释。

投掷三枚相同的硬币。

a. A：第一个正面朝上。B：第三个背面朝上。

b. A：第一个正面朝上。B：3 个投掷中正面朝上奇数次。

掷两个骰子。

c. A：第一个显示 1。B：第二个显示 2。

d. A：第一个显示 3。B：第二个显示比第一个更高的值。

对于以下内容，请口头阐述理由。假设在此问题中，我们住在一个有季节变化的地方。

e. A：外面正在下雨。乙：今天是星期一。

f. A：外面正在下雨。乙：现在是六月。

练习 8.2

我们需要定期去一个办公室处理一些文书工作。这个办公室有两个职员，Aisha 和 Beto。我们知道 Aisha 每周在那里工作三天，而 Beto 则在另外两天工作。然而，时间表每周都在变化，所以我们永远不知道 Aisha 在哪三天工作，Beto 在哪两天工作。

a. 如果我们某一天随机出现在办公室，工作的文员是 Aisha 的概率是多少？

我们从外面看，注意到店员穿着一件红色的毛衣。虽然我们无法分辨出店员是谁，但是由于我们经常去办公室，所以知道 Beto 比 Aisha 更喜欢穿红色。事实上，在工作的三天中，Aisha 有一天穿红色(三分之一的概率)；而在工作的两天中，Beto 也有一天穿红色(一半的概率)。

b. 已知今天店员穿红色，那么 Aisha 是店员的概率是多少？

练习 8.3

以下是COVID-19检测呈阳类或阴性的患者数据集。患者症状有咳嗽(C)、发烧(F)、呼吸困难(B)和疲倦(T)。

	咳嗽(C)	发烧(F)	呼吸困难(B)	疲倦(T)	诊断
患者 1		X	X	X	生病
患者 2	X	X		X	生病
患者 3	X		X	X	生病
患者 4	X	X	X		生病
患者 5	X			X	健康
患者 6		X	X		健康
患者 7		X			健康
患者 8				X	健康

　　本练习的目标是建立一个朴素贝叶斯模型，根据症状预测诊断。使用朴素贝叶斯算法找到以下概率：

　　a. 已知患者咳嗽，求患者生病的概率

　　b. 已知患者不疲倦，求患者生病的概率

　　c. 已知患者咳嗽和发烧，求患者生病的概率

　　d. 已知患者咳嗽和发烧，但没有呼吸困难，求患者生病的概率

　　提示：以上问题中，对于未提及的症状，我们完全没有任何信息。例如，如果我们知道病人咳嗽，但没有说他们发烧，这并不意味着病人没有发烧。

通过提问划分数据：决策树

第**9**章

本章主要内容：

- 决策树的原理
- 使用决策树进行分类和回归
- 使用用户信息构建应用推荐系统
- 准确率、基尼指数和熵，及其在构建决策树中的作用
- 使用 Scikit-Learn 在大学招生数据集上训练决策树

在本章中，我们将介绍决策树。决策树是强大的分类和回归模型，为我们提供了大量关于数据集的信息。就像本书之前介绍的模型一样，训练决策树需要使用标签数据训练，我们想要预测的标签可以是类(用于分类)或值(用于回归)。本章的大部分内容将主要介绍用于分类的决策树，但在接近本章末尾处将描述用于回归的决策树。这两种类型的树结构和训练过程是相似的。在本章中，我们开发了几个用例，包括一个应用推荐系统和一个大学预测录取的模型。

决策树进行预测的过程非常直观——非常类似于人类的推理过程。考虑以下场景：我们要决定今天是否应该穿夹克。决策过程是什么样的？我们可以看看外面是否在下雨。如果下雨，那么我们肯定会穿夹克。如果没有，那么也许我们可以检查温度。如果天气热，那么我们不穿夹克；但是如果天气很冷，那么我们就穿夹克。在图 9.1 中，我们可以看到这个决策过程的图表，做决策的过程会从上到下遍历树。

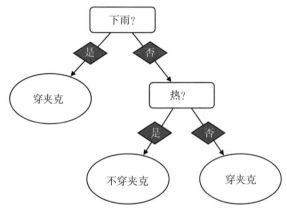

图 9.1   用于决定某天是否要穿夹克的决策树。我们向下遍历树，并选择与每个正确答案对应的分支，以此完成决策

我们的决策过程看起来像一棵倒置的树。树由顶点(称为节点，node)和边组成。在最顶部，我们可以看到根节点(root node)，从该节点发出两个分支。每个节点都发出两个或 0 个分支(边)，因此，称为二叉树(binary tree)。有两个分支的节点称为决策节点(decision node)，没有分支的节点称为叶节点(leaf node)或叶子(leaf)。这种节点、叶子和边的排列就是我们所说的决策树。树是计算机科学中的自然对象，因为计算机将每个过程分解为一系列二进制操作。

最简单的决策树称为决策树桩(decision stump)，由单个决策节点(根节点)和两个叶子组成。这代表一个是或否的问题，我们会以此为根据立即做出决定。

决策树的深度是根节点下的层数。另一种测量方法是测量从根节点到叶子的最长路径长度，路径的长度由路径包含的边数决定。图 9.1 中树的深度为 2。决策树桩的深度为 1。

以下是我们所学的各类定义的摘要。

决策树　基于是或否问题并由二叉树表示的机器学习模型。该树具有根节点、决策节点、叶节点和分支。

根节点　树的最顶层节点，包含第一个是或否问题。为方便起见，我们将其称为根(root)。

决策节点　模型中的每个是或否问题都由一个决策节点表示，从该节点发出两个分支(一个用于"是"答案，一个用于"否"答案)。

叶节点　没有从其发出分支的节点，代表我们在遍历树后做出的决定。为方便起见，我们称之为叶子。

分支　从每个决策节点发出的两条边，对应于节点中问题的"是"和"否"答案。在本章中，按照惯例，左边的分支对应于"是"，右边的分支对应于"否"。

深度　决策树中的层数。或者从根节点到叶节点的最长路径上的分支数。

在本章中，节点绘制为圆角矩形，分支中的答案为菱形，叶子为椭圆形。图 9.2 显示了决策树的一般外观。

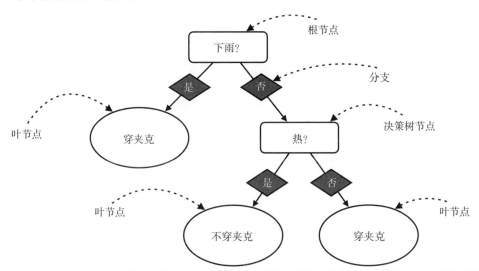

图 9.2　具有根节点、决策节点、分支和叶子的常规决策树。注意，每个决策节点都包含一个是或否问题。每个可能的答案都会发出一个分支，这可能导致出现另一个决策节点或叶子。这棵树的深度为 2，因为从叶子到根的最长路径要经过两个分支

我们是如何建造这棵树的？为什么要问这些问题？还可以检查是不是星期一，是否看到外面有一辆红色汽车，或者我们是否感到饥饿，然后构建如图 9.3 所示的决策树。

在决定是否穿夹克时，我们认为哪棵树更好：树 1(见图 9.1)还是树 2(见图 9.3)？作为人类，我们有足够的经验来确定树 1 比树 2 好得多。但计算机要如何判断呢？计算机本身没有经验，但有类似的东西，那就是数据。如果我们想像计算机一样思考，

我们可以遍历所有可能的树，每段时间(比如一年)尝试每一种树，然后通过计算使用每种树做出正确决定的次数来比较它们的表现。可以想象，如果我们使用树1，那么大多数时候都是正确的；而如果使用树2，我们可能会在寒冷的天气里因为没有夹克而冻僵，或者在极热的天气里穿着夹克。计算机所要做的就是遍历所有树，收集数据，然后找出最好的，对吗？

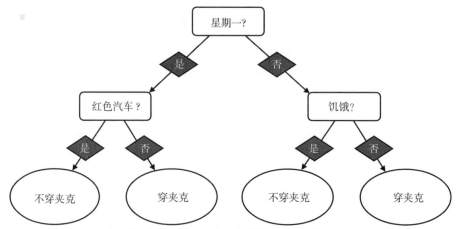

图9.3　可用来决定在某天是否要穿夹克的第二个决策树(可能不是那么好)

几乎正确！遗憾的是，即使对于计算机，搜索所有可能的树以找到最有效的树也需要很长时间。但幸运的是，算法可以帮助我们加快搜索速度。因此，我们可以在许多实际应用中使用决策树，包括垃圾邮件检测、情感分析和医学诊断。在本章中，我们将介绍一种快速构建良好决策树的算法。简而言之，我们从顶部开始，一次一个节点地构建树。为了选择与每个节点对应的正确问题，我们会检查可以提出的所有可能问题，并选择正确次数最多的问题。过程如下。

选择第一个好问题

首先，我们需要为树的根选择第一个问题。什么是帮助我们决定在特定日期是否穿夹克的好问题？最初，这可以是任何问题。假设我们为第一个问题提出了五种假设：

(1) 现在下雨吗？

(2) 外面很冷吗？

(3) 我饿吗？

(4) 外面有一辆红色的车吗？

(5) 今天是星期一吗？

在这5个问题中，哪一个似乎最能帮助我们决定是否应该穿夹克？直觉告诉我们，最后3个问题对帮助我们做出决定毫无用处。假设根据经验，我们注意到前两个问题中，第一个更有用。我们使用这个问题开始构建树。于是，我们有了一个由单个问题组成的简单决策树或决策树桩，如图 9.4 所示。

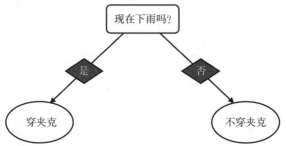

图 9.4　一个简单的决策树(决策树桩)，只包含"现在下雨吗？"这个问题。如果答案是肯定的，我
　　　　们做出的决策就是穿夹克

可以做得更好吗？想象一下，我们开始注意到，在下雨时穿夹克总是正确的决定。
然而，有些日子并不下雨，不穿夹克也不是正确的决定。这就是问题 2 要解决的事情。
我们用问题 2 帮助解决以下问题：在我们检查没有下雨之后，就检查温度。如果天气冷，
就决定穿夹克。这将树的左叶变成一个节点，从这一节点发出两片叶子，如图 9.5 所示。

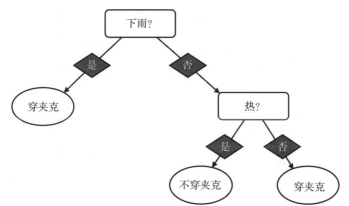

图 9.5　比图 9.4 稍微复杂的决策树。我们选择了一片叶子，并将其进一步分成另外两片叶子，与图
　　　　9.1 中的树相同

现在我们有了决策树。还能做得更好吗？如果我们向树中添加更多节点和叶子，
也许就可以进一步优化。但就目前而言，这个效果已经很好了。在本例中，我们使用
直觉和经验做决定。在本章中，我们将学习一种仅基于数据构建决策树的算法。

你的脑海中可能会出现许多问题，例如：

(1) 究竟如何决定哪个是最好的问题？

(2) 总是选择最好的问题是否真的可以帮助我们建立最佳决策树？

(3) 为什么我们不构建所有可能的决策树，并从中挑选最好的决策树呢？

(4) 我们会编写这个算法吗？

(5) 现实生活中，在哪里可找到决策树？

(6) 我们可以看到决策树如何用于分类，但它们如何用于回归？

本章回答了所有这些问题，但这里有一些快捷答案。

(1) 究竟如何决定哪个是最好的问题？

有几种方法可以做到这一点。最简单的一种是使用准确率，这意味着：哪个问题可以帮助提高准确率呢？但是，本章还介绍了其他方法，例如基尼指数或熵。

(2) 总是选择最好的问题是否真的可以帮助我们建立最佳决策树？

实际上，这个过程并不能保证我们得到最佳决策树。这就是我们所说的贪心算法(greedy algorithm)。贪心算法工作原理是，算法在每一点上做出最好的选择。这种算法往往效果很好，但并非在每个时间步做出最好的举动都能让你获得最佳的整体结果。有时，我们可能会提出一个较弱的问题，以某种方式对数据进行分组，最终得到更好的树。但是，用于构建决策树的算法往往效果好且速度快，因此我们接受这种方法。看看我们在本章学习的算法，并尝试删除贪婪属性来改进算法！

(3) 为什么我们不构建所有可能的决策树，并从中挑选最好的决策树呢？

可能的决策树的数量非常多，特别是当数据集有很多特征时。遍历所有树将非常耗时。在这里，找到每个节点只需要对特征进行线性搜索，而不是对所有可能的树进行线性搜索，因此速度更快。

(4) 我们会编写这个算法吗？

该算法可以手动编程。但是，我们会看到，因为这一算法是递归的，所以编程会变得有点乏味。因此，我们将使用一个名为 Scikit-Learn 的有用包来构建具有真实数据的决策树。

(5) 现实生活中，可在哪里找到决策树？

现在生活中有很多地方都可以找到决策树！机器学习领域广泛使用决策树，因为决策树不仅效果好，还可以为我们提供大量关于数据的信息。使用决策树的地方包括推荐系统(推荐视频、电影、应用程序、要购买的产品等)、垃圾邮件分类(确定电子邮件是否为垃圾邮件)、情感分析(确定句子是高兴还是悲伤)以及生物学(决定患者是否生病或帮助确定物种或基因组类型的某些层次结构)。

(6) 可看到决策树如何用于分类，但它们如何用于回归？

除了叶子之外，回归决策树看起来与分类决策树完全相同。在分类决策树中，叶子有类别，例如是和否。在回归决策树中，叶子是具体值，例如 4、8.2 或–199。我们以向下的方式遍历树时到达的叶子会给出模型的预测。

我们将在本章中研究的第一个用例是机器学习中的一个流行应用程序，也是我最喜欢的应用程序之一：推荐系统。

本章的代码可在此 GitHub 仓库中找到：https://github.com/luisguiserrano/manning/tree/master/Chapter_9_Decision_Trees。

9.1　问题：需要根据用户可能下载的内容向用户推荐应用

推荐系统是机器学习中最常见和最令人兴奋的应用之一。你有没有想过 Netflix 是如何推荐电影的？YouTube 是如何猜测用户可能观看哪些视频的？Amazon 如何向你展示可能有兴趣购买的产品？这些都是推荐系统的例子。查看推荐问题的一种简单而有趣的方法是考虑分类问题。让我们从一个简单例子开始：使用决策树构建自己的应用推荐系统。

假设我们要构建一个系统，向用户推荐以下选项中要下载的应用程序。我们的商店中有以下 3 个应用程序(见图 9.6)。

- **Atom Count(原子计数)**：一款计算你体内原子数量的应用程序
- **Beehive Finder(蜂箱查找)**：一款定位离你所在位置最近的蜂箱应用程序
- **Check Mate Mate(寻找棋手)**：一款寻找澳大利亚棋手的应用程序

原子计数　　　　　　　　蜂箱查找　　　　　　　　寻找棋手

图 9.6　我们推荐的 3 个应用程序：Atom Count、Beehive Finder 和 Check Mate Mate

训练数据是一个表格，包含用户使用的平台(苹果手机或 Android 手机)、年龄和下载的应用程序(在现实生活中有更多的平台，但为了简单起见，我们假设这些是唯一的两个选项)。表中包含 6 个人，如表 9.1 所示。

表 9.1　应用商店的用户数据集。我们记录每个用户使用的平台、年龄和下载的应用程序

平台	年龄	应用
苹果手机	15	原子计数
苹果手机	25	寻找棋手
Android 手机	32	蜂箱查找
苹果手机	35	寻找棋手
Android 手机	12	原子计数
Android 手机	14	原子计数

鉴于此表，你会向以下 3 个客户推荐哪个应用程序？

- **用户 1**：13 岁的苹果用户
- **用户 2**：28 岁的苹果用户

- **用户 3**：34 岁的 Android 用户

我们应该做的事情如下。

用户 1：一位 13 岁的苹果用户。我们应该对其推荐 Atom Count，因为看起来(看看 3 个十几岁的用户)年轻人倾向于下载 Atom Count。

用户 2：一位 28 岁的苹果用户。我们应该对其推荐 Check Mate Mate，因为数据集中的两个苹果用户(25 岁和 35 岁)都下载了 Check Mate Mate。

用户 3：一位 34 岁的 Android 用户。我们应该对其推荐 Beehive Finder，因为他和数据集中的一名 32 岁的 Android 用户都下载了 Beehive Finder。

然而，逐个拜访用户似乎是一项乏味的工作。接下来，我们将构建一个决策树，同时处理所有用户的信息。

9.2　解决方案：构建应用推荐系统

在本节中，我们将了解如何使用决策树构建应用推荐系统。简而言之，构建决策树的算法如下：

(1) 找出对决定推荐的应用程序最有用的数据。

(2) 此特征将数据划分为两个较小的数据集。

(3) 对两个较小数据集分别重复过程(1)和(2)。

换句话说，我们要做的就是决定这两个特征(平台或年龄)中的哪一个在确定用户将下载哪个应用程序时更关键，并选择更关键的特征作为决策树的根。然后遍历分支，始终为该分支中的数据选择最具决定性的特征，从而构建决策树。

构建模型的第一步：提出最好的问题

构建模型的第 1 步是找出最有用的特征：换句话说，最有用的问题。首先，让我们稍微简化一下数据。让我们称 20 岁以下的所有人为"年轻人"，称 20 岁或以上的所有人为"成年人"。修改后的数据集如表 9.2 所示。

表 9.2　表 9.1 中数据集的简化版本，其中年龄列已简化为两个类别，"年轻人"和"成年人"

平台	年龄	应用
苹果手机(iPhone)	年轻人	原子计数
苹果手机	成年人	寻找棋手
Android 手机	成年人	蜂箱查找
苹果手机	成年人	寻找棋手
Android 手机	年轻人	原子计数
Android 手机	年轻人	原子计数

决策树的构建块是"用户是否使用苹果手机？"或"用户是年轻人吗？"这种形式的问题。我们需要将其中之一作为树根，应该选择哪一个？应该选择最能确定用户下载的应用程序的那个问题。为确定哪个问题更加关键，让我们进行比较。

第一个问题：用户使用的是苹果手机还是 Android 手机？

这个问题将用户分为两组，苹果手机用户和 Android 手机用户。每组中有 3 个用户。但是我们需要跟踪每个用户下载的应用程序。快速浏览表 9.2，我们可以注意到以下几点：

- 在苹果手机用户中，一人下载了 Atom Count，两人下载了 Check Mate Mate。
- 在 Android 手机用户中，两人下载了 Atom Count，一人下载了 Beehive Finder。由此产生的决策树桩如图 9.7 所示。

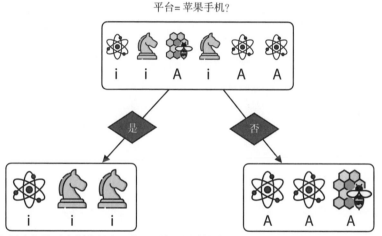

图 9.7　如果我们按平台划分用户，就可以得到这样的划分：左边是苹果手机用户，右边是 Android 手机用户。在苹果手机用户中，一人下载了 Atom Count，两人下载了 Check Mate Mate。在 Android 手机用户中，两人下载了 Atom Count，一人下载了 Beehive Finder

现在让我们看看，如果我们按年龄划分用户会发生什么。

第二个问题：用户是年轻人还是成年人？

这个问题将用户分为两组，年轻人和成年人。同样，每个组中有 3 个用户。快速查看表 9.2，我们可以注意到每个用户下载的内容，如下所示：

- 年轻人都下载了 Atom Count。
- 在年轻人中，有两人下载了 Atom Count，一人下载了 Beehive Finder。由此产生的决策树桩如图 9.8 所示。

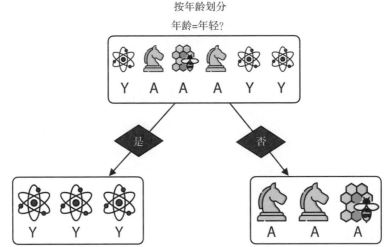

图 9.8　如果我们按年龄划分用户，就会得到这样的划分：左边是年轻人，右边是成年人。在年轻人中，三人都下载了 Atom Count。在年轻人中，一人下载了 Beehive Finder，两人下载了 Check Mate Mate

从图 9.7 和 9.8 看，哪一个看起来更好？似乎第二个(基于年龄)更好，因为第二种划分已经接受了所有 3 个年轻人都下载 Atom Count 的事实。但是我们需要计算机来确定年龄是一个更好的特征，所以我们需要比较一些数字。在本节中，我们将学习 3 种比较这两种划分的方法：准确率、基尼杂质指数和熵。现在，让我们学习第一个比较方法：准确率。

准确率：模型正确的频率是多少？

我们在第 7 章中学习过准确率，但此处我们做一个简短的回顾。准确率是正确分类的数据点占数据点总数的比例。

假设只允许我们提出一个问题，我们必须依靠这一问题决定向用户推荐什么应用程序。分类器有以下两类。

● **分类器 1**：询问"你使用什么平台？"，并以此为依据确定要推荐的应用程序。
● **分类器 2**：询问"你的年龄是多少？"，并以此为依据确定要推荐的应用程序。

让我们仔细学习分类器。关键观察如下：如果我们必须通过只问一个问题来推荐应用程序，最好查看所有回答相同的人，并推荐其中最常见的应用程序。

分类器 1：你使用什么平台？

● 如果答案是"苹果手机"，那么我们注意到在苹果用户中，大多数用户下载了 Check Mate Mate。因此，我们向所有苹果手机用户推荐 Check Mate Mate，准确率为三分之二。

- 如果答案是"Android 手机"，那么我们注意到在 Android 用户中，大多数用户下载了 Atom Count，因此我们向所有 Android 用户推荐 Atom Count，准确率为三分之二。

分类器 2：你的年龄是多少？

- 如果答案是"年轻人"，那么我们注意到所有年轻人都下载了 Atom Count，因此我们向所有年轻人推荐 Atom Count，准确率为三分之三。
- 如果答案是"成年人"，那么我们注意到在成年人中，大多数人都下载了 Check Mate Mate，因此我们向成年人推荐使用 Check Mate Mate，准确率为三分之二。

注意，分类器 1 在六次中正确四次，分类器 2 在六次中正确五次。因此，对于这个数据集，分类器 2 更好。在图 9.9 中，可以看到两个分类器的准确率。注意，此处我们改写问题，以便获得是或否的答案，但不会改变分类器或结果。

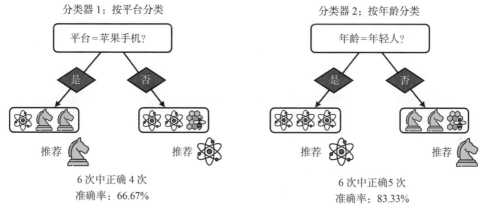

图 9.9 分类器 1 使用平台分类，分类器 2 使用年龄分类。为对每片叶子进行预测，每个分类器都会在该叶子的样本中挑选最常见的标签。分类器 1 在 6 次中正确 4 次，分类器 2 在 6 次中正确 5 次。因此，基于准确率，分类器 2 更好

基尼杂质指数：数据集多样化

基尼杂质指数(Gini impurity index)或**基尼**指数(Gini index)是比较平台划分和年龄划分的另一种方式。基尼指数是衡量数据集多样性的指标。换句话说，如果一个集合中所有元素都相似，那么这个集合的基尼指数就低；如果所有元素都不同，那么基尼指数就高。为清楚起见，请考虑以下两组 10 个彩色球(其中任何两个相同颜色的球都无法区分)。

- 集合 1：8 个红球，两个蓝球
- 集合 2：4 个红球，3 个蓝球，两个黄球，一个绿球

集合 1 看起来比集合 2 更简单，因为集合 1 包含多数红球和几个蓝球；而集合 2

有许多不同的颜色。接下来，我们设计了一种杂质指标，为集合1分配一个低值，为集合2分配一个高值。此杂质指标依赖于概率。考虑以下问题：

如果我们选择集合中的两个随机元素，它们颜色不同的概率是多少？这两个元素不必不同；可以两次选择相同的元素。

集合1的概率很低，因为组中的球颜色相似。但集合2的概率很高，因为组中的球颜色多样。如果我们选择两个球，那么这两个球很可能颜色不同。让我们计算这些概率。首先，注意，根据互补概率定律，选择两个不同颜色球的概率是1减去选择两个相同颜色球的概率。

$$P(\text{选择两个不同颜色的球}) = 1 - P(\text{选择两个相同颜色的球})$$

现在让我们计算选择两个相同颜色球的概率。考虑一个一般集合，其中球有 n 种颜色。我们称它们为颜色1、颜色2···颜色 n。因为这两个球一定是 n 种颜色中的一种，所以选择相同颜色的两个球的概率是选择每一种颜色中的两个球的概率之和：

$$P(\text{选择两个相同颜色的球}) = P(\text{两个球都是颜色 1}) + P(\text{两个球都是颜色 2})$$
$$+ \cdots + P(\text{两个球都是颜色 } n)$$

此处使用的是不相交概率的求和法则，内容如下。

不相交概率的求和法则 如果两个事件 E 和 F 不相交，即永远不会同时发生，那么发生其中任意事件的概率(事件的并集)是每个事件发生的概率之和。换句话说，

$$P(E \cup F) = P(E) + P(F)$$

现在，对每种颜色计算两个球颜色相同的概率。注意，我们在挑选每个球时完全独立于其他球。因此，根据独立概率的乘积规则，两个球都为颜色1的概率是选择一个球为颜色1的概率的平方。一般来说，如果 p_i 是随机选择一个颜色为 i 的球的概率，那么

$$P(\text{两个球都是颜色 } i) = p_i^2 \text{。}$$

将所有这些公式放在一起(见图9.10)，我们得到：

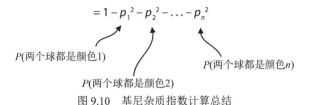

$$\text{基尼杂质指数} = P(\text{选择两个不同颜色的球})$$
$$= 1 - P(\text{选择两个相同颜色的球})$$
$$= 1 - p_1^2 - p_2^2 - \ldots - p_n^2$$

$P(\text{两个球都是颜色1})$

$P(\text{两个球都是颜色2})$

$P(\text{两个球都是颜色}n)$

图9.10 基尼杂质指数计算总结

$$P(\text{选择两个不同颜色的球}) = 1 - p_1^2 - p_2^2 - \cdots - p_n^2。$$

最后一个公式是集合的基尼指数。

最后，我们随机选择一个颜色为 i 的球的概率是颜色 i 的球的数量除以球的总数。这就是基尼指数的正式定义。

基尼杂质指数　集合包含 m 个元素和 n 个类别，其中 a_i 个元素属于第 i 个类别，基尼杂质指数为

$$\text{基尼} = 1 - p_1^2 - p_2^2 - \cdots - p_n^2,$$

其中 $p_i = \dfrac{a_i}{m}$。这可以解释为在集合外选择两个随机元素，元素属于不同类的概率。

现在可计算两个集合的基尼指数。为清楚起见，图 9.11 展示集合 1 基尼指数的计算(用黑色和白色代替红色和蓝色；读者可扫封底二维码下载彩图)。

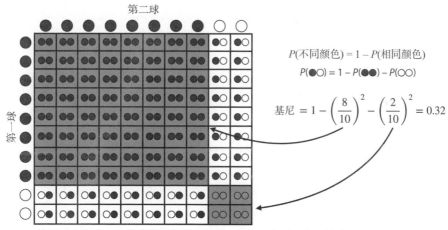

图 9.11　8 个黑球和两个白球集合的基尼指数计算。注意，如果正方形的总面积为 1，则选中两个黑球的概率为 0.8^2，选中两个白球的概率为 0.2^2(这两个由阴影方块表示)。因此，选择两个不同颜色的球的概率是剩下的区域，即 $1 - 0.8^2 - 0.2^2 = 0.32$。这就是基尼指数

集合 1： {红，红，红，红，红，红，红，红，蓝，蓝}(8 个红球，两个蓝球)

$$\text{基尼杂质指数} = 1 - \left(\frac{8}{10}\right)^2 - \left(\frac{2}{10}\right)^2 = 1 - \frac{68}{100} = 0.32$$

集合 2： {红，红，红，红，蓝，蓝，蓝，黄，黄，绿}

$$\text{基尼杂质指数} = 1 - \left(\frac{4}{10}\right)^2 - \left(\frac{3}{10}\right)^2 - \left(\frac{2}{10}\right)^2 - \left(\frac{1}{10}\right)^2 = 1 - \frac{30}{100} = 0.7$$

注意，集合 1 的基尼指数确实大于集合 2 的基尼指数。

如何使用基尼指数决定哪种数据划分方式(年龄或平台)更好呢？显然，如果将数据划分为两个更简单的数据集，就是进行了更好的划分。因此，让我们计算每片叶子标签集的基尼指数。图9.12展示了叶子的标签(用名称的第一个字母缩写每个应用程序)。

分类器1(按平台)

- 左叶(苹果手机)：{A, C, C}
- 右叶(Android 手机)：{A, A, B}

分类器2(按年龄)

- 左叶(年轻人)：{A, A, A}
- 右叶(成年人)：{B, C, C}

集合{A, C, C}、{A, A, B}和{B, C, C}的基尼指数都是相同的：$1-\left(\dfrac{2}{3}\right)^2-\left(\dfrac{1}{3}\right)^2\approx 0.444$。

集合{A, A, A} 的基尼指数是$1-\left(\dfrac{3}{3}\right)^2=0$。一般来说，纯集合的基尼指数总是为0。

为了测量划分纯度，我们计算两片叶子的平均基尼指数。

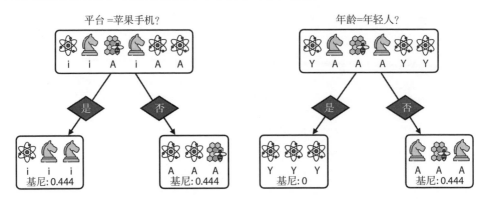

平均基尼杂质指数：0.444   平均基尼杂质指数：0.222

图 9.12 按平台和年龄划分数据集的两种方式及其基尼指数计算。注意，按年龄划分数据集，可以得到两个较小的数据集，其平均基尼指数较低。因此，我们选择按年龄划分数据集

因此，我们有以下计算。

分类器1(按平台)：

$$平均基尼系数 = 1/2(0.444 + 0.444) = 0.444$$

分类器2(按年龄)：

$$平均基尼系数 = 1/2(0.444 + 0) = 0.222$$

得出的结论是第二种划分更好，因为其平均基尼指数较低。

提示：不要混淆基尼杂质指数与基尼系数。统计学使用基尼系数来计算各国的收入或财富不平等程度。在本书中，当谈论基尼指数时，我们指的是基尼杂质指数。

熵：在信息论中应用广泛的另一种多样性指标

在本节中，我们将学习另一个测量集合同质性的指标——熵。熵以熵的物理概念为基础，是概率论和信息论中的重要指标。为了理解熵，我们来看一个略显奇怪的概率问题。考虑与上一节相同的两组彩色球，但此处将颜色视为有序集。

- **集合 1**：{红，红，红，红，红，红，红，红，蓝，蓝}(8 个红球，两个蓝球)
- **集合 2**：{红，红，红，红，蓝，蓝，蓝，黄，黄，绿}(4 个红球，3 个蓝球，两个黄球，一个绿球)

现在，考虑以下场景：袋子里的是集合 1，我们开始将球从袋子里拿出来，记录球的颜色后又立即将其放回去。如此操作 10 次后，可得到以下序列：

- 红，红，红，蓝，红，蓝，蓝，红，红，红

这里是定义熵的主要问题：

按照上述过程操作，我们得到顺序为{红，红，红，红，红，红，红，红，蓝，蓝 }的集合 1 的概率是多少？

这个概率不是很大，因为我们一定需要足够幸运才能得到这个序列。让我们计算一下。我们有 8 个红球和两个蓝球，所以我们得到一个红球的概率是 8/10，得到一个蓝球的概率是 2/10。因为所有抽签都是独立的，所以得到所需序列的概率是：

$$P(红,红,红,红,红,红,红,红,蓝,蓝) = \frac{8}{10} \cdot \frac{8}{10} \cdot \frac{8}{10} \cdot \frac{8}{10} \cdot \frac{8}{10} \cdot \frac{8}{10} \cdot \frac{8}{10} \cdot \frac{8}{10} \cdot \frac{2}{10} \cdot \frac{2}{10}$$

$$= \left(\frac{8}{10}\right)^8 \left(\frac{2}{10}\right)^2 = 0.006\,710\,886\,4$$

这个概率很小，但你能想象集合 2 的相应概率吗？在集合 2 中，我们从一个包含 4 个红球、3 个蓝球、两个黄球和一个绿球的袋子中挑选球，并希望获得以下序列：

- 红，红，红，红，蓝，蓝，蓝，黄，黄，绿

这几乎是不可能的，因为我们有很多颜色，而且每种颜色的球并不多。以同样的方式计算，我们得到概率为

$$P(红,红,红,红,蓝,蓝,蓝,黄,黄,绿) = \frac{4}{10} \cdot \frac{4}{10} \cdot \frac{4}{10} \cdot \frac{4}{10} \cdot \frac{3}{10} \cdot \frac{3}{10} \cdot \frac{3}{10} \cdot \frac{2}{10} \cdot \frac{2}{10} \cdot \frac{1}{10}$$

$$= \left(\frac{4}{10}\right)^4 \left(\frac{3}{10}\right)^3 \left(\frac{2}{10}\right)^2 \left(\frac{1}{10}\right)^1 = 0.000\,002\,764\,8$$

集合越多样化，我们就越不可能通过一次选择一个球来获得原始序列。相比之下，在最简单的一组中，所有的球都是相同的颜色，因此获得以上序列非常容易。例如，如果原始集合有 10 个红球，则每次我们随机选择一个球时，选到的球都是红色的。

因此，得到序列{红，红，红，红，红，红，红，红，红，红}的概率为1。

大多数情况下，这些数字非常小——而且这还只是只有 10 个元素。想象一下，如果数据集有 100 万个元素，将需要处理非常小的数字。此时，最好的解决方法是使用对数，因为对数可以方便地书写小数。例如，0.000000000000001 等于 10^{-15}，所以它以 10 为底的对数是–15，这是一个更好的数字。

熵的定义如下：我们从集合中一次选择一个元素，重复操作，以此恢复初始序列。第一步，是获得初始序列的概率。然后，取概率的对数，并除以集合中元素的总数。因为决策树处理二元决策，所以将使用以 2 为底的对数。我们取负对数是因为小数的对数都是负数，所以将其乘以-1，就可以得到正数。因为取了一个负数，所以集合越多样化，熵就越高。

现在可以计算两个集合的熵，并使用以下等式扩展：

- $\log ab = \log a + \log b$
- $\log a^c = c \log a$

集合 1：{红，红，红，红，红，红，红，红，蓝，蓝}(8 个红球，两个蓝球)

$$\text{熵} = -\frac{1}{10}\log_2\left[\left(\frac{8}{10}\right)^8\left(\frac{2}{10}\right)^2\right] = -\frac{8}{10}\log_2\left(\frac{8}{10}\right) - \frac{2}{10}\log_2\left(\frac{2}{10}\right) \approx 0.722$$

集合 2：{红，红，红，红，蓝，蓝，蓝，黄，黄，绿}

$$\text{熵} = -\frac{1}{10}\log_2\left[\left(\frac{4}{10}\right)^4\left(\frac{3}{10}\right)^3\left(\frac{2}{10}\right)^2\left(\frac{1}{10}\right)^1\right]$$

$$= -\frac{4}{10}\log_2\left(\frac{4}{10}\right) - \frac{3}{10}\log_2\left(\frac{3}{10}\right) - \frac{2}{10}\log_2\left(\frac{2}{10}\right) - \frac{1}{10}\log_2\left(\frac{1}{10}\right) \approx 1.846$$

注意，集合 2 的熵大于集合 1 的熵，这意味着集合 2 比集合 1 更加多样化。以下是熵的正式定义。

熵 集合包含 m 个元素和 n 个类别，其中 a_i 个元素属于第 i 个类别，熵为

$$\text{熵} = -p_1\log_2(p_1) - p_2\log_2(p_2) - \cdots - p_n\log_2(p_n)$$

$$\text{其中 } p_i = \frac{a_i}{m}$$

可以使用熵决定哪种划分数据的方式(平台或年龄)更好，就像我们使用基尼指数所做的一样。经验法则指出，如果将数据划分为两个组合熵较少的数据集，就可以得到更好的划分。因此，让我们计算每个叶子标签集的熵。图 9.12 显示叶子的标签(我们用名称的第一个字母缩写每个应用程序)。

分类器 1(按平台)

左叶：{A, C, C}

右叶：{A, A, B}

分类器 2(按年龄)

左叶：{A, A, A}

右叶：{B, C, C}

集合{A, C, C}、{A, A, B}和{B, C, C}的熵都相同：$-\frac{2}{3}\log_2\left(\frac{2}{3}\right)-\frac{1}{3}\log_2\left(\frac{1}{3}\right)\approx 0.918$。

集合{A, A, A}的熵是$-\log_2\left(\frac{3}{3}\right)=-\log_2(1)=0$。一般来说，一个集合中所有元素的熵

都相同，总是 0。为了测量划分的纯度，我们计算两片叶子的标签集的平均熵，如图
9.13 所示。

分类器 1(按平台)：

平均熵$=\frac{1}{2}(0.918+0.918)=0.918$

分类器 2(按年龄)：

平均熵$=\frac{1}{2}2(0.918+0)=0.459$

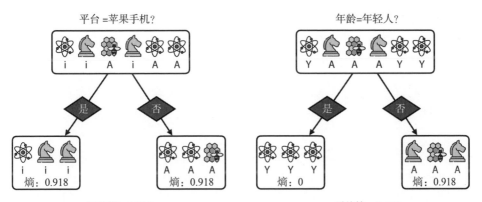

图 9.13　按平台和年龄划分数据集的两种方式及其熵计算。注意，按年龄划分的数据集为我们提供
　　　　了两个平均熵较低的较小数据集。因此，我们再次选择按年龄划分数据集

所以，我们再次得出结论，第二种划分更好，因为其平均熵较低。

熵与信息论联系密切，在概率和统计中是一个非常重要的概念，这主要是 Claude
Shannon 的功劳。事实上，有一个重要的概念叫做信息增益(information gain)，正是
指熵的变化。要了解有关该主题的更多信息，请参阅附录 C 中的视频和博客文章，
这一部分详细介绍了该主题。

类别大小不同？没问题：我们可以取加权平均值

在前面的部分中，我们学习了如何通过最小化平均基尼杂质指数或熵来执行最佳划分。但是，假设你有一个包含 8 个数据点的数据集(在训练决策树时，我们也将其称为样本)，并将其划分为大小为 6 和 2 的两个数据集。正如你所想象的那样，在计算基尼杂质指数或熵时，更大的数据集更重要。因此，我们不考虑平均值，而是考虑加权平均值。在每个叶子上，我们分配对应于该叶子的点的比例。因此，这种情况下，我们赋予第一个基尼杂质指数(或熵)的权重为 6/8，第二个为 2/8。图 9.14 为样本划分的加权平均基尼杂质指数和加权平均熵的示例。

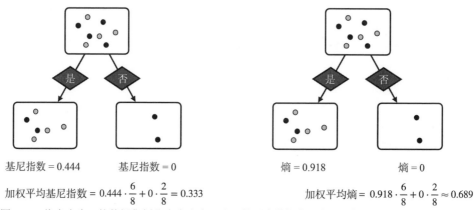

基尼指数 = 0.444 　　基尼指数 = 0 　　　　　熵 = 0.918 　　　　熵 = 0

$$加权平均基尼指数 = 0.444 \cdot \frac{6}{8} + 0 \cdot \frac{2}{8} = 0.333$$

$$加权平均熵 = 0.918 \cdot \frac{6}{8} + 0 \cdot \frac{2}{8} \approx 0.689$$

图 9.14　将大小为 1 的数据集划分为大小为 6 和 2 的两个数据集。为了计算平均基尼指数和平均熵，
　　　　我们将左侧数据集的索引权重设为 6/8，将右侧数据集的索引权重设为 2/8，因此加权基尼
　　　　指数为 0.333，加权熵为 0.689

现在，我们已经学习了 3 种选择最佳划分的方法(准确率、基尼指数和熵)，我们需要做的就是多次迭代这一过程来构建决策树！这将在下一节中详细说明。

构建模型的第二步：迭代

在上一节中，我们学习了如何使用某一特征以最佳方式划分数据。这是决策树训练过程的主要过程。构建决策树的剩下步骤就是要多次迭代上述过程。在本节中，我们将学习如何实现多次迭代。

通过使用准确率、基尼指数和熵 3 种方法，我们决定使用"年龄"特征进行最佳划分。一旦进行了这种划分，数据集就会被一分为二。图 9.15 展示划分后两个数据集的准确率、基尼指数和熵。

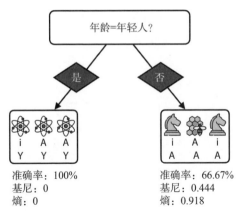

图 9.15　当按年龄划分数据集时，就会得到两个数据集。左图中 3 个用户都下载了 Atom Count；右图中有 1 个用户下载了 Beehive Count，2 个用户下载了 Check Mate Mate

注意，左侧的数据集是纯数据集——所有标签都相同，准确率为 100%，基尼指数和熵均为 0。这一数据集已经不需要进一步划分或改进。因此，这个节点成为一个叶节点。当到达叶节点时，就返回预测 Atom Count。

右边的数据集有两个标签：Beehive Count 和 Check Mate Mate，因此还可以继续划分。我们已经使用了年龄特征，所以现在尝试使用平台特征。事实证明，我们很幸运，因为 Android 用户下载了 Beehive Count，而两个苹果用户下载了 Check Mate Mate。因此，我们可以利用平台特征划分这片叶子，得到如图 9.16 所示的决策节点。

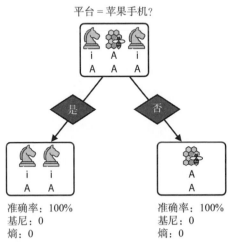

图 9.16　我们可以使用平台划分图 9.15 中树的右叶，得到两个纯数据集。每个纯数据集的准确率都为 100%，基尼指数和熵都为 0

此划分完成后，数据集已经无法进一步划分，我们也就完成任务了。因此，我们获得了图 9.17 中的树。

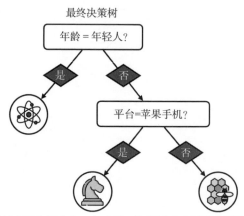

图 9.17　结果决策树有两个节点和 3 个叶子。这棵树正确预测了原始数据集中的每个点

整个过程到此结束，我们已经构建了一个决策树对整个数据集进行分类。除了下一节即将介绍的一些最终细节外，我们几乎拥有该算法的所有伪代码。

最后一步：停止构建树的时间和其他超参数

在上一节中，我们通过递归划分数据集构建了决策树。每次划分都需要选择要划分的最佳特征。此特征是使用以下任意指标发现的：准确率、基尼指数或熵。当与每个叶节点对应的数据集部分是纯数据时——换句话说，当数据集中所有样本都具有相同的标签时，我们就完成了数据集划分。

在这个过程中会出现很多问题。例如，如果划分数据的时间过长，最终可能会遇到一种极端情况，即每片叶子都包含很少的样本，可能会导致严重的过拟合。避免这种情况的方法是引入停止条件。此条件可以是以下任何一种：

(1) 如果准确率、基尼指数或熵的变化低于某个阈值，则停止划分节点。

(2) 如果样本少于一定数量，则停止划分节点。

(3) 只有当两片结果叶子都包含一定数量的样本时才继续划分节点。

(4) 到达一定深度后停止构建树。

所有停止条件都需要一个超参数。更具体地说，以下是对应前 4 个条件的超参数：

(1) 准确率(或基尼指数和熵)的最小变化量

(2) 节点必须划分的最小样本数

(3) 叶节点中允许的最小样本数

(4) 树的最大深度

这些超参数是根据经验或详细搜索选择的。搜索可以寻找到不同的超参数组合，然后选择在验证集中表现最好的组合。这个过程称为网格搜索(grid search)，我们将在第 13.5 节中进行更详细的研究。

决策树算法：如何构建决策树并使用决策树进行预测

现在，我们终于准备好陈述决策树算法的伪代码。伪代码可以帮助我们训练决策树，进而拟合数据集。

决策树算法的伪代码

输入

- 带有相关标签的样本训练数据集
- 划分数据的指标(准确率、基尼指数或熵)
- 一个(或多个)停止条件

输出

- 拟合数据集的决策树

程序

- 添加一个根节点，并将其与整个数据集相关联。此节点在第 0 层，称为叶节点。
- 重复，直到每个叶节点都满足停止条件：
  - 选择最高级别的某一叶节点。
  - 遍历所有特征，并根据所选指标，选择以最佳方式划分节点对应样本的特征。将该特征关联到节点。
  - 此特征将数据集划分为两个分支。创建两个新的叶节点，每个分支一个，并将相应的样本与每个节点相关联。
  - 如果停止条件允许继续划分，则将该节点变成决策节点，并在其下添加两个新的叶节点。如果节点在第 i 层，则两个新的叶节点在第 i+1 层。
  - 如果停止条件不允许继续划分，则该节点成为叶节点。将该叶节点与其样本中最常见的标签相关联，标签是叶子上的预测。

返回

- 得到的决策树。

要用这棵树进行预测，我们只需要使用以下规则向下遍历

- 向下遍历树。在每个节点上，沿特征指示的方向继续。
- 当到达叶子时，预测是与叶子相关的标签(在训练过程中与该叶子相关的样本中最常见的)。

这就是使用之前构建的应用推荐决策树进行预测的方式。当新用户到来时，我们会检查他们的年龄和平台，并采取以下措施：

- 如果用户是年轻人，那么推荐 Atom Count。
- 如果用户是成年人，那么检查他们的平台。
  - 如果平台是 Android 手机，那么我们推荐 Beehive Count。
  - 如果平台是苹果手机，那么我们推荐 Check Mate Mate。

提示：文献中包含训练决策树的基尼增益(Gini gain)和信息增益等术语。基尼增益是叶子的加权基尼杂质指数与正在划分的决策节点的基尼杂质指数(熵)之间的差值。同理，信息增益是叶子的加权熵与根的熵之差。训练决策树的更常见方法是最大化基尼增益或信息增益。然而，在本章中，我们通过最小化加权基尼指数或加权熵来训练决策树。训练过程完全相同，因为在整个划分特定决策节点的过程中，决策节点的基尼杂质指数(熵)保持不变。

9.3　超出 "是" 或 "否" 之类的问题

在 9.2 节，我们学习了如何为一个非常具体的案例构建决策树，决策树中的每个特征都是二元分类的(意味着特征只有两个类，例如用户的平台)。然而，类似的算法也可用于构建具有更多类别(例如狗/猫/鸟)甚至数字特征(例如年龄或平均收入)等分类特征的决策树。需要修改的主要步骤是划分数据集的步骤。本节，我们将学习划分数据集的其他方法。

使用非二元分类特征划分数据，例如狗/猫/鸟

回顾一下，当想根据二元特征划分数据集时，我们只需要问一个是或否的问题，即 "特征是 X 吗？"。例如，当特征是平台时，问题是 "用户是苹果用户吗？"。如果特征分类不止两个，我们只需要多问几个问题。例如，如果输入是一种动物，可能是狗、猫或鸟，那么我们会问以下问题：

- 它是一只狗吗？
- 它是一只猫吗？
- 它是一只鸟吗？

无论一个特征有多少分类，我们都可以将其划分为数个二元问题(见图 9.18)。

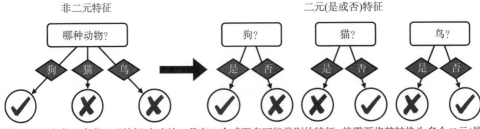

图 9.18　当有一个非二元特征时，例如，具有 3 个或更多可能类别的特征，就需要将其转换为多个二元(是或否)特征，每个类别对应一个二元特征。例如，如果特征是一只狗，"它是一只狗吗？" "它是一只猫吗？"和 "它是一只鸟吗？"这 3 个问题的答案是 "是" "否" 和 "否"

每个问题都以不同的方式划分数据。为了弄清楚这 3 个问题中的哪一个可以进行

最佳划分，我们使用与"构建模型的第一步：提出最好的问题"一节相同的方法：准确率、基尼指数或熵。这种将非二元分类特征转换为多个二元特征的过程称为单热编码(one-hot encoding)。在第 13 章中，我们将看到这种方法在真实数据集中的使用。

使用连续特征划分数据，例如年龄

回顾一下，在简化数据集之前，"年龄"特征包含数字。让我们回到原始表，并构建决策树(表 9.3)。

表 9.3　原始应用推荐数据集以及用户的平台和(数字)年龄，与表 9.1 相同

平台	年龄	应用
苹果手机	15	原子计数
苹果手机	25	寻找棋手
Android 手机	32	蜂箱查找
苹果手机	35	寻找棋手
Android 手机	12	原子计数
Android 手机	14	原子计数

我们想要将年龄列变成以下形式的几个问题，"用户是否比 X 年轻？"或"用户是否比 X 年长？"。数字很多，因此似乎我们需要问很多问题。但注意，许多问题划分数据的方式相同。例如，询问"用户是否小于 20 岁？"和"用户是否小于 21 岁"的划分相同。事实上，只有 7 个划分是有可能的，如图 9.19 所示。

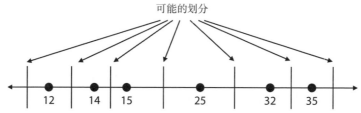

图 9.19　按年龄划分用户的七种可能方式。注意，我们将截止点放在哪里并不重要，只要截止点位于连续的年龄之间(第一个和最后一个截止点除外)即可

按照惯例，将选择连续年龄之间的中点作为年龄的划分点。端点可以选择超出区间的任何随机值。因此，我们有 7 个可能的问题将数据分成两组，如表 9.4 所示。在此表中，我们还计算了每种划分的准确率、基尼杂质指数和熵。

注意，第四个问题("用户是否小于 20 岁？")得出的准确率最高、加权基尼指数和加权熵最低。因此，这是可以使用"年龄"特征进行的最佳划分。

表 9.4　我们可以选择的 7 个可能问题，每个问题都有相应的划分。我们将年龄小于临界值的用户放在第一组中，将年龄大于临界值的用户放入第二组中

问题	第一组 (是)	第二组 (否)	标签	加权准确率	加权基尼杂质指数	加权熵
用户是否未满 7 岁？	empty	12, 14, 15, 25, 32, 35	{}, {A,A,A,C,B,C}	3/6	0.611	1.459
用户是否未满 13 岁？	12	14, 15, 25, 32, 35	{A}, {A,A,C,B,C}	3/6	0.533	1.268
用户是否未满 14.5 岁？	12, 14	15, 25, 32, 35	{A,A} {A,C,B,C}	4/6	0.417	1.0
用户是否未满 20 岁？	**12, 14, 15**	**25, 32, 35**	**{A,A,A}, {C,B,C}**	**5/6**	**0.222**	**0.459**
用户是否未满 28.5 岁？	12, 14, 15, 25	32, 35	{A,A,A,C}, {B,C}	4/6	0.416	0.874
用户是否未满 33.5 岁？	12, 14, 15, 25, 32	35	{A,A,A,C,B}, {C}	4/6	0.467	1.145
用户是否未满 100 岁？	12, 14, 15, 25, 32, 35	empty	{A,A,A,C,B,C}, {}	3/6	0.611	1/459

执行表中的计算，并验证答案。这些基尼指数的整个计算过程见以下笔记：https://github.com/luisguiserrano/manning/blob/master/Chapter_9_Decision_Trees/Gini_entropy_calculations.ipynb。

为清楚起见，让我们计算第三个问题的准确率、加权基尼杂质指数和加权熵。注意，这个问题将数据划分为以下两组。

- **集合 1**(未满 14.5 岁)
  - 年龄：12，14
  - 标签：{A, A}
- **集合 2**(已满 14.5 岁)
  - 年龄：15，25，32，25
  - 标签：{A, C, B, C}

准确率计算

集合 1 中最常见的标签是 A，集合 2 中最常见的标签是 C，因此这些是我们将对每个相应叶子进行的预测。集合 1 中，每个元素都被正确预测；而集合 2 中，只有两

个元素被正确预测。因此，该决策树桩在 6 个数据点中有 4 个是正确的，准确率为 4/6=0.667。

对于接下来的两个计算，注意以下几点：

- 集合 1 是纯集合(即集合内所有标签都相同)，所以基尼杂质指数和熵都是 0。
- 在集合 2 中，标签为 A、B 和 C 的元素的比例分别为 1/4、1/4 和 1/2。

加权基尼杂质指数计算

集合{A, A}的基尼杂质指数为 0。

集合{A, C, B, C}的基尼杂质指数为 $1-\left(\dfrac{1}{4}\right)^2-\left(\dfrac{1}{4}\right)^2-\left(\dfrac{1}{2}\right)^2=0.625$。

两个基尼杂质指数的加权平均值为 $\dfrac{2}{6}\cdot0+\dfrac{4}{6}\cdot0.625\approx0.417$。

准确率计算

集合{A, A}的熵为 0。

集合{A, C, B, C}的熵为 $-\dfrac{1}{4}\log_2\left(\dfrac{1}{4}\right)-\dfrac{1}{4}\log_2\left(\dfrac{1}{4}\right)-\dfrac{1}{2}\log_2\left(\dfrac{1}{2}\right)=1.5$。

两个熵的加权平均值为 $\dfrac{2}{6}\cdot0+\dfrac{4}{6}\cdot1.5=1.0$。

数值特征变成一系列是或否的问题，可用来测量并与来自其他特征的其他是或否问题进行比较，为该决策节点选择最好的问题。

提示：这个应用推荐模型非常小，所以我们可以手动完成。但是，如果要在代码中查看它，请查看此笔记：https://github.com/luisguiserrano/manning/blob/master/Chapter_9_Decision_Trees/App_recommendations.ipynb。笔记使用了 Scikit-Learn 包，我们将在 9.5 节中进行详细介绍。

9.4　决策树的图形边界

在本节中，我们将学习两件事：如何以几何方式(二维)构建决策树，以及如何在流行的机器学习包 Scikit-Learn 中编写决策树。

回顾一下，在感知器(第 5 章)或逻辑分类器(第 6 章)等分类模型中，我们绘制了模型的边界，将标签为 0 和 1 的点分开，边界是一条直线。决策树的边界也很好，二维的数据由纵横线组合而成。在本节中，我们通过一个例子来说明决策树的边界。考虑图 9.20 中的数据集，数据集中标签为 1 的点是三角形，标签为 0 的点是正方形。横轴

和纵轴分别是 x_0 和 x_1。

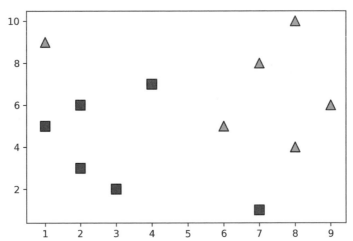

图 9.20   数据集包含两个特征(x_0 和 x_1)和两个标签(三角形和正方形),我们将使用这个数据集训练
决策树

如果你必须仅使用一条水平线或垂直线来划分此数据集,你会选择哪条线?衡量
解决方案有效性的标准不同,选择的线也可能不同。让我们在 $x_0=5$ 处选择一条垂直线。
除了两个点(一个正方形和一个三角形,如图 9.21 所示)被错误分类,线的右侧会留下大
部分三角形,线的左侧会留下大部分正方形。尝试检查所有其他可能的垂直线和水平线,
使用你最喜欢的指标(准确率、基尼指数和熵)进行比较,并验证这是点的最佳划分线。

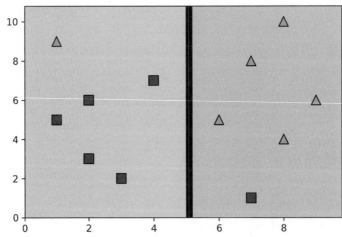

图 9.21   如果我们必须仅使用一条垂直或水平线,以最佳方式对该数据集进行分类,我们会使用哪一
条?基于准确率,最好的分类器是 $x_0=5$ 处的垂直线,线右侧的所有内容被分类为三角形,线左
侧的所有内容被分类为正方形。这个简单的分类器正确分类了 10 个点中的 8 个,准确率为 0.8

现在让我们分别看一下每一半区域。现在,我们可以很容易看到 $x_1=8$ 和 $x_1=2.5$ 处

的两条水平线。这些线将数据集完全划分为正方形和三角形。图 9.22 说明了结果。

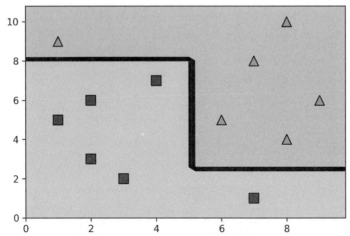

图 9.22　图 9.21 中的分类器给我们留下了两个数据集，分别在垂直线的两侧。如果我们必须再次使用垂直线或水平线对两个数据集进行分类，我们会如何选择？最佳选择是 x_1=8 和 x_1=2.5 处的水平线，如图所示

此处我们需要构建决策树。在每个阶段，我们从两个特征(x_0 和 x_1)中选择一个，并选择最佳数据划分阈值。事实上，在下一小节中，我们将使用 Scikit-Learn 在这一数据集上构建相同的决策树。

使用 Scikit-Learn 构建决策树

在本节中，我们将学习如何使用流行机器学习包 Scikit-Learn(缩写为 sklearn)来构建决策树。本节的代码如下。

- **笔记**：Graphical_example.ipynb
    - https://github.com/luisguiserrano/manning/blob/master/Chapter_9_Decision_Trees/Graphical_example.ipynb

首先，我们将数据集作为 Pandas DataFrame 加载，称为 dataset(在第 1 章中介绍)，使用以下代码行：

```
import pandas as pd
dataset = pd.DataFrame({
    'x_0':[7,3,2,1,2,4,1,8,6,7,8,9],
    'x_1':[1,2,3,5,6,7,9,10,5,8,4,6],
    'y': [0,0,0,0,0,0,1,1,1,1,1,1]})
```

现在，我们将特征与标签分开，如下所示：

```
features = dataset[['x_0', 'x_1']]
labels = dataset['y']
```

为了构建决策树，我们创建一个 DecisionTreeClassifier 对象，并使用 fit 函数，如下所示：

```
decision_tree = DecisionTreeClassifier()
decision_tree.fit(features, labels)
```

我们使用 utils.py 文件中的 display_tree 函数获得了树的图示，如图 9.23 所示。

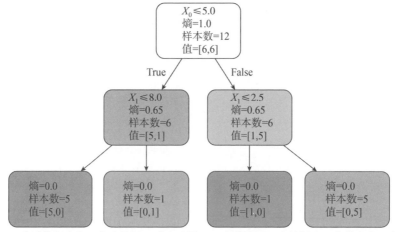

图 9.23　生成的深度为 2 的决策树，对应于图 9.22 中的边界。决策树有 3 个节点和 4 个叶子

注意，图 9.23 中的树恰好对应于图 9.22 中的边界。根节点对应于 $x_0=5$ 处的第一条垂直线，线两侧的点对应于两个分支。图左右两部分 $x_1=8.0$ 和 $x_1=2.5$ 处的两条水平线对应于两个分支。此外，在每个节点，我们都有以下信息：

- **基尼**：该节点标签的基尼杂质指数
- **样本数**：该节点对应的数据点(样本)数
- **值**：该节点的两个标签的数据点数

如你所见，我们已经使用基尼指数训练了这棵决策树，基尼指数是 Scikit-Learn 中的默认值。要使用熵来训练，可在构建 DecisionTree 对象时指定熵，如下所示：

```
decision_tree = DecisionTreeClassifier(criterion='entropy')
```

可在训练树时指定更多超参数，下一节将介绍一个更大的例子。

9.5　实际应用：使用 Scikit-Learn 构建招生模型

在本节中，我们使用决策树来构建一个预测研究生院录取的模型。数据集可以在 Kaggle 中找到(链接见附录 C)。在 9.4 节中，我们使用 Scikit-Learn 训练决策树和 Pandas 来处理数据集。本节的代码如下。

- **笔记**：University_admissions.ipynb
  - https://github.com/luisguiserrano/manning/blob/master/Chapter_9_Decision_Trees/ University_Admissions.ipynb
- **数据集**：Admission_Predict.csv

数据集具有以下特征。

- **GRE 分数**：340 及以下的一个数字
- **托福成绩**：120 及以下的一个数字
- **大学评级**：从 1 到 5 的数字
- **目的强度声明(SOP)**：从 1 到 5 的数字
- **本科平均绩点(CGPA)**：从 1 到 10 的数字
- **推荐(letter of recommendation，LOR)强度**：从 1 到 5 的数字
- **研究经验**：布尔变量(0 或 1)

数据集上的标签是录取机会，它是一个介于 0 和 1 之间的数字。为获得二元标签，将把每个数字为 0.75 或更高的学生视为已被录取，而将任何其他学生视为未被录取。

将数据集加载到 Pandas DataFrame，执行此预处理步骤的代码如下所示：

```
import pandas as pd
data = pd.read_csv('Admission_Predict.csv', index_col=0)
data['Admitted'] = data['Chance of Admit'] >= 0.75
data = data.drop(['Chance of Admit'], axis=1)
```

结果数据集的前几行如表 9.5 所示。

表 9.5　包含 400 名学生的数据集及学生在标准化考试中的 GRE 分数、托福成绩、大学评级、推荐信强度、目的强度声明以及被研究生院录取的机会信息

GRE分数	托福成绩	大学评级	目的强度声明	推荐信强度	本科平均绩点	研究经验	录取
337	118	4	4.5	4.5	9.65	1	真
324	107	4	4.0	4.5	8.87	1	真
316	104	3	3.0	3.5	8.00	1	假
322	110	3	3.5	2.5	8.67	1	真
314	103	2	2.0	3.0	8.21	0	假

正如我们在 9.4 节中看到的，Scikit-Learn 要求我们分别输入特征和标签。我们将构建一个名为 features 的 Pandas DataFrame，包含除录取列之外的所有列，构建一个名为 labels 的 Pandas Series，仅包含录取列。代码如下：

```
features = data.drop(['Admitted'], axis=1)
labels = data['Admitted']
```

现在创建一个 DecisionTreeClassifier 对象(称为 dt), 并使用 fit 方法。如下所示, 我们将使用基尼指数进行训练, 因此不需要指定 criterion 超参数, 而是需要使用熵继续进行训练, 并将结果与此处得到的结果进行比较:

```
from sklearn.tree import DecisionTreeClassifier
dt = DecisionTreeClassifier()
dt.fit(features, labels)
```

可使用 predict 函数进行预测。例如, 以下是我们对前五名学生进行的预测:

```
dt.predict(features[0:5])
Output: array([ True, True, False, True, False])
```

然而, 我们刚刚训练的决策树严重过拟合。使用 score 函数, 并意识到函数在训练集中的得分为 100%, 就可以发现决策树过拟合的问题。在本章中, 我们不会测试模型, 但会尝试构建一个测试集, 并验证该模型是否过拟合。查看过拟合的另一种方法是绘制深度为 10 的决策树(参见笔记)。在下一节中, 我们将了解一些有助于防止过拟合的超参数。

在 Scikit-Learn 中设置超参数

为了防止过拟合, 我们可以使用在"最后一步: 停止构建树的时间和其他超参数"一节中学过的超参数, 例如以下内容。

- max_depth: 允许的最大深度。
- max_features: 每次划分时考虑的最大特征数(用于特征太多, 训练过程太长的情况)。
- min_impurity_decrease: 杂质的减少量必须高于这个阈值才能继续划分节点。
- min_impurity_split: 当某个节点的杂质低于该阈值时, 该节点成为叶节点。
- min_samples_leaf: 叶节点所需的最小样本数。如果划分留下的叶子样本少于此数量, 则停止划分。
- min_samples_split: 节点划分所需的最小样本数。

使用这些参数来找到一个好的模型。我们将使用以下参数:

- max_depth =3
- min_samples_leaf =10
- min_samples_split =10

```
dt_smaller = DecisionTreeClassifier(max_depth=3,
    min_samples_leaf=10, min_samples_split=10)
dt_smaller.fit(features, labels)
```

结果树如图 9.24 所示。注意, 在这棵树中, 右侧的所有边都对应于 false, 左侧的所有边对应于 true。

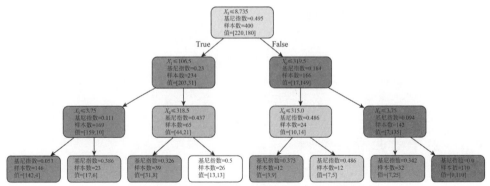

图 9.24　在学生录取数据集中训练的深度为 3 的决策树

在每片叶子上给出的预测是对应于该叶子中大多数节点的标签。在笔记中，每个节点都有一种分配的颜色，从橙色到蓝色(读者可扫封底二给码下载彩图)。橙色节点是标签为 0 的点较多的节点，蓝色节点是标签为 1 的点较多的节点。注意，白色叶子中标签为 0 和 1 的点数量相同。白色叶子中，任何预测都具有相同的性能。在本例中，默认 Scikit-Learn 为列表中的第一个类，且为 false。

我们使用 predict 函数进行预测。例如，让我们用以下数字预测学生的录取情况。

- GRE 分数：320
- 托福成绩：110
- 大学评级：3
- SOP：4.0
- LOR：3.5
- CGPA：8.9
- 研究经验：0(无研究经验)

```
dt_smaller.predict([[320, 110, 3, 4.0, 3.5, 8.9, 0]])
Output: array([ True])
```

决策树预测该学生将被录取。

从这棵树中，我们可以推断出关于数据集的以下内容：

- 最重要的特征是第六列(X_5)，对应 CGPA，即成绩。等级为 1.735(满分 10 分)。实际上，根节点右侧的大多数预测是"录取"，左侧的大多数预测是"未录取"，这意味着 CGPA 是一个非常强的特征。
- 在此特征后，最重要的两个特征是 GRE 分数(X_0)和托福分数(X_1)，这两个都是标准化考试。事实上，大多数取得好成绩的学生都有可能被录取，除非他们在 GRE 中表现不佳，如图 9.24 的树中左起第六片叶子所示。
- 除了成绩和标准化测试之外，树中出现的唯一其他特征是 SOP。它位于树的下方，对预测影响不大。

然而，回顾一下，树的构造本质上是贪心的，即在每一点选择顶部特征。然而，这并不能保证选择的特征是最好的。例如，可能有的特征组合非常强大，但组合中没有哪个单独特征是强大的，并且树可能无法选择特征。因此，即使我们获得了数据集的部分信息，也不应该丢弃树中不存在的特征。一个好的特征选择算法(比如 L1 正则化)在选择这个数据集特征时会非常有用。

9.6 用于回归的决策树

在本章的大部分内都是使用决策树进行分类。但正如前面所述，决策树本身也是很好的回归模型。在本节中，我们将了解如何构建决策树回归模型。本节的代码如下。

- **笔记**：Regression_decision_tree.ipynb
  - https://github.com/luisguiserrano/manning/blob/master/Chapter_9_Decision_Trees/Regression_decision_tree.ipynb

考虑以下问题：我们想根据用户每周的使用天数来预测某一应用程序中的用户参与度。唯一的特征是用户的年龄。数据集如表 9.6 所示，图形如图 9.25 所示。

表 9.6 一个小型数据集，包含 8 个用户、用户年龄及参与度。参与度以用户在一周内打开应用程序的天数来衡量

年龄	参与度
10	7
20	5
30	7
40	1
50	2
60	1
70	5
80	4

从这个数据集看，我们似乎有 3 个用户聚类。年轻用户(10、20、30 岁)经常使用，中年用户(40、50、60 岁)不常使用，老年用户(70、80 岁)偶尔使用。因此，这样的预测是合理的：

- 如果用户年龄不超过 34 岁，则参与度为每周 6 天。
- 如果用户年龄在 35 到 64 岁之间，则参与度为每周 1 天。
- 如果用户年满 65 岁，则参与度为每周 3.5 天。

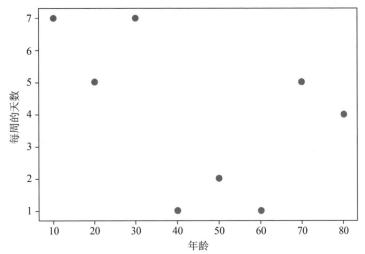

图 9.25　表 9.6 中数据集的图示，横轴对应于用户的年龄，纵轴对应于用户每周使用应用程序的天数

回归决策树的预测看起来与此类似，因为决策树将用户分成几组，并为每个组预测一个固定值。我们使用特征划分用户，就像对分类问题所做的一样。

幸运的是，回归决策树的训练算法与分类决策树的训练算法非常相似。唯一的区别是，训练分类树时，我们使用准确率、基尼指数或熵；而训练回归树，我们使用均方误差(MSE)。均方误差听起来可能很熟悉——我们在 3.4 节中使用均方误差训练线性回归模型。

在学习算法之前，让我们先思考一下概念。想象一下，你必须拟合一条尽可能靠近图 9.25 中数据集的线。但有一个问题——这条线必须是水平的。我们应该在哪里放置这条水平线？应该放在数据集的"中间"——换句话说，水平线的高度应该等于标签的平均值，即 4。这是一个非常简单的分类模型，为每个点分配相同的预测值 4。

现在，让我们更进一步。如果必须使用两个水平段，怎样才能让线尽可能拟合数据呢？可能有几种猜测，其中一种是在 35 的左侧放置一个高点，在 35 的右侧放置一个低点，从而形成一个决策树桩。树桩提出了这样一个问题："你年满 35 岁吗？"，并根据用户的问题分配预测。

如果可将这两个水平段分成另外两个——应该在哪里定位呢？可继续遵循这个过程，直到将用户划分为几个标签非常相似的组。然后预测组中所有用户的平均标签。

上述过程就是训练回归决策树的过程。现在让我们更正式一点。回顾一下，当特征是数字时，我们会考虑所有可能的划分方式。因此，可能的年龄特征的划分方法是使用例如以下临界值：15、25、35、45、55、65 和 75。这些临界值都提供了两个较小的数据集，分为左数据集和右数据集。现在，我们执行以下步骤：

(1) 对于每个较小的数据集，预测标签的平均值。

(2) 计算预测的均方误差。

(3) 选择最小平方误差的临界值。

例如，如果临界值为 65，则两个数据集如下。

- **左侧数据集**：65 岁以下的用户。标签是 {7,5,7,1,2,1}。
- **右侧数据集**：65 岁或以上的用户。标签是 {5,4}。

对于每个数据集，预测标签的平均值，左侧为 3.833，右侧为 4.5。因此，前 6 个用户的预测为 3.833，后两个用户的预测为 4.5。现在，我们按如下方式计算 MSE：

$$\text{MSE} = \frac{1}{8}\Big[(7-3.833)^2 + (5-3.833)^2 + (7-3.833)^2 + (1-3.833)^2 + (2-3.833)^2 +$$

$$(1-3.833)^2 + (5-4.5)^2 + (4-4.5)^2\Big] \approx 5.167$$

在表 9.7 中，我们可以看到每个可能的临界值获得的值。本节笔记的末尾将显示完整计算。

表 9.7　使用临界值按年龄划分数据集的九种可能方法。每个临界值将数据集划分为两个较小的数据集，每个数据集的预测值由标签的平均值给出。均方误差(MSE)计算为标签和预测之差平方的平均值。注意，在临界值为 35 时划分可以获得最小 MSE。这为我们提供了决策树中的根节点

临界值	标签左侧集合	标签右侧集合	预测左侧集合	预测右侧集合	均方误差
0	{}	{7,5,7,1,2,1,5,4}	None	4.0	5.25
15	{7}	{5,7,1,2,1,5,4}	7.0	3.571	3.964
25	{7,5}	{7,1,2,1,5,4}	6.0	3.333	3.917
35	**{7,5,7}**	**{1,2,1,5,4}**	**6.333**	**2.6**	**1.983**
45	{7,5,7,1}	{2,1,5,4}	5.0	3.0	4.25
55	{7,5,7,1,2}	{1,5,4}	4.4	3.333	4.983
65	{7,5,7,1,2,1}	{5,4}	3.833	4.5	5.167
75	{7,5,7,1,2,1,5}	{4}	4.0	4.0	5.25
100	{7,5,7,1,2,1,5,4}	{}	4.0	none	5.25

最好的临界值是 35 岁，因为此处预测的均方误差最小。因此，我们在回归决策树中构建了第一个决策节点。接下来继续以相同的方式递归划分左右数据集。我们将像以前一样使用 Scikit-Learn，而不必手动完成。

首先，我们定义特征和标签。可以使用数组，如下所示：

```
features = [[10],[20],[30],[40],[50],[60],[70],[80]]
labels = [7,5,7,1,2,1,5,4]
```

现在，我们使用 DecisionTreeRegressor 构建最大深度为 2 的回归决策树对象，如

下所示：

```
from sklearn.tree import DecisionTreeRegressor
dt_regressor = DecisionTreeRegressor(max_depth=2)
dt_regressor.fit(features, labels)
```

生成的决策树如图 9.26 所示。正如我们所知，第一个临界点是 35。接下来的两个临界值分别为 15 和 65。在图 9.26 的右侧，还可以看到对这 4 个结果数据子集的预测。

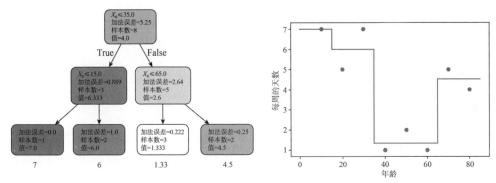

图 9.26　左图：在 Scikit-Learn 中获得的决策树。这棵树有 3 个决策节点和 4 个叶子。右图：该决策树做出的预测图。注意，临界时间为 35、15 和 65 岁，对应于树中的决策节点。预测为 7、6、1.33 和 4.5，对应于树中的叶子

9.7　应用

决策树在现实生活中应用广泛。决策树不仅可以进行预测，还可以为我们提供大量有关数据的信息，因为决策树将数据组织在层次结构中。很多时候，这些信息的价值与预测能力同样重要，甚至更加重要。在本节中，我们将看到以下领域中决策树的现实应用：

- 医疗保健
- 推荐系统

医疗保健中的决策树应用

医学领域广泛应用决策树。决策树不仅可以进行预测，还可以识别在预测中起决定作用的特征。可以想象，在医学上，黑匣子说"病人生病了"或"病人很健康"是不够的。然而，决策树带有大量关于预测原因的信息，可以根据患者的症状、家族病史、习惯或其他许多因素，推测出患者可能生病。

推荐系统中的决策树应用

在推荐系统中,决策树也很有用。Netflix 奖是最著名的推荐系统问题之一,获奖者是在决策树的帮助下胜出的。2006 年,Netflix 举办了一场竞赛。竞赛需要构建可能的最佳推荐系统,以预测用户对其电影的评分。2009 年,Netflix 向获胜者颁发了 1 000 000 美元的奖金,因为获胜者使用梯度提升决策树,组合了 500 多个不同的模型,将 Netflix 算法改进了10%以上。获胜者的方法是其他推荐引擎使用决策树来研究其用户的参与度,并找出人口统计特征,以最好地确定参与度。

在第12 章中,我们将进一步学习梯度提升决策树和随机森林知识。目前,我们可将它们想象为许多决策树的集合,各决策树协同工作,以做出最佳预测。

9.8 本章小结

- 决策树是重要的机器学习模型,用于分类和回归。
- 决策树的工作方式是询问有关数据的二元问题,并根据这些问题的答案进行预测。
- 分类决策树的构建算法包括在数据中找到最能确定标签的特征,并迭代此步骤。
- 判断特征是否能最好地确定标签的方式有很多。我们在本章中学到的 3 个方法是准确率、基尼杂质指数和熵。
- 基尼杂质指数衡量一个集合的纯度。每个元素都具有相同标签的集合的基尼杂质指数为 0。每个元素都有不同标签的集合的基尼杂质标签接近 1。
- 熵是衡量集合纯度的另一种指标。每个元素都具有相同标签的集合的熵为 0。一半元素有一个标签,而另一半元素有另一个标签的集合的熵为 1。在构建决策树时,划分前后熵的差异称为信息增益。
- 回归决策树的构建算法类似于分类决策树的构建算法。唯一的区别是我们使用均方误差选择最好的特征划分数据。
- 在二维中,回归树图看起来像是几条水平线的并集,其中每条水平线都是对特定叶子中元素的预测。
- 决策树的应用范围非常广泛,包括推荐算法、医学和生物等领域。

9.9 练习

练习 9.1

在下面的垃圾邮件检测决策树模型中,确定你妈妈发送的主题为"请去商店,有促销活动"的电子邮件是否会被归类为垃圾邮件。

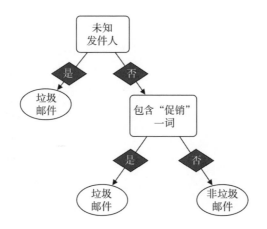

练习 9.2

我们的目标是建立一个决策树模型，确定信用卡交易是否具有欺诈性。我们使用下面的信用卡交易数据集，数据集具有以下特点。

- **值**：交易值。
- **批准的供应商**：信用卡公司有一份批准的供应商清单。此变量显示供应商是否在此列表中。

	值	批准的供应商	欺诈
交易 1	$100	不批准	是
交易 2	$100	批准的	否
交易 3	$10 000	批准的	否
交易 4	$10 000	不批准	是
交易 5	$5000	批准的	是
交易 6	$100	批准的	否

使用以下规范构建决策树的第一个节点：

a. 使用基尼杂质指数

b. 使用熵

练习 9.3

以下是新冠病毒检测呈阳性或阴性的患者数据集。患者的症状有咳嗽(C)、发烧(F)、呼吸困难(B)和疲倦(T)。

	咳嗽(C)	发烧(F)	呼吸困难(B)	疲倦(T)	诊断
患者 1		X	X	X	生病
患者 2	X	X		X	生病

(续表)

	咳嗽(C)	发烧(F)	呼吸困难(B)	疲倦(T)	诊断
患者 3	X		X	X	生病
患者 4	X	X	X		生病
患者 5	X			X	健康
患者 6		X	X		健康
患者 7		X			健康
患者 8				X	健康

使用准确率，构建一个深度为 1 的决策树(决策树桩)，对这些数据进行分类。这个分类器在数据集上的准确率是多少？

组合积木以获得更多力量：神经网络

第 10 章

本章主要内容：

- 什么是神经网络
- 神经网络的架构：节点、层、深度和激活函数
- 使用反向传播训练神经网络
- 训练神经网络的潜在问题，例如梯度消失问题和过拟合
- 改进神经网络训练的技术，例如正则化和 Dropout
- 使用 Keras 训练神经网络，进行情感分析和图像分类
- 使用神经网络作为回归模型

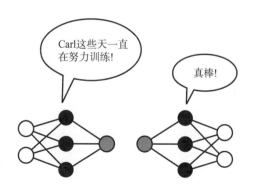

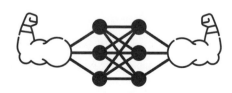

在本章中，我们将学习神经网络，也称为多层感知器。神经网络是目前最流行的机器学习模型之一(或是最流行的机器学习模型)。神经网络非常有用，以至于有了专有的领域名称：深度学习。深度学习广泛应用于机器学习的最前沿领域，包括图像识别、自然语言处理、医学和自动驾驶汽车等。从广义上讲，神经网络旨在模仿人脑的运作方式，可能非常复杂，如图 10.1 所示。

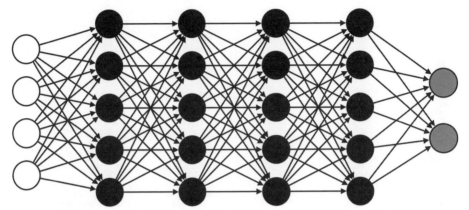

图 10.1　一个神经网络示例。神经网络可能看起来很复杂，但在接下来的几页中，我们将揭开这张图片的神秘面纱

图 10.1 中的神经网络可能看起来很吓人，有很多节点和边等。然而，我们可以用更简单的方式来理解神经网络。可将神经网络视为感知器的集合(我们曾在第 5 章和第 6 章学习过感知器)。而我喜欢将神经网络视为产生非线性分类器的线性分类器组合。在低维中，线性分类器看起来像线或平面，非线性分类器看起来像复杂的曲线或曲面。在本章中，我们将讨论神经网络背后的机制以及工作方式的细节，还将对神经网络进行编程，并在多种应用(如图像识别)中使用神经网络。

神经网络可用于分类和回归。在本章中，我们主要关注分类类型神经网络，但我们也会学习一些操作，使神经网络同样适用于回归。首先，我们需要学习一些术语。回顾一下，我们在第 5 章中学习了感知器，在第 6 章中学习了逻辑分类器。我们还了解到逻辑分类器也被称为离散感知器和连续感知器。让我们复习一下，离散感知器的输出是 0 或 1，而连续感知器的输出是区间(0,1)中的任意数字。为计算这个输出，离散感知器使用阶跃函数(参见第 5 章)，连续感知器使用 sigmoid 函数(参见第 6 章)。在本章中，我们将这两个分类器都称为感知器。如有必要，我将指明谈论内容是离散感知器还是连续感知器。

本章的代码可在此 GitHub 仓库中找到：https://github.com/luisguiserrano/manning/tree/master/Chapter_10_Neural_Networks。

10.1 以更复杂的外星球为例，开启神经网络学习

在本节中，我们将使用第 5 章和第 6 章中经常使用的情感分析示例了解什么是神经网络。场景如下：我们发现自己在一个外星人居住的遥远星球上。外星人似乎会说一种由 aack 和 beep 两个词组成的语言，我们想建立一个机器学习模型，帮助我们根据外星人所说的话，确定他们是高兴还是悲伤。这就是情感分析，因为我们需要建立一个模型来分析外星人的情感。我们记录了一些外星人的谈话，并设法通过其他方式识别他们是高兴还是悲伤，得出了表 10.1 所示的数据集。

表 10.1 数据集中的每一行代表一个外星人。第一列代表外星人说出的句子。第二列和第三列代表句子中每个单词的出现次数。第四列代表外星人的心情

句子	aack	beep	心情
"aack"	1	0	悲伤
"aack aack"	2	0	悲伤
"beep"	0	1	悲伤
"beep beep"	0	2	悲伤
"aack beep"	1	1	高兴
"aack aack beep"	2	1	高兴
"beep aack beep"	1	2	高兴
"beep aack beep aack"	2	2	高兴

这个数据集看起来已经足够好了，我们应该可为这些数据拟合一个分类器。先把分类器绘制出来，如图 10.2 所示。

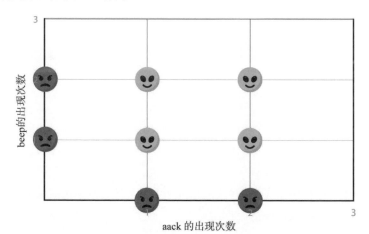

图 10.2 表 10.1 中数据集的绘图。横轴对应单词 aack 的出现次数，纵轴对应单词 beep 的出现次数。高兴的脸对应高兴的外星人，悲伤的脸对应悲伤的外星人

从图 10.2 来看，我们无法为这些数据拟合线性分类器。换句话说，我们无法画一条将高兴和悲伤的脸分开的线。该怎么办呢？我们已经学习了其他可以完成这项工作的分类器，例如朴素贝叶斯分类器(第 8 章)或决策树(第 9 章)。但在本章中，我们坚持使用感知器。如果我们的目标是将图 10.2 中的点分开，但使用一条线做不到这一点，那还有什么比一条线更好的选择呢？考虑以下情况：

(1) 两条线

(2) 一条曲线

这些是神经网络的例子。首先，让我们看看为什么第一个选择，即使用两条线的分类器属于神经网络。

解决方案：如果一条线不够，请使用两条线对数据集进行分类

在本节中，我们将探索使用两条线划分数据集的分类器。使用两条线划分数据集的方法有很多，其中一种方法如图 10.3 所示。我们称这两条线为直线 1 和直线 2。

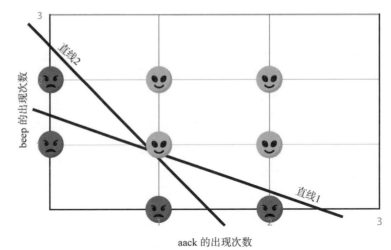

图 10.3 只使用一条线无法划分数据集中的高兴点和悲伤点。然而，使用两条线可以将这些点很好地分开——两条线上方的点可以归类为高兴，其余的点可以归类为悲伤。这种线性分类器的组合方式构成了神经网络的基础

我们可以将分类器定义如下。

情感分析分类器

如果一个句子的对应点在图 10.3 所示的两条线之上，则该句被归类为高兴。如果句子低于任意一条线，则被归类为悲伤。

现在，让我们进行一些数学运算。你能想到怎样为这些直线构建两个公式吗？许多公式都可以，但让我们使用以下两个公式(其中 x_a 是单词 aack 在句子中出现的次数，

x_b 是单词 beep 在句子中出现的次数)。

- **直线 1**：$6x_a + 10x_b - 15 = 0$
- **直线 2**：$10x_a + 6x_b - 15 = 0$

补充说明：我们是如何得出这些公式的？　注意，线 1 通过点(0,1.5)和(2.5,0)。

我们知道，斜率是横轴变化距离除以竖轴变化距离，因此，斜率正是 $\dfrac{-1.5}{2.5} = -\dfrac{3}{5}$。$y$ 轴截距为线与竖轴相交的高度，为 1.5。因此，这条线的公式为 $x_b = -\dfrac{3}{5}x_a + 1.5$。变换公式，我们得到 $6x_a + 10x_b - 15 = 0$。可用类似方法得出直线 2 的公式。

因此，我们的分类器如下。

情感分析分类器

如果以下两个不等式都成立，则句子被归类为高兴。

- **不等式 1**：$6x_a + 10x_b - 15 \geqslant 0$
- **不等式 2**：$10x_a + 6x_b - 15 \geqslant 0$

如果任意公式不成立，则句子被归类为悲伤。

表 10.2 包含两个公式中的所有值，以检查一致性。在每个公式的右边，我们检查公式的值是否大于或等于 0。表格的最右列检查两个值是否都大于或等于 0。

表 10.2　与表 10.1 相同的数据集，但增加了一些新列。第四列和第六列对应两条直线。第五列和第七列检查在每个数据点处每条线的公式是否给出非负值。最后一列检查获得的两个值是否都是非负数

句子	aack	beep	公式 1	公式 1≥0?	公式 2	公式 2≥0?	两个公式≥0
"aack"	1	0	−9	否	−5	否	否
"aack aack"	2	0	−3	否	5	是	否
"beep"	0	1	−5	否	−9	否	否
"beep beep"	0	2	5	是	−3	否	否
"aack beep"	1	1	1	是	1	是	是
"aack beep beep"	1	2	11	是	7	是	是
"beep aack aack"	2	1	7	是	11	是	是
"beep aack beep aack"	2	2	17	是	17	是	是

注意，表 10.2 的最右列(是/否)与表 10.1 的最右列(高兴/悲伤)一致。这意味着分类器成功地对所有数据进行了正确分类。

为什么使用两条线？高兴不是线性的吗？

在第 5 章和第 6 章中，我们设法根据分类器的公式推断出语言的相关信息。例如，

如果单词 aack 的权重为正，那么我们得出的结论是 aack 很可能是一个高兴的单词。现在呢？当分类器包含两个公式时，我们能否对其中的语言做出任何推断？

　　对于两个公式，我们可以这样理解：也许在外星球上，高兴不是简单的线性事物，而是基于两件事。在现实生活中，高兴可以基于很多事情：可以是充实的事业、幸福的家庭生活和餐桌上的食物，也可以是喝咖啡和吃甜甜圈。这种情况下，我们假设高兴的两个方面是事业和家庭。为了让外星人高兴，需要两者兼而有之。

　　事实证明，在本例中，事业幸福和家庭幸福都是简单的线性分类器，由两条线分别描述。假设直线 1 对应于事业幸福，直线 2 对应于家庭幸福。因此，我们可将外星人的高兴归纳为图 10.4。在这个图中，事业幸福和家庭幸福由一个 AND 运算符连接起来，用于检查两者是否都为真。如果是，那么外星人很高兴。如果任意一个为假，则外星人会不高兴。

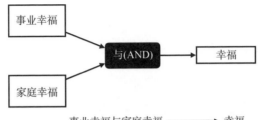

图 10.4　幸福分类器由事业幸福分类器、家庭幸福分类器和 AND 运算符组成。如果事业幸福分类器
　　　　和家庭幸福分类器都输出"是"，那么幸福分类器也输出"是"。如果其中任何一个输出"否"，
　　　　那么幸福分类器也输出"否"

　　家庭幸福分类器和事业幸福分类器都由直线公式构成，都是感知器。我们可以把这个 AND 运算符变成另一个感知器吗？答案是肯定的，下一节将介绍这一点。

　　图 10.4 开始看起来像一个神经网络。只需要进一步研究，并增加一些数字，我们得到的内容就会与本章开头的图 10.1 更相似。

将感知器的输出组合成另一个感知器

　　在图 10.4 中，我们将两个感知器的输出作为输入，插入第三个感知器中，暗示了感知器的组合。这就是神经网络的构建方式。在本节中，我们将学习构建神经网络背后的数学原理。

　　在第 5 章中，我们定义了阶跃函数。如果输入为负，则阶跃函数返回 0；如果输入为正或为 0，则阶跃函数返回 1。注意，因为我们使用了阶跃函数，所以这些是离散感知器。可以使用阶跃函数，将家庭幸福分类器和事业幸福分类器定义如下。

事业幸福分类器

权重：

- aack：6

- beep：10

偏差：–15

句子得分：$6x_a + 10x_b - 15$

预测：$F = \text{step}(6x_a + 10x_b - 15)$

家庭幸福分类器

权重：

- aack：10
- beep：6

偏差：–15

句子得分：$10x_a + 6x_b - 15$

预测：$C = \text{step}(10x_a + 6x_b - 15)$

下一步，将事业幸福分类器和家庭幸福分类器的输出插入一个新的幸福分类器。尝试验证以下分类器是否有效。图 10.5 中，前两个表包含事业分类器和家庭分类器的输出；第三个表的前两列是事业分类器和家庭分类器的输入和输出，最后一列是幸福分类器输出。图 10.5 中的每个表都对应一个感知器。

	事业分类器				家庭分类器				幸福分类器		
x_a	x_b	$6x_a + 10x_b - 15$	$C = \text{step}(6x_a + 10x_b - 15)$	x_a	x_b	$10x_a + 6x_b - 15$	$F = \text{step}(10x_a + 6x_b - 15)$	C	F	$1 \cdot C + 1 \cdot F - 1.5$	$\hat{y} = \text{step}(C + F - 1.5)$
1	0	–9	0	1	0	–5	0	0	0	–1.5	0
2	0	–3	0	2	0	5	1	0	1	–0.5	0
0	1	–5	0	0	1	–9	0	0	0	–1.5	0
0	2	5	1	0	2	–3	0	1	0	–0.5	0
1	1	1	1	1	1	1	1	1	1	0.5	1
1	2	11	1	1	2	7	1	1	1	0.5	1
2	1	7	1	2	1	11	1	1	1	0.5	1
2	2	17	1	2	2	17	1	1	1	0.5	1

图 10.5　3 个感知器分类器，第一个是事业幸福分类器感知器，第二个是家庭幸福感知器，第三个是结合了前两个分类器形成的幸福分类器。事业感知器和家庭感知器的输出是幸福感知器的输入

幸福分类器

权重：

- 事业：1
- 家庭：1

偏差：–1.5

句子得分：$1 \cdot C + 1 \cdot F - 1.5$

预测： $\hat{y} = \text{step}(C + F - 1.5)$

这种分类器的组合就是一个神经网络。接下来，我们看看如何使这一神经网络看起来更像图 10.1 中的图像。

感知器的图形表示

在本节中，将展示如何以图形方式表示感知器，从而产生神经网络的图形表示。我们称感知器的组合为神经网络，是因为其基本单元(即感知器)有点像神经元。

神经元包括 3 个主要部分：细胞体、树突和轴突。从广义上讲，神经元通过树突接收来自其他神经元的信号，在细胞体中对信号进行处理，并通过轴突发送信号，以供其他神经元接收。将此与感知器进行比较，感知器接收数字作为输入，对数字应用数学运算(通常由激活函数组成的总和组成)，并输出一个新数字。过程如图 10.6 所示。

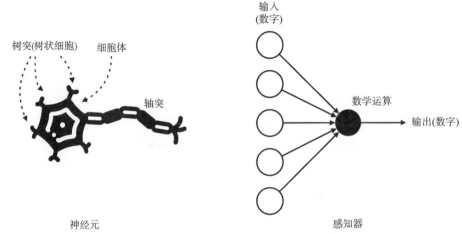

图 10.6 感知器大体建立在神经元的基础上。左图：一个神经元及其主要组成部分：树突、细胞体和轴突。信号被树突接收，在细胞体中得到处理，然后通过轴突发送其他神经元。右图：一个感知器。左边的节点对应于数字输入，中间的节点执行数学运算，并输出一个数字

让我们正式回忆一下第 5 章和第 6 章中感知器的定义，我们有以下概念：

- **输入**：$x_1, x_2, \cdots, x_n$
- **权重**：$w_1, w_2, \cdots, w_n$
- **偏差**：b
- **激活函数**：阶跃函数(对于离散感知器)或 sigmoid 函数(对于连续感知器)。我们将在稍后学习其他新的激活函数
- **预测**：$\hat{y} = f(w_1x_1 + w_2x_2 + \cdots + w_nx_n + b)$，其中 f 是对应的激活函数

图 10.7 展示了以上概念在图中的位置。左边有输入节点，右边有输出节点。输入变量在输入节点上。最终输入节点不包含变量，但包含值 1。权重位于连接输入节点和输出节点的边上。偏差对应于最终输入节点的权重。计算预测的数学运算发生在输

出节点内部，该节点输出预测。

例如，由公式 $\hat{y} = (3x_1 - 2x_2 + 4x_3 + 2)$ 定义的感知器如图 10.7 所示。注意，在此感知器中，执行以下步骤：

- 将输入乘以相应的权重，相加得到 $3x_1 - 2x_2 + 4x_3$。
- 将偏差添加到前面的公式中，得到 $3x_1 - 2x_2 + 4x_3 + 2$。
- 应用 sigmoid 激活函数获得输出 $\hat{y} = \sigma(3x_1 - 2x_2 + 4x_3 + 2)$。

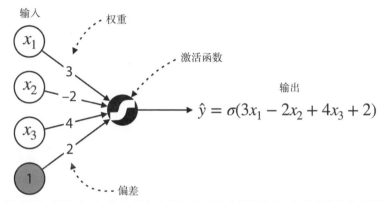

图 10.7 感知器的可视化表示。输入(特征和偏差)显示为左侧的节点，权重和偏差位于连接输入节点和中间主节点的边上。中间的节点采用权重和输入的线性组合，加上偏差，并应用激活函数(本例中为 sigmoid 函数)。输出是公式给出的预测 $\hat{y} = \sigma(3x_1 - 2x_2 + 4x_3 + 2)$

例如，如果这个感知器的输入是点 $(x_1, x_2, x_3) = (1,3,1)$，那么输出是 $\sigma(3 \cdot 1 - 2 \cdot 3 + 4 \cdot 1 + 2) = \sigma(3) = 0.953$。

如果不使用 sigmoid 函数，而使用阶跃函数定义这个感知器，则输出将是 step$(3 \cdot 1 - 2 \cdot 3 + 4 \cdot 1 + 2) = $ step$(3) = 1$。

这种图形表示使得感知器易于连接，我们将在下一节中学习这一点。

神经网络图形表示

正如上一节所述，神经网络是感知器的串联。这种结构旨在简单地模拟人脑，在人脑中，几个神经元的输出可以作为另一个神经元的输入。同样，在一个神经网络中，几个感知器的输出也可以作为另一个感知器的输入，如图 10.8 所示。

图 10.9 展示了我们在上一节中构建的神经网络，在这一神经网络中，我们将事业感知器和家庭感知器与幸福感知器连接起来。

注意，在图 10.9 中，事业感知器和家庭感知器的输入是重复的。图 10.10 展示了一种更简洁的编写方式，避免了重复输入。

注意，这 3 个感知器使用阶跃函数。我们这样做只是出于讲解目的，因为在现实生活中，神经网络从不使用阶跃函数作为激活函数，因为使用阶跃函数将无法使用梯度下降。然而，sigmoid 函数却在神经网络中广泛使用。稍后，我们将学习其他一些有用的激活函数，以用于实验。

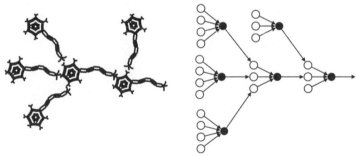

图 10.8 神经网络旨在(简单地)模拟大脑的结构。左图：神经元在大脑内部以某种方式连接，即一个神经元的输出作为另一个神经元的输入。右图：感知器的连接方式，即一种感知器的输出作为另一个感知器的输入

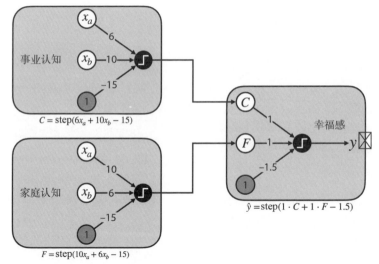

图 10.9 将事业感知器和家庭感知器的输出连接到幸福感知器时，就得到一个神经网络。该神经网络使用阶跃函数作为激活函数

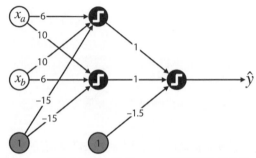

图 10.10 图 10.9 的简易版本。在这个图中，特征 x_a、x_b 和偏差没有重复。相反，它们中的每一个都连接到右侧的两个节点，很好地将 3 个感知器组合到同一个图中

神经网络的边界

在第 5 章和第 6 章中，我们研究了感知器的边界，这些边界由线表示。在本节中，我们将学习神经网络的边界。

回忆第 5 章和第 6 章，离散感知器和连续感知器(逻辑分类器)都有一个线性边界，由定义感知器的线性公式给出。离散感知器根据点所在的位置(在线的哪一边)，给点分配 0 或 1 的预测值。连续感知器为平面中的每个点分配 0 到 1 之间的数值作为预测。线上的点预测为 0.5，线一侧的点预测高于 0.5，而另一侧的点预测低于 0.5。图 10.11 展示了对应于公式 $10x_a + 6x_b - 15 = 0$ 的离散感知器和连续感知器。

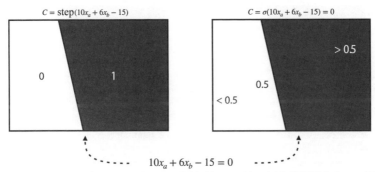

图 10.11　感知器的边界是一条线。左侧：对于离散感知器，线一侧点的预测值为 0，另一侧点的预测值为 1。右侧：对于连续感知器，所有点的预测都在区间(0,1)内。在这个例子中，非常靠左的点预测接近 0，非常靠右的点预测接近 1，线上方的预测接近 0.5

也可用类似的方式将神经网络的输出可视化。回顾一下，带有阶跃激活函数神经网络的输出如下：

- 如果 $6x_a + 10x_b - 15 \geqslant 0$ 且 $10x_a + 6x_b - 15 \geqslant 0$，则输出为 1。
- 否则，输出为 0。

图 10.12 左侧的两条线表示这一边界。注意，该边界表示为两个输入感知器的边界和偏差节点的组合。阶跃激活函数得到的边界是虚线，而 sigmoid 激活函数得到的边界是一条曲线。

想要更仔细地研究这些边界，请查看以下笔记：https://github.com/luisguiserrano/manning/blob/master/Chapter_10_Neural_Networks/Plotting_Boundaries.ipynb。这个笔记中使用阶跃函数和 sigmoid 激活函数绘制两条线和两个神经网络的边界，如图 10.13 所示。

注意，带有 sigmoid 激活函数的神经网络实际上并不能很好地拟合整个数据集，因为点(1,1)分类错误，如图 10.13 的右下角所示。尝试拟合这一点，更改权重(见本章末尾的练习 10.3)。

使用阶跃激活函数　　　　　　　　　　使用sigmoid激活函数

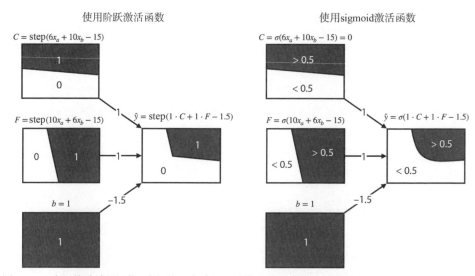

图 10.12　为了构建神经网络，我们将两个感知器的输出和一个偏差节点(由一个总是输出值为 1 的分类器表示)输入第三个感知器。结果分类器的边界是输入分类器边界的组合。左侧为使用阶跃函数获得的边界，是一条虚线。右侧为使用 sigmoid 函数获得的边界，是一条曲线

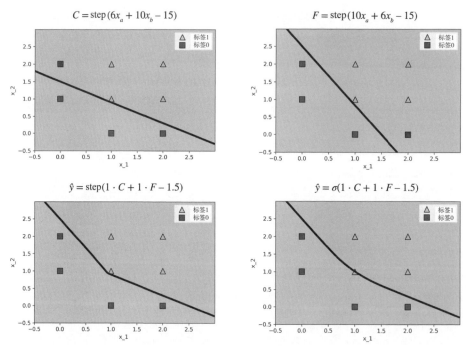

图 10.13　分类器的边界图。顶部：两个线性分类器，事业分类器(左)和家庭分类器(右)。底部：两个神经网络，分别使用阶跃函数(左)和 sigmoid 函数(右)

全连接神经网络的一般架构

在前面的章节中，我们看到了一个小型神经网络许多例子。但在现实生活中，神经网络要大得多。节点按层排列，如图 10.14 所示。第一层是输入层，最后一层是输出层，中间所有层都称为隐藏层。节点和层的排列称为神经网络的架构。层数(不包括输入层)称为神经网络深度。图 10.14 中的神经网络深度为 3，架构如下：

- 大小为 4 的输入层
- 大小为 5 的隐藏层
- 大小为 3 的隐藏层
- 大小为 1 的输出层

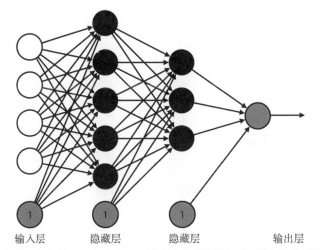

图 10.14　神经网络的一般架构。节点分为层，最左边的层是输入层，最右边的层是输出层，中间的所有层都是隐藏层。层中的所有节点都与下一层中的所有非偏差节点相连接

绘制神经网络时通常不考虑偏差节点，但我们假设偏差节点也是架构的一部分。然而，我们不计算架构中的偏差节点。换句话说，层的大小是该层中非偏差节点的数量。

注意，在图 10.14 的神经网络中，层中的每个节点都与下一层中的每个无偏差节点相连接。此外，非连续层之间不会发生任何连接。这种架构称为全连接。在某些应用程序中，我们使用不同的架构，即并非所有连接都存在，或者某些节点连接在非连接层之间——请参阅 10.5 节以了解一些其他架构。然而，在本章中，我们构建的所有神经网络都是全连接的。

想象一个神经网络的边界，如图 10.15 所示。在此图中，可以看到每个节点对应的分类器。注意，第一个隐藏层由线性分类器组成，每个连续层中的分类器都比前面的分类器更复杂一些。

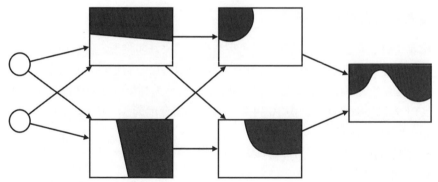

图 10.15　我喜欢的神经网络可视化方式。每个节点对应一个分类器，分类器边界明确。第一个隐藏
　　　　　层的节点都对应线性分类器(感知器)，所以画成线。每层节点的边界由前一层的边界组合
　　　　　而成。因此，隐藏层的边界变得越来越复杂。在此图中，我们删除了偏差节点

　　TensorFlow Playground 是一个很好地理解神经网络的工具，可以在 https://playground.
tensorflow.org 上找到。TensorFlow Playground 中有几个图形数据集，可以训练具有不
同架构和超参数的神经网络。

10.2　训练神经网络

　　在本章中，我们已经了解了神经网络的总体情况，也知道它们并不像听起来那
么神秘。如何训练这些复杂的模型呢？理论上，这个过程并不复杂，但计算成本可
能很高。有一些技巧和启发式方法可以帮助我们加快速度。在本节中，我们将学习
神经网络的训练过程。训练神经网络与训练其他模型(例如感知器或逻辑分类器)没
什么不同。首先，我们随机初始化所有权重和偏差。接下来定义一个误差函数来衡
量神经网络的性能。最后反复使用误差函数来微调模型的权重和偏差，以减少误差
函数。

误差函数：一种衡量神经网络性能的方法

　　在本节中，我们将了解用于训练神经网络的误差函数。幸运的是，我们之前已经
见过这个函数——第 6.1 节中的对数损失函数。

　　回顾一下，对数损失的公式是

$$\log loss = -y\ln(\hat{y}) - (1 - y)\ln(1 - \hat{y})$$

其中 y 是标签，$\hat{y}$ 是预测。

　　回顾一下，使用对数损失解决分类问题的一个主要理由是，当预测和标签接近时，
函数返回一个小值；当预测和标签相距甚远时，函数返回一个大值。

反向传播：训练神经网络的关键步骤

在本节中，我们将学习训练神经网络过程中最重要的步骤。回顾一下，在第 3 章、第 5 章和第 6 章(线性回归、感知器算法和逻辑回归)中，我们使用梯度下降来训练模型。训练神经网络也是如此。训练算法称为反向传播算法，其伪代码如下。

反向传播算法的伪代码

- 用随机权重和偏差初始化神经网络。
- 重复多次：
  - 计算损失函数及其梯度(即每个权重和偏差的导数)。
  - 向与梯度相反的方向迈出一小步，稍微减少损失函数。
- 你获得的权重对应于(可能)高度拟合数据的神经网络。

神经网络的损失函数涉及预测的对数，因此较为复杂，而预测本身就是一个复杂的函数。此外，我们需要计算关于许多变量的导数，对应于神经网络的每个权重和偏差。在附录 B 中，我们详细介绍了具有一个隐藏层的神经网络或任意大小的神经网络的反向传播算法的数学细节。请参阅附录 C 中的一些推荐资源，深入了解更深层神经网络的反向传播数学原理。在实践中，Keras、TensorFlow 和 PyTorch 等优秀软件包已经能够以极快的速度实现该算法。

回顾一下，当学习线性回归模型(第 3 章)、离散感知器(第 5 章)和连续感知器(第 6 章)时，训练过程总是包含一个步骤，即按照需要的方式移动一条线，以便对数据进行良好建模。这种类型的几何移动发生在更高维度，因此想要将其神经网络可视化更加困难。然而，我们仍然可以形成一个反向传播的心智图景，只需要关注神经网络的一个节点和一个数据点。分析如图 10.16 右侧所示的分类器。

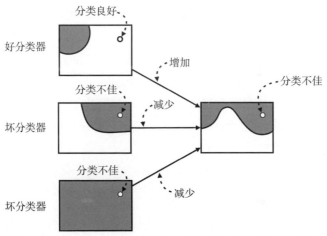

图 10.16　反向传播的心智图。在训练过程的每一步，边的权重都会更新。如果分类器良好，则权重
　　　　会增加；如果分类器不良，则权重会减少

这个分类器是从左边的 3 个分类器中获得的(底部分类器对应于偏差,我们用一个总是返回预测为 1 的分类器来表示)。生成的分类器错误地分类了该点,如图 10.16 所示。3 个输入分类器中,第一个分类器很好地分类了该点,但其他两个分类器没有。因此,反向传播步骤将增加顶部分类器的边的权重,并减少对应于底部两个分类器的权重,以确保生成的分类器看起来更像顶部的分类器,因此,这一步骤改善了分类器对点的分类。

潜在问题:从过拟合到梯度消失

在实践中,神经网络运用良好。但是,由于神经网络较为复杂,因此训练过程中存在许多问题。幸运的是,我们已经攻克了其中最紧迫的问题,并给出了解决方案。神经网络存在的一个问题是过拟合——真正的大架构可能会记住我们的数据,但不能很好地进行泛化。在下一节中,我们将学习一些技术,帮助我们在训练神经网络时减少过拟合。

神经网络可能存在的另一个严重问题是梯度消失。注意,sigmoid 函数在两端非常平坦,这意味着导数(曲线的切线)过于平坦(见图 10.17),也意味着它们的斜率非常接近于 0。

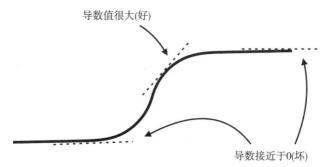

图 10.17   sigmoid 函数在两端是平坦的,这意味着数值较大的正负值,其导数非常小,阻碍训练

在反向传播过程中,我们组合了许多这样的 sigmoid 函数(这意味着重复插入一个 sigmoid 函数的输出,作为另一个 sigmoid 函数的输入)。正如预期的那样,这种组合导致导数非常接近于 0,意味着在反向传播过程中采取的步数很小。如果是这种情况,我们可能需要很长时间才能找到一个好的分类器,这是一个问题。

我们有几种方法可以解决梯度消失的问题,目前最有效的方法之一是改变激活函数。稍后,我们将学习一些新的激活函数来处理梯度消失问题。

训练神经网络技术:正则化和 Dropout

如上一节所述,神经网络容易过拟合。在本节中,我们将学习一些技术,帮助减少神经网络训练过程中的过拟合。

我们如何选择正确的架构呢？这个问题很难回答，没有具体答案。经验法则是宁可选择比所需框架大得多的架构，然后使用一些技术来减少网络可能具有的过拟合。在某种程度上，这就像挑选一条裤子，裤子要么太小要么太大。如果我们选择太小的裤子，就完全无法补救了。但如果选择太大的裤子，我们可以系一条腰带，使裤子更合身。这种方法并不理想，却是我们现在所拥有的唯一方法。根据数据集选择正确的架构是一个复杂的问题，学者们目前正在朝这个方向进行大量研究。要了解更多相关信息，请查看附录 C 中的资源。

正则化：通过惩罚高权重来减少过拟合

正如我们在第 4 章中所学，L1 和 L2 正则化可以减少回归模型和分类模型中的过拟合，神经网络中的过拟合也是如此。正则化在神经网络中的应用方式与在线性回归中的应用方式相同——添加一个误差函数的正则化项。如果我们进行 L1 正则化，则正则化项等于正则化参数(λ)乘以模型所有权重(不包括偏差)的绝对值总和。如果进行 L2 正则化，那么取平方总和而不是绝对值总和。在 10.1 节的例子中，神经网络的 L2 正则化误差为

$$\log loss + \lambda \cdot (6^2 + 10^2 + 10^2 + 6^2 + 1^2 + 1^2) = \log loss + 274\lambda$$

Dropout：确保部分强大的节点不会主导训练

Dropout 技术非常有趣，可以减少神经网络中的过拟合。为了便于理解，让我们考虑以下类比：假设我们是右撇子，喜欢去健身房。一段时间后，我们开始注意到右侧二头肌增长了很多，而左侧的却没有。然后我们开始更加关注训练，并意识到因为我们是右撇子，所以总是倾向于用右臂举重，而左臂却不做太多运动。我们认为单侧举重需要适可而止，所以采取了严厉的措施。有时，我们决定将右手绑在背上，强迫右臂不参与整个锻炼过程。在此之后，我们如愿以偿，发现左臂肌肉开始增长。现在，为了让双臂都得到锻炼，我们会做以下事情：每天去健身房之前，我们掷两枚硬币，分别代表每只手臂。如果左边的硬币正面朝上，我们就将左臂绑在背上；如果右边的硬币正面朝上，我们就将右臂绑在背上。有时，我们会同时锻炼双臂；有时，我们只锻炼一侧手臂；有时，我们不锻炼手臂，可能会锻炼腿部。硬币的随机性将确保平衡，双臂的锻炼强度几乎均等。

Dropout 的逻辑正是如此，但在训练神经网络时，我们锻炼的是权重而不是双臂。当神经网络存在太多节点时，一些节点会选择数据中有利于做出良好预测的模式，而其他节点会选择噪声或不相关的模式。Dropout 过程会在每次迭代中随机移除一些节点，并对剩余的节点执行一个梯度下降步骤。通过在每次中迭代删除一些节点，有时我们可能会删除那些已经获取有用模式的节点，从而迫使其他节点获取噪声或不相关的模式。

更具体地说，Dropout 过程为每个神经元附加一个小概率 p。在训练过程的每次迭代中，每个神经元以概率 p 被移除，并且神经元网络仅使用剩余的网络进行训练。Dropout 仅用于隐藏层，而不用于输入层或输出层。Dropout 过程如图 10.18 所示，在 4 个训练迭代中，每一次迭代都移除了一些神经元。

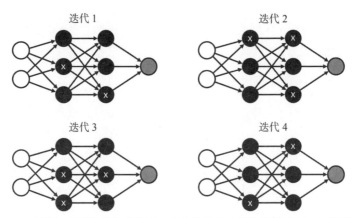

图 10.18 Dropout 过程。在不同的迭代周期，我们从训练中移除随机节点，让所有节点都有机会更新权重，而不是让少数节点主导训练

Dropout 在实践中取得了巨大的成功，建议读者每次训练神经网络时都使用这一技术。用于训练神经网络的包使得运用 Dropout 技术更加容易，本章后半部分将学习这一点。

不同的激活函数：双曲正切(tanh)和整流线性单元(ReLU)

正如我们在"潜在问题：从过拟合到梯度消失"一节中所见，sigmoid 函数有点过于平坦，会导致梯度消失的问题。我们可以使用不同的激活函数解决这一问题。在本节中，我们将介绍两种对改进训练过程至关重要的激活函数：双曲正切(tanh)和整流线性单元(ReLU)。

双曲正切(tanh)

得益于形状，双曲正切函数在实践中往往比 sigmoid 函数更有效。双曲正切函数公式如下：

$$\tanh(x) = \frac{e^x - e^{-x}}{e^x + e^{-x}}$$

双曲正切函数没有 sigmoid 函数那么平坦，但形状依旧相似，如图 10.19 所示。双曲正切函数是对 sigmoid 函数的改进，但仍然存在梯度消失问题。

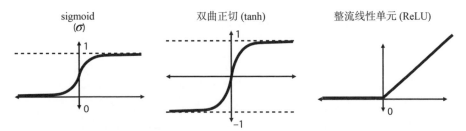

图 10.19　神经网络中使用的 3 种不同的激活函数。左图：sigmoid 函数。中间的图：双曲正切函数，
　　　　　tanh。右图：整流线性单元，或 ReLU

整流线性单元(ReLU)

神经网络中常用的一种更流行的激活函数是整流线性单元，又称为 ReLU。这种激活函数非常简单：如果输入为负，则输出为 0；否则，输出等于输入。换句话说，ReLU 将非负数单独留下，将所有负数变为 0。$x \geqslant 0$ 时，ReLU(x)=x；$x < 0$ 时，ReLU(x)=0。ReLU 可以很好地解决梯度消失问题，因为当输入为正时，函数导数为 1。得益于此，ReLU 被广泛应用于大型神经网络。

学习这些激活函数的好处在于我们可在同一个神经网络中组合不同的激活函数。在最常见的架构之一中，除了最后一个节点使用 sigmoid 之外，每个节点都使用 ReLU 激活函数。在最后一个节点使用 sigmoid 是因为如果问题是分类问题，那么神经网络的输出必须在 0 到 1 之间。

具有多个输出的神经网络：softmax 函数

到目前为止，我们使用的神经网络只有一个输出。然而，构建一个能够产生多个输出的神经网络并不困难，只需要使用第 6 章中介绍的 softmax 函数。softmax 函数是 sigmoid 的多元扩展，我们可以用 softmax 函数将分数转化为概率。

举例子是解释 softmax 函数的最好方法。想象一下，我们有一个神经网络，其工作是确定图像是否包含土豚、鸟、猫或狗。最后一层有 4 个节点，每个节点对应一个动物。sigmoid 函数不是仅应用于来自前一层的分数，而需要应用于所有分数。例如，如果分数为 0、3、1 和 1，则 softmax 返回以下内容：

- 概率(土豚) = $\dfrac{e^0}{e^0 + e^3 + e^1 + e^1}$ = 0.037 7

- 概率(鸟) = $\dfrac{e^3}{e^0 + e^3 + e^1 + e^1}$ = 0.757 3

- 概率(猫) = $\dfrac{e^1}{e^0 + e^3 + e^1 + e^1}$ = 0.102 5

- 概率(狗) = $\dfrac{e^1}{e^0 + e^3 + e^1 + e^1}$ = 0.102 5

这些结果表明，神经网络坚信该图像为一只鸟。

超参数

与大多数机器学习算法一样，神经网络使用许多超参数，我们可以对其进行微调，使其表现得更好。这些超参数决定了我们的训练方式，即理想中的训练时长、训练速度以及将数据输入模型的方式。一些神经网络中最重要的超参数如下所示。

- **学习率 η**：训练中使用的步长
- **迭代次数**：用于训练的步数
- **batch、mini-batch 与随机梯度下降**：一次有多少点进入训练过程——是依次、批量还是同时全部输入？
- **架构**：
  - 神经网络的层数
  - 每层节点数
  - 每个节点使用的激活函数
- **正则化参数**：
  - L1 或 L2 正则化
  - 正则化项 λ
- **Dropout 概率 p**

这些超参数的调整方式与其他算法中的调整方式相同，方法包括网格搜索等。在第 13 章中，我们将通过一个现实生活中的例子更详细地阐述这些方法。

10.3 Keras 中的神经网络编程

现在，我们已经学习了神经网络背后的原理，是时候将它们付诸实践了！研究者们已经为神经网络编写了许多很棒的包，例如 Keras、TensorFlow 和 PyTorch。这 3 个包都很强大，但因为 Keras 非常简单，所以在本章中，我们将使用 Keras。我们将为两个不同的数据集构建两个神经网络。在第一个数据集中，点具有两个特征，标签为 0 或 1。数据集是二维的，因此我们将能够查看模型创建的非线性边界。第二个数据集是用于图像识别的常用数据集，称为 MNIST(美国国家标准与技术研究所)数据集。MNIST 数据集中包含可以使用神经网络进行分类的手写数字。

二维图形示例

在本节中，我们将在图 10.20 所示的数据集上，在 Keras 中训练一个神经网络。数据集包含两个标签，0 和 1。标签为 0 的点绘制为正方形，标签为 1 的点绘制为三角形。注意，标签为 1 的点主要位于中心，而标签为 0 的点主要位于两侧。对于这种类型的数据集，我们需要一个具有非线性边界的分类器，这一数据集因此成为一个很好的神经网络例子。本节的代码如下。

- **笔记**：Graphical_example.ipynb
  - https://github.com/luisguiserrano/manning/blob/master/Chapter_10_Neural_Networks/Graphical_example.ipynb
- **数据集**：one_circle.csv

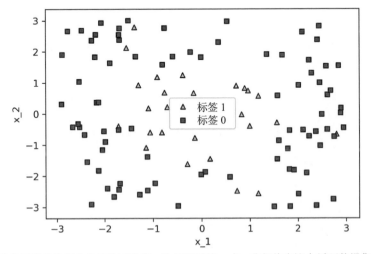

图 10.20　神经网络非常拟合非线性可分集。为了测试这一点，我们将在这个循环数据集上训练一个神经网络

在训练模型之前，先看看数据中的一些随机行。我们将输入称为 x，特征为 x_1 和 x_2，将输出称为 y。表 10.3 展示了一些示例数据点。数据集共有 110 行。

表 10.3　包含 110 行、2 个特征、标签为 0 和 1 的数据集

x_1	x_2	y
−0.759416	2.753240	0
−1.885278	1.629527	0
…	…	…
0.729767	−2.479655	1
−1.715920	−0.393404	1

在进行神经网络构建和训练之前，我们必须做一些数据预处理。

对数据进行分类：将非二元特征转化为二元特征

在这个数据集中，输出是一个介于 0 和 1 之间的数字，但代表了两个类。在 Keras 中，我们建议对此类输出进行分类,简单来说就是标签为 0 的点现在有一个标签 [1,0]，

标签为 1 的点现在有一个标签 [0,1]。我们使用 to_categorical 函数执行此操作，如下所示：

```
from tensorflow.keras.utils import to_categorical
categorized_y = np.array(to_categorical(y, 2))
```

新标签被称为 categorized_y。

神经网络架构

在本节中，我们将为此数据集构建神经网络的架构。架构大小并不需要太精确，但通常建议构架大一点而不是小一点。对于这个数据集，我们将使用以下带有两个隐藏层的架构(见图 10.21)：

- 输入层
  - 尺寸：2
- 第一个隐藏层
  - 尺寸：128
  - 激活函数：ReLU
- 第二个隐藏层
  - 尺寸：64
  - 激活函数：ReLU
- 输出层
  - 尺寸：2
  - 激活函数：softmax

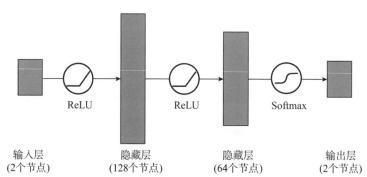

图 10.21   将用于对数据集进行分类的架构包含两个隐藏层：一个有 128 个节点，另一个有 64 个节点。隐藏层之间的激活函数是 ReLU，最终的激活函数是 softmax

此外，我们将在隐藏层之间添加 Dropout 层以防止过拟合，Dropout 概率为 0.2。

在 Keras 中构建模型

在 Keras 中构建神经网络只需要几行代码。首先，我们导入必要的包和函数如下：

```
from tensorflow.keras.models import Sequential
from tensorflow.keras.layers import Dense, Dropout, Activation
```

现在，我们使用在前一小节中定义的架构来定义模型。让我们先使用以下行定义模型：

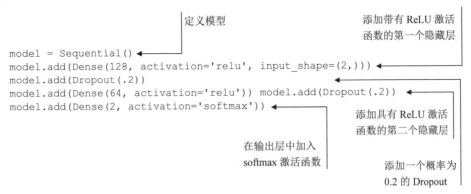

一旦定义了模型，我们就可以进行编译，如下所示：

```
model.compile(loss = 'categorical_crossentropy', optimizer='adam',
    metrics=['accuracy'])
```

compile 函数中的参数如下：

- loss = 'categorical_crossentropy'：损失函数，我们将其定义为对数损失。因为标签不止一列，所以我们需要使用对数损失函数的多变量版本，称为分类交叉熵。
- optimizer = 'adam'：Keras 等包有许多内置技巧，可以帮助我们以最佳方式训练模型。在训练中添加优化器总是一个不错的选择。最好的优化器包括 Adam、SGD、RMSProp 和 AdaGrad 等。尝试使用其他优化器进行相同的训练，看看其他优化器的表现如何。
- metrics = [' accuracy ']：随着训练的进行，我们会得到模型在每个迭代周期表现情况的报告。这个标志允许定义在训练期间我们期待的指标。在本例中，我们选择准确率。

运行代码，得到架构和参数数量的摘要，如下所示：

```
Model: "sequential"
```

Layer (type)	Output Shape	Param #
dense (Dense)	(None, 128)	384

dropout (Dropout)	(None, 128)	0
dense_1 (Dense)	(None, 64)	8256
dropout_1 (Dropout)	(None, 64)	0
dense_2 (Dense)	(None, 2)	130

```
Total params: 8,770
Trainable params: 8,770
Non-trainable params: 0
```

前一个输出中的每一行都是一个层(为了方便描述，Dropout 层被视为单独的层)。每一列分别对应于层的类型、形状(节点数)和参数量，也就是权重数加上偏差数。该模型共有 8770 个可训练参数。

训练模型

训练过程只需要一行简单的代码就足够了，如下所示：

```
model.fit(x, categorized_y, epochs=100, batch_size=10)
```

让我们检查这个拟合函数的每个输入。

- x 和 categorized_y：分别是特征和标签。
- epochs：在整个数据集上运行反向传播的次数。本例中，我们运行了 100 次反向传播。
- batch_size：用于训练模型批次的长度。此处，我们将 10 个数据分为一组，引入模型。小数据集不需要批量输入，但本例中，我们批量输入小数据集以防止梯度爆炸。

模型在进行训练时，会在每次迭代中输出一些信息，即损失(误差函数)和准确率。接下来，注意一个对比：第一次迭代具有高损失和低准确率，而最后一次迭代在这两个指标上都结果更好：

```
Epoch 1/100
11/11 [==============================] - 0s 2ms/step - loss: 0.5473 -
    accuracy: 0.7182
...
Epoch 100/100
11/11 [==============================] - 0s 2ms/step - loss: 0.2110 -
    accuracy: 0.9000
```

模型在训练集上的最终准确率为 0.9。这一结果很好，但请记住，准确率必须在测试集中计算。此处，我不会这样操作，而是尝试将数据集划分为训练集和测试集，然后重新训练这个神经网络，查看最终的测试准确率。图 10.22 显示了神经网络分类器的边界。

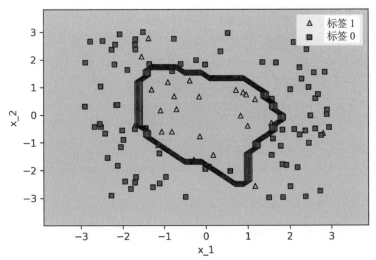

图 10.22　我们训练的神经网络分类器的边界。注意，这一边界正确分类了大多数的点，但有一些例外

注意，该模型成功地对数据进行了较好的分类，将三角形环绕起来，而将正方形留在外面。在噪声数据的干扰下，模型犯了一些错误，但这没有关系。通过操纵得到的边界暗示了一定程度的过拟合，但该模型整体良好。

训练用于图像识别的神经网络

在本节中，我们将学习如何训练用于图像识别的神经网络。我们使用的数据集是MNIST，一个流行的图像识别数据集，包含从 0 到 9 的 70 000 个手写数字。每个图像的标签是图像对应的数字。每个灰度图像都是由 0 到 255 之间的数字组成，一个 28×28 的矩阵，其中 0 代表白色，255 代表黑色，中间的数字代表灰度阴影。本节的代码如下。

- **笔记**：image_recognition.ipynb
  - https://github.com/luisguiserrano/manning/blob/master/Chapter_10_Neural_Networks/Image_recognition.ipynb
- **数据集**：MNIST(预装了 Keras)

加载数据

该数据集预加载在 Keras 中，因此很容易被加载到 NumPy 数组中。事实上，该数据集已经被分成大小分别为 60 000 和 10 000 的训练集和测试集。以下代码行将这些训练集和测试集加载到 NumPy 数组中：

```
from tensorflow import keras
(x_train, y_train), (x_test, y_test) = keras.datasets.mnist.load_data()
```

在图 10.23 中，可以看到数据集中的前五张图像及其标签。

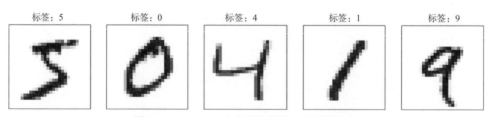

图 10.23 MNIST 中带有标签的一些手写数字

数据预处理

神经网络将向量接收为输入而非矩阵，因此我们必须将每个 28×28 的图像转换为长度为 $28^2=784$ 的长向量。可以使用 reshape 函数，如下所示：

```
x_train_reshaped = x_train.reshape(-1, 28*28)
x_test_reshaped = x_test.reshape(-1, 28*28)
```

与前面的示例一样，还需要对标签进行分类。因为标签是 0 到 9 之间的数字，所以我们必须将其转换为长度为 10 的向量，其中标签对应的条目为 1，其余为 0。可以使用以下代码行：

```
y_train_cat = to_categorical(y_train, 10)
y_test_cat = to_categorical(y_test, 10)
```

过程如图 10.24 所示。

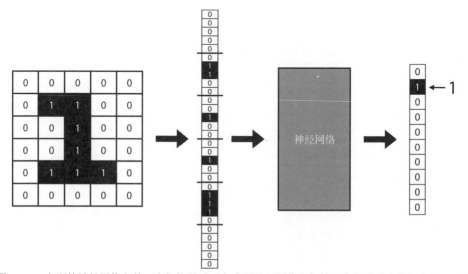

图 10.24 在训练神经网络之前，我们按照以下方式预处理图像和标签。我们通过连接行将矩形图像
塑造成一个长向量，然后将每个标签转换为长度为 10 的向量，在相应标签的位置只有一个
非 0 条目

构建和训练模型

我们可以使用与之前模型相同的架构，但因为现在输入的大小为 784，所以需要对架构稍作改动。在接下来的代码行中，我们定义了模型及其架构：

```
model = Sequential()
model.add(Dense(128, activation='relu', input_shape=(28*28,)))
model.add(Dropout(.2))
model.add(Dense(64, activation='relu'))
model.add(Dropout(.2))
model.add(Dense(10, activation='softmax'))
```

现在，我们编译模型，并训练 10 次迭代，批量大小为 10，如下所示。此模型有109 386 个可训练参数，因此在你的计算机上训练 10 次迭代可能需要花费几分钟时间。

```
model.compile(loss = 'categorical_crossentropy', optimizer='adam',
    metrics=['accuracy'])
model.fit(x_train_reshaped, y_train_cat, epochs=10, batch_size=10)
```

查看输出，可以看到模型的训练准确率为 0.9164。这一结果很好，但我们需要先评估测试准确率，确保模型没有过拟合。

评估模型

可通过在测试数据集中进行预测，并比较预测与标签，以此评估测试集中的准确率。神经网络输出的向量长度为 10，概率为神经网络分配给每个标签的概率，因此我们可以通过查看该向量中最大值的条目来获得预测，如下所示：

```
predictions_vector = model.predict(x_test_reshaped)
predictions = [np.argmax(pred) for pred in predictions_vector]
```

比较标签与预测，得到测试准确率为 0.942，这一结果相当不错。也可以用更复杂的架构得到更好的结果，如卷积神经网络(在下一节中看到更多)。但令人高兴的是，我们知道仅仅通过一个小型全连接神经网络，就可以很好地解决图像识别问题。

现在，让我们看看一些预测。图 10.25 中包含一个正确的预测(左)和一个错误的预测(右)。注意，错误的预测是数字 3 的图像，这一图像书写很差，看起来有点像 8。

标签：4　　　　　标签：3
预测：4　　　　　预测：8

图 10.25　左图：已被神经网络正确分类的 4 的图像。右图：被错误归类为 8 的 3 图像

通过这个练习，我们可以看到复杂神经网络的训练过程也很简单，在 Keras 中只需要几行代码！当然，能做的事还有很多。玩转笔记，为神经网络添加更多层，更改超参数，看看可以将这个模型的测试准确率提高多少！

10.4 用于回归的神经网络

在本章中，我们已经看到了如何使用神经网络作为分类模型，但神经网络与回归模型一样有用。幸运的是，我们只需要对分类神经网络微调两处，就可以获得回归神经网络。第一个调整是从神经网络中删除最终的 sigmoid 函数。这个函数的作用是把输入变成一个 0 到 1 之间的数字，所以删除这一函数之后，神经网络就可以返回任何数字。第二个调整是将误差函数更改为绝对误差或均方误差，因为这些误差函数与回归相关。其他一切都将保持不变，包括训练过程。

举个例子，让我们看一下图 10.7 展示的感知器。这个感知器做出预测 $\hat{y} = \sigma(3x_1 - 2x_2 + 4x_3 + 2)$。如果删除 sigmoid 激活函数，那么新的感知器则做出预测 $\hat{y} = 3x_1 - 2x_2 + 4x_3 + 2$。新感知器如图 10.26 所示。注意，这个感知器代表了一个线性回归模型。

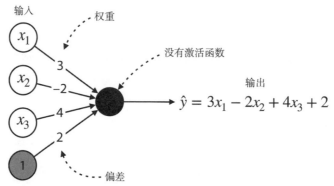

图 10.26   如果我们从感知器中移除激活函数，就将分类模型变成了线性回归模型。线性回归模型预测任何数值，而不仅是介于 0 和 1 之间的数值

为了便于说明，让我们在一个熟悉的数据集上用 Keras 训练一个神经网络：某城市的房价数据集。回忆一下，在第 3.5 节，我们训练了一个线性回归模型来拟合该数据集。本节的代码如下。

- **笔记**：House_price_predictions_neural_network.ipynb
  - https://github.com/luisguiserrano/manning/blob/master/Chapter_10_Neural_Networks/House_price_predictions_neural_network.ipynb
- **数据集**：Hyderabad.csv

可以在笔记中找到加载数据集并将数据集划分为特征和标签的详细信息。我们将使用的神经网络架构如下：

- 大小为 38 的输入层(数据集中的列数)
- 大小为 128 的隐藏层，具有 ReLU 激活函数和 0.2 的 Dropout 参数
- 大小为 64 的隐藏层，具有 ReLU 激活函数和 0.2 的 Dropout 参数
- 大小为 1 的输出层，没有激活函数

```
model = Sequential()
model.add(Dense(38, activation='relu', input_shape=(38,)))
model.add(Dropout(.2))
model.add(Dense(128, activation='relu'))
model.add(Dropout(.2))
model.add(Dense(64, activation='relu'))
model.add(Dropout(.2))
model.add(Dense(1))
```

为训练神经网络，我们使用均方误差函数和 Adam 优化器。我们将使用 10 的批量大小训练 10 次迭代，如下所示：

```
model.compile(loss = 'mean_squared_error', optimizer='adam')
model.fit(features, labels, epochs=10, batch_size=10)
```

该神经网络报告训练数据集中的均方根误差为 5 535 425。添加测试集进一步研究模型，并尝试使用该架构，看看可以改进多少！

10.5　用于更复杂数据集的其他架构

神经网络在许多应用中都很有用，可能是当前最有用的机器学习算法。神经网络最重要的一个品质是具有多种功能。我们可以用非常有趣的方式修改架构，以更好地拟合数据并解决问题。要了解有关这些架构的更多信息，请查看 Andrew Trask 的 *Grokking Deep Learning* 以及附录 C 或 https://serrano.academy/neural-networks/。

神经网络如何处理图像：卷积神经网络 (CNN)

正如本章所说，神经网络在处理图像方面表现出色，许多应用都使用神经网络图像技术，下面是一些示例。

- **图像识别**：输入为图像，输出为图像上的标签。一些用于图像识别的著名数据集如下。
  - MNIST：28×28 灰度图像中的手写数字
  - CIFAR-10：彩色图像，有飞机、汽车等 10 个标签，32×32 图像
  - CIFAR-100：与 CIFAR-10 类似，但有水生哺乳动物、花卉等 100 个标签
- **语义分割**：输入为图像，输出不仅包括图像中发现的事物的标签，还包括事物在图像中的位置。通常，神经网络将此位置输出为图像中的有界矩形。

在"训练用于图像识别的神经网络"一节中，我们构建了一个小型全连接神经网

络，可以很好地分类 MNIST 数据集。然而，在处理图片和人脸等更复杂的图像时，小型全连接的神经网络则效果不佳，因为将图像转换为长向量会丢失大量信息。处理复杂图像时，我们需要使用不同的架构，这就是卷积神经网络的有用之处。

有关神经网络的详细信息，请查看附录 C 中的资源。此处，我们将简要介绍卷积神经网络的工作原理。想象一下，我们需要处理一个较大的图像。我们取一个较小的窗口，比如 5×5 或 7×7 像素，然后在大图像中滑动它。每次我们通过这一小窗口时，都会应用一个称为卷积的公式。因此，我们以一个稍小的过滤图像结束，在某种程度上，这一过滤图像会总结前一个过滤图像——卷积层。一个卷积神经网络包含数个此类卷积层和一些全连接层。

在处理复杂图像时，我们通常不会从头开始训练神经网络，而是使用一种名为迁移学习的技术。迁移学习从预先训练的网络开始，并使用数据调整一些参数(通常是最后一层)。这种技术往往效果很好，而且计算成本很低。InceptionV3、ImageNet、ResNet、VGG 等网络都经过公司和研究团队的训练，具有强大的计算能力，强烈推荐使用。

神经网络如何交流：循环神经网络(RNN)、门控循环单元(GRU)和长短期记忆网络(LSTM)

神经网络最吸引人的一个应用是可以与我们交谈或理解我们所说的话。这包括倾听我们所说的话或阅读我们所写的内容，然后进行分析，并能够做出反应或采取行动。计算机理解和处理语言的功能被称为自然语言处理。神经网络在自然语言处理方面取得了很大的成功。本章开头的情感分析示例是自然语言处理的一部分，因为在这个例子中，神经网络需要理解句子并确定句子是否具有正面或负面情绪。可以想象，还有更多的尖端应用程序存在，下面列举一些例子。

- **机器翻译**：将各种语言的句子翻译成其他语言。
- **语音识别**：解码人声并将其转化为文本。
- **文本摘要**：将大文本摘要为几段。
- **聊天机器人**：一个可以与人类交谈并回答问题的系统。这类技术尚未完善，但在特定主题中，已经有一些有用的聊天机器人正在运行，例如用户支持。

最有用的文本处理架构是循环神经网络，以及一些循环神经网络的高级版本，称为长短期记忆网络(LSTM)和门控循环单元(GRU)。为便于理解，请想象在一个神经网络中，输出作为输入的一部分重新插入网络。这样，神经网络就有了记忆。如果训练得当，这种记忆可帮助理解文本中的主题。

神经网络如何绘画：生成对抗网络(GAN)

最迷人的一个神经网络应用之一是生成。目前为止，神经网络(以及本书中的大多数其他 ML 模型)在预测机器学习方面表现良好，即能够回答诸如"那是多少？"或"这是猫还是狗？"之类的问题。然而，近年来，神经网络在生成式机器学习领域进展明显。生成式机器学习是机器学习的一个领域。这一领域非常迷人，教计算机创造事物，而不是简单地回答问题。画画、作曲或写故事等行为代表了机器学习对世界的理解达到了更高水平。

毫无疑问，过去几年最重要的一大进步是生成对抗网络(GAN)的研发。在图像生成方面，生成对抗网络已经结出丰硕的成果。生成对抗网络由两个相互竞争的网络组成，即生成器和判别器。生成器尝试生成真实的图像，而判别器尝试区分真图像和假图像。在训练过程中，我们为判别器提供真实图像以及生成器生成的假图像。当应用于人脸数据集时，这个过程会产生一个可以生成一些非常逼真的人脸的生成器。事实上，这些人脸看起来非常真实，以至于人类通常很难将它们与真实人脸区分开来。用生成对抗网络测试自己——www.whichfaceisreal.com。

10.6　本章小结

- 神经网络是一种强大模型，可以用于分类和回归。神经网络由一组按层组织的感知器组成，一层的输出作为下一层的输入。神经网络的复杂性使其能够在其他机器学习模型难以实现的应用程序中取得巨大成功。
- 许多领域中都有神经网络的前沿应用，包括图像识别和文本处理等。
- 神经网络的基本构建块是感知器。感知器接收多个值作为输入，并通过将输入乘以权重、加上偏差和应用激活函数来输出一个值。
- 流行的激活函数包括 sigmoid、双曲正切、softmax 和整流线性单元 (ReLU)。激活函数用于神经网络中的层之间，以打破线性，并帮助我们建立更复杂的边界。
- sigmoid 函数是一个简单的函数，可以将任何实数发送到 0 到 1 之间的区间。双曲正切也一样，但输出区间为–1 和 1 之间。两者的目标是将输入压缩到一个小区间，以便将答案解释为一个类别。sigmoid 函数和双曲正切函数主要用于神经网络中的最终(输出)层。由于导数的平坦性，这两个函数可能带来梯度消失的问题。
- ReLU 函数将负数发送为 0，对于非负数则直接发送非负数本身。该函数在减少梯度消失问题方面取得了巨大成功。因此，与 sigmoid 函数或双曲正切函数相比，ReLU 函数更多地用于训练神经网络。
- 神经网络结构非常复杂，难以训练。神经网络的训练过程称为反向传播，这一过程已经取得了巨大成功。反向传播取损失函数的导数并找到关于模型所有权重的所有偏导数，然后使用这些导数迭代更新模型的权重，以提高性能。
- 神经网络容易出现过拟合和梯度消失等其他问题，但我们可以使用正则化和 Dropout 等技术来减少这些问题。

- Keras、TensorFlow 和 PyTorch 等包在训练神经网络方面非常有用。这些包可以帮助我们轻松训练神经网络，因为我们只需要定义模型的架构和误差函数，而这些包负责训练。此外，这些包还包含许多可以利用的内置先进优化器。

10.7　练习

练习 10.1

下图显示了一个神经网络，其中所有的激活都是 sigmoid 函数。

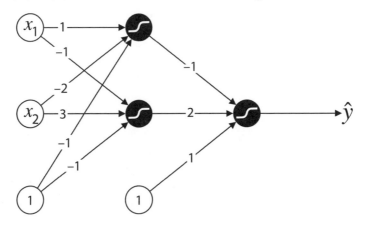

这个神经网络会为输入(1,1)预测什么？

练习 10.2

正如我们在练习 5.3 中所学，构建一个模仿 XOR 门的感知器是不可能的。换句话说，用感知器拟合以下数据集并获得 100%的准确率是不可能的：

x_1	x_2	y
0	0	0
0	1	1
1	0	1
1	1	0

这是因为数据集不是线性可分的。使用深度为 2 的神经网络，构建一个模仿前面显示的 XOR 门的感知器。使用阶跃函数而非 sigmoid 函数作为激活函数来获得离散输出。

提示：使用训练方法很难做到这一点；相反，尝试用眼睛观察权重。尝试(或在线搜索如何)使用 AND、OR 和 NOT 门构建 XOR 门，并使用练习 5.3 的结果获得帮助。

练习 10.3

在"神经网络的边界"一节的末尾，我们看到图 10.13 中带有激活函数的神经网络不拟合表 10.1 中的数据集，因为点(1,1)被错误分类。

a. 验证这种情况是否真实。

b. 更改权重，以便神经网络正确分类每个点。

用风格寻找界限：支持向量机和内核方法

第 **11** 章

本章主要内容：

- 什么是支持向量机
- 数据集的哪个线性分类器具有最佳边界
- 使用内核方法构建非线性分类器
- 在 Scikit-Learn 中编程支持向量机和内核方法

在本章中，我们将学习一个强大的分类模型，称为支持向量机(support vector machine，SVM)。SVM 使用线性边界将数据集分为两类，因此与感知器类似。然而，SVM 的目的在于找到尽可能远离数据集中点的线性边界。本章还介绍内核方法，内核方法使用高度非线性边界进行数据集分类，在与 SVM 结合使用时非常有效。

在第 5 章中，我们了解了线性分类器(即感知器)。线性感知器具有二维数据，由一条线定义，该线将由带有两个标签的点组成的数据集分隔开。然而，我们可能已经注意到，有许多不同的线都可以分隔数据集，于是产生了以下问题：我们如何判断哪条线最好？在图 11.1 中，我们可以看到 3 个不同的线性分类器都可以将数据集分开。你更喜欢哪一个？分类器 1、2 还是 3？

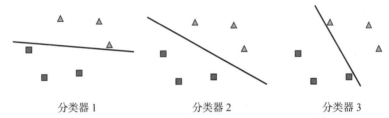

图 11.1　正确分类数据集的 3 个分类器。我们应该更喜欢哪个？分类器 1、2 还是 3

如果你更喜欢分类器 2，我们同意你的观点。三条线都很好地分隔了数据集，但第二条线放置得更好。第一条线和第三条线非常靠近一些点，而第二条线远离所有点。如果我们稍微摆动一下这三条线，第一条和第三条就可能会越过一些点，从而在此过程中错误分类一些点，但第二条线仍然能够做到正确分类。因此，分类器 2 比分类器 1 和 3 更具有鲁棒性。

这就是 SVM 发挥作用的地方。SVM 分类器使用两条平行线而不是一条线。SVM 的目标是双重的；既要对数据进行正确分类，又要将行分隔得尽可能地远。在图 11.2 中，我们可以看到 3 个分类器的两条平行线，两条平行线中都有中间线以供参考。分类器 2 中的两条外部(虚线)线彼此相距最远，使得该分类器成为最佳分类器。

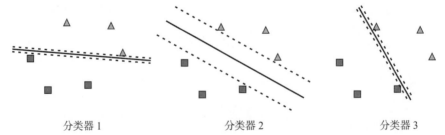

图 11.2　我们将分类器绘制为两条平行线，尽可能彼此远离。我们可以看到分类器 2 中的平行线彼此相距最远，意味着分类器 2 中的中线是位于点之间的最佳线

我们可以将 SVM 可视化为中间的线，并让线尽可能远离所有的点。也可以把 SVM

想象成两条外部平行线，这两条线尽可能彼此远离。在本章的不同部分，我们将使用这两种不同的可视化，因为这两种可视化在某些情况下都很有用。

怎样构建这样的分类器呢？我们可以使用与之前类似的构建方式，只是误差函数和迭代步骤略有不同。

提示：本章中所有的分类器都是离散的，即输出是 0 或 1。分类器由预测 $\hat{y}$ = step($f(x)$) 或边界公式 $f(x)$ =0 描述，即试图将数据点分成两类函数图。例如，预测为 $\hat{y}$ = step($3x_1$ + $4x_2$−1)的感知器有时仅由线性公式 $3x_1 + 4x_2 - 1$=0 描述。但本章中，部分分类器的边界公式不一定是线性函数，在 11.3 节可看到这一点。

在本章中，这一理论主要体现在一维数据集和二维数据集(直线或平面上的点)上。然而，SVM 在更高维度的数据集中同样有效。一维的线性边界是点，二维的线性边界是线。同样，3 个维度中的线性边界是平面，而在更高维度中，线性边界是比点所在的空间小一维的超平面。这些情况下，我们的目标都是找到离这些点最远的边界。在图 11.3 中，可以看到一维、二维和三维数据集的线性边界示例。

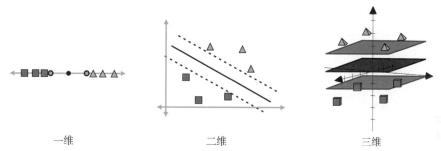

一维　　　　　　　　　　　二维　　　　　　　　　　　　三维

图 11.3　一维、二维和三维数据集的线性边界。一维边界由两个点构成，二维边界由两条线构成，三维边界由两个平面构成。每种情况下，我们都尽量将这两者分开。为清楚起见，图中显示了中间边界(点、线或平面)

本章的所有代码都可在 GitHub 仓库中找到：https://github.com/luisguiserrano/manning/tree/master/Chapter_11_Support_Vector_Machines。

11.1　使用新的误差函数构建更好的分类器

就像机器学习中的常见惯例一样，我们使用误差函数定义 SVM。在本节中，我们将学习 SVM 的误差函数。SVM 的误差函数很特别，因为它试图同时将点的分类和线之间的距离最大化。

为训练 SVM，我们需要为由两条线组成的分类器构建一个误差函数，两条线的距离尽可能远。当考虑构建误差函数时，我们应该始终问自己一个问题："我们希望模型实现什么？"以下是我们想要实现的两件事：

- 两条线中的每一条都应尽可能对点进行分类。
- 两条线应尽可能彼此远离。

误差函数应该惩罚没有实现上述要求的任何模型。因为我们想要实现两件事，所有 SVM 误差函数应该是两个误差函数的总和：第一个误差函数惩罚错误分类的点，第二个误差函数惩罚彼此过于靠近的线。因此，我们的误差函数如下所示：

$$误差 = 分类误差 + 距离误差$$

在接下来的两节中，我们将分别研究这两个术语。

分类误差函数：尝试正确分类点

在本节中，我们学习分类误差函数。分类误差函数是诸多推动分类器正确分类点的误差函数之一。简而言之，该误差计算如下。因为分类器由两条线组成，所以我们将这两条线视为两个独立的离散感知器(第 5 章)。然后将计算两个感知器误差的总和作为分类器总误差(5.2 节)。我们来看一个例子。

SVM 使用两条平行线，幸运的是，平行线的公式相似；两条平行线的权重相同，但偏差不同。因此，在 SVM 中，我们使用中心线作为参考系 L，公式为 $w_1x_1 + w_2x_2 + b = 0$。我们构造两条线，一条在上面，一条在下面，分别是：

- $L+$: $w_1x_1 + w_2x_2 + b = 1$，且
- $L-$: $w_1x_1 + w_2x_2 + b = -1$

例如，图 11.4 显示了 3 个平行线 L、$L+$ 和 $L-$，公式如下：

- L: $2x_1 + 3x_2 - 6 = 0$
- $L+$: $2x_1 + 3x_2 - 6 = 1$
- $L-$: $2x_1 + 3x_2 - 6 = -1$

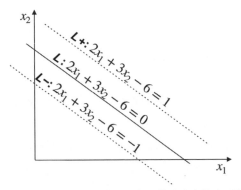

图 11.4　主线 L 是中间的那条线。我们通过稍微改变 L 的公式来构建两条平行的等距线 $L+$ 和 $L-$

分类器现在由 $L+$ 和 $L-$ 线组成。我们可以将 $L+$ 和 $L-$ 视为两个独立的感知器分类器，并且每个分类器都有相同的目标，即正确分类点。每个分类器都有自己的感知器误差函数，因此我们将分类函数定义为这两个误差函数的总和，如图 11.5 所示。

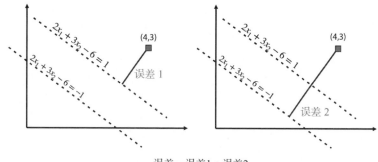

误差 = 误差1 + 误差2

图 11.5　现在，分类器由两条线组成，我们使用这两条线衡量错误分类点的误差。然后，将两个误差
　　　　相加，得到分类误差。注意，如图所示，误差不是点到边界的垂直距离，而与距离成正比

注意，在 SVM 中，两条线都必须对点进行很好的分类。因此，两条线之间的点总是被某一条线错误分类，从而不会被 SVM 算作正确分类的点。

回忆一下在 5.2 节中，预测为 $\hat{y} = \text{step}(w_1x_1 + w_2x_2 + b)$ 的离散感知器在点 (p, q) 处的误差函数如下所示：

● 如果该点被正确分类，则误差为 0，
● 如果该点被错误分类，则误差为 $|w_1x_1 + w_2x_2 + b|$

例如，考虑标签为 0 的点 (4,3)。图 11.5 中的两个感知器将该点错误分类，给出了以下预测：

● $L+$：$\hat{y} = \text{step}(2x_1 + 3x_2 - 7)$
● $L-$：$\hat{y} = \text{step}(2x_1 + 3x_2 - 5)$

因此，SVM 给出的该点的分类误差是

$$|2 \cdot 4 + 3 \cdot 3 - 7| + |2 \cdot 4 + 3 \cdot 3 - 5| = 10 + 12 = 22$$

距离误差函数：试图将两条线尽可能分开

我们已经创建了一个衡量分类错误的误差函数，现在，我们需要构建一个查看两条线之间的距离并在距离很小时发出警报的函数。在本节中，我们将讨论一个非常简单的误差函数。当两条线靠近时，函数值很大；而当两条线相距很远时，函数值很小。

这个误差函数叫做距离误差函数，我们之前已经学习了这一函数；它就是第 4 章中介绍的正则化项。更具体地说，如果线性方程的公式为 $w_1x_1 + w_2x_2 + b = 1$ 和 $w_1x_1 + w_2x_2 + b = -1$，则误差函数为 $w_1^2 + w_2^2$。为什么？事实基础如下：如图 11.6 所示，两条线之间的垂直距离就是 $\dfrac{2}{\sqrt{w_1^2 + w_2^2}}$。如果你想了解计算此距离的详细信息，请查看本章末尾的练习 11.1。

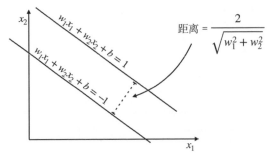

图 11.6　两条平行线之间的距离可以根据直线的公式计算

了解这一点后，注意以下几点：

- 当 $w_1^2 + w_2^2$ 很大时，$\dfrac{2}{\sqrt{w_1^2 + w_2^2}}$ 很小。

- 当 $w_1^2 + w_2^2$ 很小时，$\dfrac{2}{\sqrt{w_1^2 + w_2^2}}$ 很大。

因为我们希望两条线尽可能地远离，所以 $w_1^2 + w_2^2$ 是一个很好的误差函数，因为它为坏分类器(两条线距离很近)提供较大的值，为好分类器(两条线相距甚远)提供较小的值。

在图 11.7 中，我们可以看到两个 SVM 分类器的例子。公式如下。

- SVM1：
  - $L+$：$3x_1 + 4x_2 + 5 = 1$
  - $L-$：$3x_1 + 4x_2 + 5 = -1$
- SVM2：
  - $L+$：$30x_1 + 40x_2 + 50 = 1$
  - $L-$：$30x_1 + 40x_2 + 50 = 1$

距离误差函数如下所示。

- SVM1：
  - 距离误差函数$=3^2 + 4^2 = 25$
- SVM2：
  - 距离误差函数$=30^2 + 40^2 = 2500$

图 11.7 还显示，SVM2 中的线比 SVM1 中的线相距更近，因此 SVM1 是更好的分类器(从距离的角度看)。SVM1 中两条线的距离是 $\dfrac{2}{\sqrt{3^2 + 4^2}} = 0.4$，而 SVM2 中两条线的距离是 $\dfrac{2}{\sqrt{30^2 + 40^2}} = 0.04$。

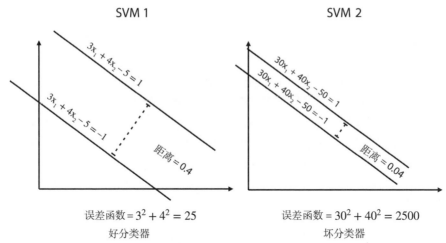

图 11.7　左图 SVM：两线相距 0.4，误差为 25。右图 SVM：两线相距 0.04，误差为 2500。注意，相比
之下，左侧的分类器比右侧的分类器更好，因为左图中两条线相距更远，因此距离误差更小

将两个误差函数相加得到误差函数

现在，我们已经构建了一个分类误差函数和一个距离误差函数，让我们看看如何
将它们两者结合，构建一个帮助我们同时实现两个目标的误差函数：对点良好分类，
且两条线彼此相距较远。

为了得到这个误差函数，我们将分类误差函数和距离误差函数相加，得到以下公式：

$$误差 = 分类误差 + 距离误差$$

能够最小化此误差函数的良好 SVM 必须尽量减少分类误差，同时尽量保持两条
线相距较远。

在图 11.8 中，我们可以看到同一数据集的 3 个 SVM 分类器。

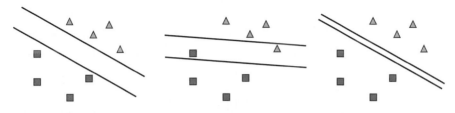

图 11.8　左图：好 SVM，两条线距离适中，正确地对所有点进行分类。中间：坏 SVM，错误分类
两个点。右图：坏 SVM，两条线距离过近

左边的分类器非常好，因为它对数据进行了很好的分类，并且两条线相距很远，
减少了出错的可能性。中间的分类器会犯一些错误(因为顶线下面有一个三角形，底线
上面有一个正方形)，所以不是一个好的分类器。右边的分类器对点进行了正确分类，

但是两条线距离过近，所以也不是一个好的分类器。

我们希望 SVM 更关注分类还是更关注距离？C 参数可以帮助我们

在本节中，我们将学习一种有用的技术来调整和改进模型。这项技术引入了 C 参数，当希望 SVM 侧重于分类和距离两者之一时，就可以使用 C 参数。

到目前为止，似乎构建一个好的 SVM 分类器需要做的就是跟踪两件事。我们希望确保分类器犯的错误尽可能少，同时使两条线距离尽可能远。但是，如果我们不得不为了其中一个而放弃另一个呢？图 11.9 展示了同一个数据集的两个分类器。左边的分类器有一些错误，但两条线相距很远。右边的分类器没有错误，但两条线过于靠近。我们应该选择哪一个？

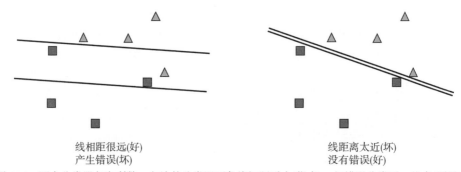

线相距很远(好)　　　　　　　　　　线距离太近(坏)
产生错误(坏)　　　　　　　　　　　没有错误(好)

图 11.9　两个分类器各有利弊。左边的分类器两条线间隔适中(优点)，但错误分类了一些点(不足)。右边的分类器两条线靠得太近(不足)，但正确地分类了所有点(优点)

事实证明，这个问题的答案取决于我们需要解决的问题。有时，我们需要分类器即使线条距离很近，也尽可能少犯错；有时，我们需要分类器即使犯错，也尽可能让线条相距甚远。我们如何控制两者呢？使用 C 参数。我们将分类误差乘以 C，稍微修改误差公式，得到以下公式：

$$误差公式 = C·(分类误差)+(距离误差)$$

如果 C 很大，那么误差公式以分类误差为主，所以分类器更侧重于对点进行正确分类。如果 C 很小，则公式主要由距离误差决定，所以分类器更侧重于保持线之间的距离。

在图 11.10 中，我们可以看到 3 个分类器：一个分类器 C 值较大，可以正确分类所有点；一个分类器 C 值较小，两线相距很远；还有一个分类器 C=1，试图同时满足两个条件。在现实生活中，C 是一个超参数，我们可以使用模型复杂度图(4.4 节)或根据需要解决的问题、数据和模型来调整 C 值。

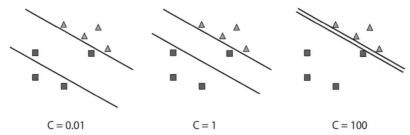

C = 0.01	C = 1	C = 100

图 11.10　分类器从保持两条线间距适当过渡到保证正确分离点时，C 值也随之改变，左边的分类器
　　　　　C 值较小(0.01)，线间距适中，但是会在分类点时犯错。右边的分类器 C 值较大(100)，正确
　　　　　分类了点，但线之间距离太短。中间的分类器犯了一个错误，但两线间隔良好

11.2　Scikit-Learn 中的 SVM 编程

　　我们已经了解了 SVM 的概念。现在，我们准备编写 SVM，并对一些数据进行建模。在 Scikit-Learn 中，编写 SVM 非常简单，这也正是本节的学习内容。我们还将学习如何在代码中使用 C 参数。

编写一个简单的 SVM

　　首先，我们在示例数据集中编写一个简单的 SVM，然后添加更多参数。该数据集名为 linear.csv，如图 11.11 所示。

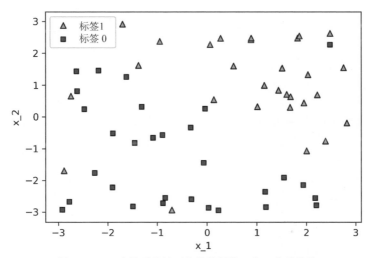

图 11.11　一个几乎线性可分的数据集，有一些异常值

本节的代码如下。

- **笔记**：SVM_graphical_example.ipynb
  - https://github.com/luisguiserrano/manning/blob/master/Chapter_11_Support_

Vector_Machines/SVM_graphical_example.ipynb

- **数据集**：linear.csv

首先，我们从 Scikit-Learn 中的 SVM 包中导入并加载数据，如下所示：

```
from sklearn.svm import SVC
```

然后，将数据加载到两个名为 features 和 labels 的 Pandas 数据框架中，接着定义名为 svm_linear 的模型，并对其进行训练，如下一个代码片段所示。得到的准确率为 0.933，如图 11.12 所示。

```
svm_linear = SVC(kernel='linear')
svm_linear.fit(features, labels)
```

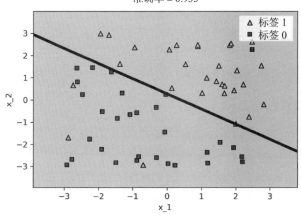

图 11.12 在 Scikit-Learn 中构建的 SVM 分类器的图只包含一条线。该模型的准确率为 0.933

C 参数

在 Scikit-Learn 中，我们可以轻松地将 C 参数引入模型。此处，我们训练并绘制两个模型。一个模型值非常小，为 0.01；另一个模型值很大，为 100，如图 11.13 中的代码所示：

```
svm_c_001 = SVC(kernel='linear', C=0.01)
svm_c_001.fit(features, labels)

svm_c_100 = SVC(kernel='linear', C=100)
svm_c_100.fit(features, labels)
```

我们可以看到，C 值较小的模型并没有那么强调正确分类点，并且会犯一些错误，模型的低准确率(0.867)就证明了这一点。虽然本例没有凸显，但是这个分类器非常强调线尽可能远离点。相比之下，C 值较大的分类器尝试对所有点进行正确分类，模型更高的准确率就是证明。

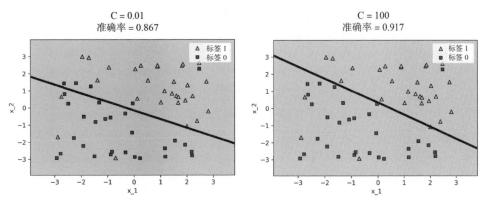

图 11.13　左边分类器的 C 值很小，线对各点分类良好，但犯了一些错误。右边分类器的 C 值很大，没有出错，但是线离某些点太近

11.3　训练非线性边界的 SVM：内核方法

正如其他章节所示，并非每个数据集都是线性可分的，很多时候我们需要构建非线性分类器来捕捉数据的复杂性。在本节中，我们将研究一种与 SVM 相关的强大方法，称为内核方法，帮助我们构建高度非线性的分类器。

如果我们发现数据集不能用线性分类器分离，该怎么办？一种思路是向该数据集添加更多列，并希望丰富的数据集线性可分。内核方法以巧妙的方式向数据集添加更多列，在新数据集上构建一个线性分类器，然后在跟踪分类器的同时删除添加的列。

这种解释方式太过冗长，但几何方式可以很好地帮助我们理解内核方法。想象一个二维数据集，数据集是二维的就意味着输入有两列。如果我们添加第三列，那么数据集现在就是三维的，就像纸上的点突然开始以不同的高度飞入空中一样。也许如果我们巧妙地将不同高度的点抬高，就可以用一个平面将这些点分开。这就是内核方法，如图 11.14 所示。

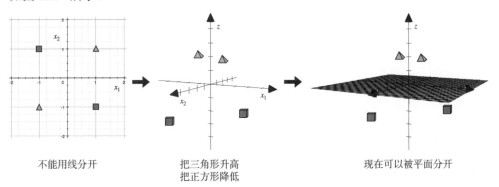

图 11.14　左图：该集合不能用线分开。中间图：我们以三维视角观察这一数据集，然后将三角形升高，将正方形降低。右图：新数据集现在可以用平面分离

内核、特征图和算子理论

内核方法背后的理论来自数学中的算子理论领域。内核是一个相似度函数。简单来说，内核是一个告诉我们两个点相似还是不同(例如，近或远)的函数。内核可以产生特征图，特征图是数据集所在的空间与(通常)更高维空间之间的映射。

不需要了解内核和特征图的完整理论也可以理解分类器。如果你想深入研究，请参阅附录 C 中的资源。出于本章的教学目的，我们将内核方法理解为向数据集中添加列，从而将各点分开。例如，图 11.14 中的数据集有 x_1 和 x_2 两列，我们添加了值为 $x_1 x_2$ 的第三列。同样，这一过程也可以理解为将平面中的点(x_1, x_2)发送到空间中的点$(x_1, x_2, x_1 x_2)$的函数。一旦这些点属于 3-D 空间，我们就可以使用图 11.14 右侧的平面将它们分开。深入研究本例，请参见本章末尾的练习 11.2。

我们在本章中看到的两个内核及其对应的特征图是多项式内核和径向基函数(RBF)内核。两者以不同但非常有效的方式向数据集添加列。

使用多项式公式：多项式内核

在本节中，我们将讨论多项式内核。多项式内核非常有用，可以帮助我们对非线性数据集建模。更具体地说，在内核方法的帮助下，我们可以使用多项式公式(如圆、抛物线和双曲线)对数据进行建模。我们将用两个例子来说明多项式核。

例 1：一个循环数据集

第一个例子，让我们尝试对表 11.1 中的数据集进行分类。

表 11.1 一个小数据集，如图 11.15 所示

x_1	x_2	y
0.3	0.3	0
0.2	0.8	0
−0.6	0.4	0
0.6	−0.4	0
−0.4	−0.3	0
0	−0.8	0
−0.4	1.2	1
0.9	−0.7	1
−1.1	−0.8	1
0.7	0.9	1
−0.9	0.8	1
0.6	−1	1

如图 11.15 所示，标签为 0 的点绘制为正方形，标签为 1 的点绘制为三角形。

当查看图 11.15 时，我们发现，很明显，只用一条线无法将正方形与三角形分开。然而，一个圆圈可以(见图 11.16)。现在的问题是，如果 SVM 只能绘制线性边界，我们该如何绘制这个圆？

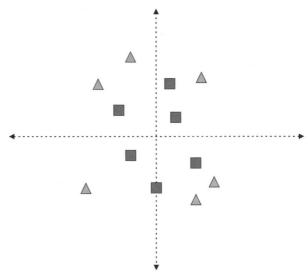

图 11.15　表 11.1 中数据集的绘图。注意，图中的正方形和三角形无法用线分开。因此，这个数据集是内核方法的一个很好的选择

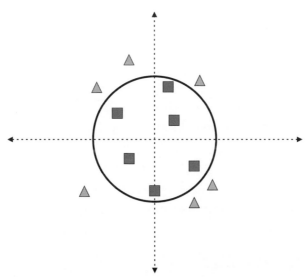

图 11.16　内核方法为我们提供了一个带有圆形边界的分类器，很好地分离了这些点

让我们想想如何画出这个界线。区分正方形和三角形的特征是什么？从观察来看，三角形似乎比圆形离原点更远。点到原点距离的测量公式是两个坐标平方和的平

方根。如果两个坐标是 x_1 和 x_2，那么距离是 $\sqrt{x_1^2 + x_2^2}$。我们暂时忽视平方根，只考虑 $x_1^2 + x_2^2$。现在，让我们在表 11.1 中添加一列，看看会发生什么。结果数据集如表 11.2 所示。

表 11.2　我们在表 11.1 中又增加了一列，新列为前两列值的平方和

x_1	x_2	$x_1^2 + x_2^2$	y
0.3	0.3	0.18	0
0.2	0.8	0.68	0
−0.6	0.4	0.52	0
0.6	−0.4	0.52	0
−0.4	−0.3	0.25	0
0	−0.8	0.64	0
−0.4	1.2	1.6	1
0.9	−0.7	1.3	1
−1.1	−0.8	1.85	1
0.7	0.9	1.3	1
−0.9	0.8	1.45	1
0.6	−1	1.36	1

　　查看表 11.2 后，我们可以发现一些规律。所有标记为 0 的点满足坐标的平方和小于 1，标记为 1 的点满足平方和大于 1。因此，将点分隔开的坐标满足的公式正是 $x_1^2 + x_2^2 = 1$。注意，这不是一个线性公式，因为变量已经大于一次幂。事实上，这正是圆的公式。

　　图 11.17 展示了这一公式的几何表达。原来的集合在平面上，不可能用一条线把两个类分开。但是如果我们将每个点(x_1, x_2)提高到高度 $x_1^2 + x_2^2$，这与用公式 $z = x_1^2 + x_2^2$ 将点放在抛物面上相似(如图所示)。每个点被提升的距离恰好是从该点到原点的距离。因此，正方形被提升的高度很小，因为它们靠近原点；而三角形被提升的高度很大，因为它们远离原点。现在，正方形和三角形彼此相距很远，因此我们可以用高度为 1 的水平面将它们分开——换言之，公式为 $z = 1$ 的平面。最后一步，我们将所有东西都投影到平面上。抛物面与平面的交点形成公式 $x_1^2 + x_2^2 = 1$ 的圆。注意，这个公式有二次项，不是线性的。最后，这个分类器做出的预测由 $\hat{y} = \text{step}(x_1^2 + x_2^2 - 1)$ 给出。

例 2：修改后的 XOR 数据集

　　我们可以以绘制图形不止圆形一个。让我们考虑一个非常简单的数据集，如表 11.3 所示，并绘制在图 11.18 中。此数据集类似于练习 5.3 中的 XOR 运算符对应的数据集。如果你想用原始的 XOR 数据集解决同样的问题，可以完成本章末尾的练习 11.2。

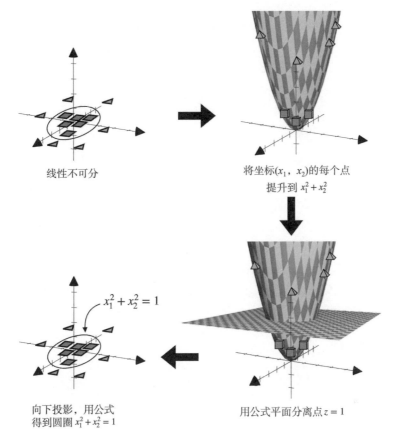

线性不可分

将坐标(x_1, x_2)的每个点
提升到 $x_1^2 + x_2^2$

$x_1^2 + x_2^2 = 1$

用公式平面分离点 $z = 1$

向下投影，用公式
得到圆圈 $x_1^2 + x_2^2 = 1$

图 11.17　内核方法。步骤 1：从一个线性不可分的数据集开始。第 2 步：将每个点升高一个距离，
　　　　　该距离是点到原点距离的平方。这将创建一个抛物面。第 3 步：现在三角形很高，而正方形很
　　　　　低。我们用高度为 1 的平面将三角形和正方形分开。步骤 4：把一切都投影下来。抛物面和平面
　　　　　之间的交点形成一个圆。圆的投影为我们提供了分类器的圆形边界

表 11.3　修改后的 XOR 数据集

x_1	x_2	y
−1	−1	1
−1	1	0
1	−1	0
1	1	1

　　图 11.18 显示该数据集是线性不可分的。两个三角形位于一个大正方形平面的对
角上，两个正方形位于其余两个对角上。画一条线无法将三角形与正方形分开。但是，
我们可以使用多项式公式。这次，我们将使用两个特征的乘积。将对应 $x_1 x_2$ 的列添加
到原始数据集。结果如表 11.4 所示。

表 11.4   我们在表 11.3 中增加了一列，新列由前两列的乘积组成。注意，表中最右边的两列之间存
在很强的关系

x_1	x_2	$x_1 x_2$	y
−1	−1	1	1
−1	1	−1	0
1	−1	−1	0
1	1	1	1

注意，$x_1 x_2$ 列与标签列非常相似。我们现在可以看到，边界公式为 $x_1 x_2 = 1$ 的分类器就是一个能够良好分类该数据集的分类器。该公式的绘图是横轴和纵轴的并集，因为要使 $x_1 x_2$ 乘积为 0，我们需要 $x_1 = 0$ 或 $x_2 = 0$。该分类器的预测由 $\hat{y} = step(x_1 x_2)$ 给出，平面中东北和西南象限中的点为 1，其他象限中的点为 0。

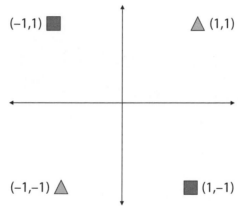

图 11.18   表 11.3 中数据集的绘图。分类器将正方形与三角形分开，边界公式为 $x_1 x_2 = 0$，对应于横轴和纵轴的并集

超越二次方程：多项式内核

在前面的两个示例中，我们使用多项式表达来帮助我们分类线性不可分的数据集。在第一个例子中，靠近原点的点值较小，远离原点的点值较大，因此表达式为 $x_1^2 + x_2^2$。第二个例子的表达式为 $x_1 x_2$，帮助我们分离平面不同象限中的点。

我们是如何找到这些表达式的？在处理更复杂的数据集时，我们可能没有机会查看图像并仔细观察可以帮助我们分类数据集的表达式。我们需要一种方法或算法。我们要做的是考虑所有可能的包含 x_1 和 x_2 的二次单项式(二次方)。我们称单项式 x_1^2、$x_1 x_2$ 和 x_2^2 为新变量 x_3、x_4 和 x_5，就像它们与 x_1 和 x_2 没有任何关系。让我们将其应用于第一个示例(圆圈)。表 11.1 中的数据集添加的新列如表 11.5 所示。

现在，我们可以构建一个 SVM，对增加新列之后的数据集进行分类。我们使用上一节介绍的方法训练 SVM。建议读者使用 Scikit-Learn、Turi Create 或你选择的包

来构建分类器。通过检查，这是一个有效的分类器公式：

$$0x_1 + 0x_2 + 1x_3 + 0x_4 + 1x_5 - 1 = 0$$

表 11.5　我们在表 11.1 中又添加了三列，分别对应于变量 x_1 和 x_2 的每个二次单项式：x_1^2、x_1x_2 和 x_2^2

x_1	x_2	$x_3 = x_1^2$	$x_4 = x_1x_2$	$x_5 = x_2^2$	y
0.3	0.3	0.09	0.09	0.09	0
0.2	0.8	0.04	0.16	0.64	0
−0.6	0.4	0.36	−0.24	0.16	0
0.6	−0.4	0.36	−0.24	0.16	0
−0.4	−0.3	0.16	0.12	0.09	0
0	−0.8	0	0	0.64	0
−0.4	1.2	0.16	−0.48	1.44	1
0.9	−0.7	0.81	−0.63	0.49	1
−1.1	−0.8	1.21	0.88	0.64	1
0.7	0.9	0.49	0.63	0.81	1
−0.9	0.8	0.81	−0.72	0.64	1
0.6	−1	0.36	−0.6	1	1

记住 $x_3 = x_1^2$ 和 $x_5 = x_2^2$，我们得到了所需的圆公式，如下所示：

$$x_1^2 + x_2^2 = 1$$

如果我们想像之前那样以几何方式可视化这个过程，这一过程会变得更复杂一些。原本简洁的二维数据集变成了五维数据集。在这个数据集中，标记为 0 和 1 的点离得很远，并且可以用四维超平面分开。将其投影到二维时，就会得到所需的圆。

多项式内核产生将二维平面发送到五维空间的映射，即将点 (x_1, x_2) 发送到点 $(x_1, x_2, x_1^2, x_1x_2, x_2^2)$ 的映射。因为每个单项式的最大幂为 2 阶，因此我们称之为 2 阶多项式内核。对于多项式内核，我们必须指定阶数。

如果我们使用更高阶的多项式内核（例如 k），需要向数据集添加哪些列？我们需要为给定变量集中的每个单项式添加一列，阶数小于或等于 k。例如，如果我们在变量 x_1 和 x_2 上使用 3 阶多项式核，就需要添加对应于单项式 $\{x_1, x_2, x_1^2, x_1x_2, x_2^2, x_1^3, x_1^2x_2, x_1x_2^2, x_2^3\}$ 的列。也可以用同样的方式操作更多的变量。例如，如果我们对变量 x_1、x_2 和 x_3 使用 2 阶多项式核，就需要添加具有以下单项式的列：$\{x_1, x_2, x_3, x_1^2, x_1x_2, x_1x_3, x_2^2, x_2x_3, x_3^2\}$。

使用更高维度的凸函数：径向基函数(RBF)内核

我们即将学习的下一个内核是径向基函数内核。这类内核使用以所有数据点为中心的特定函数，帮助我们构建非线性边界，在实践中非常有用。要学习RBF 内核，让我们首先看一下图 11.19 所示的一维示例图。这个数据集是线性不可分的——正方形正好位于两个三角形之间。

图 11.19　线性分类器无法分类的一维数据集。注意，线性分类器是将一条线分成两部分的点。但在这条线上，没有哪个点可以让所有三角形位于点的一侧，让所有正方形位于另一侧

通过想象在每个点上建造一座山峰或一座山谷，为这个数据集构建分类器。在标记为 1(三角形)的点上放置山峰，在标记为 0(正方形)的点上放置山谷。这些山峰和山谷称为径向基函数。结果如图 11.20 中的上图所示。现在，我们绘制山脉，山脉中每一点的高度都是该点上所有山脉和山谷的高度总和。所得的山脉图如图 11.20 中的下图所示。最后，分类器的边界对应于该山脉高度为 0 的点，即底部的两个突出显示点。该分类器将两点之间的一切分类为正方形，将两点之外的一切分类为三角形。

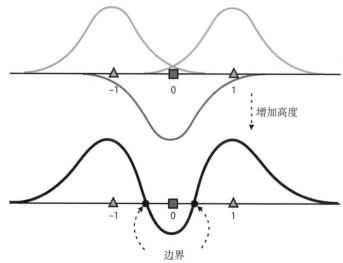

图 11.20　使用带有 RBF 内核的 SVM 在一维中分离非线性数据集。上图：在标签为 1 的所有点上绘制山脉(径向基函数)，在标签 0 的所有点上绘制山谷。下图：从上图中添加径向基函数。结果函数与轴相交两次。两个交点即为 SVM 分类器的边界。我们将两点之间的所有点分类为正方形(标签 0)，将两点之外的所有点分类为三角形(标签 1)

这就是 RBF 内核的本质(下一节将补充数学计算)。现在，让我们使用 RBF 内核，在二维数据集中构建一个类似的分类器。

要在平面上建造山脉和山谷，请将平面想象为毯子(如图 11.21 所示)。如果捏住毯子某处并提起来，就得到了山峰。如果我们把毯子某处按下去，就得到了山谷。这

些山脉和山谷就是径向基函数。之所以被称为径向基函数，是因为函数在一点处的值仅取决于该点与中心之间的距离。我们在任何喜欢的点抬起毯子，从而为每个点提供了一个不同的径向基函数。径向基函数内核(也称为 RBF 内核)产生了一个映射，该映射使用这些径向函数向数据集中添加新列，帮助我们分离数据集。

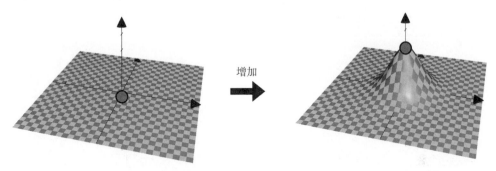

图 11.21　径向基函数在特定点升高平面。我们将用这一函数来构建非线性分类器

　　如何将径向基函数用作分类器？假设数据集如图 11.22 左侧所示。同样，三角形代表标签为 1 的点，正方形代表标签为 0 的点。现在，在每个三角形处提起平面，并在每个正方形处将平面向下推，得到如图 11.22 右侧所示的三维图。

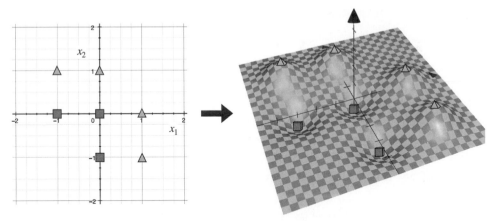

图 11.22　左图：平面中线性不可分的数据集。右图：使用径向基函数来升高所有三角形并降低所有正方形。注意，现在我们可以通过平面分离数据集，这意味着修改后的数据集是线性可分的

　　为创建分类器，我们在高度为 0 处绘制一个平面，并将其与三维图表面相交。这与查看由高度 0 处的点形成的曲线相同。想象一个有山有海的风景。曲线将对应于海岸线，即水陆交汇处。海岸线就是图 11.23 左侧所示的曲线。然后，我们将所有东西投影回平面，并获得想要的分类器，如图 11.23 右侧所示。

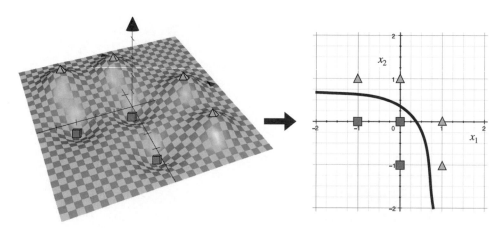

图 11.23　左图：查看高度为 0 的点，会发现这些点形成了一条曲线。如果将高点视为陆地，将低点视为海洋，那么这条曲线就是海岸线。右图：将点投影(展平)回平面时，海岸线就变成分类器，将三角形与正方形分开

这就是RBF的核心理念。当然，我们还必须运用数学技巧，接下来的几节将介绍RBF的数学原理。但原则上，只要我们可以想象提起和按下毯子，然后查看位于特定高度处的点的边界来构建分类器，就可以理解什么是 RBF 内核了。

更深入地了解径向基函数

无论变量数量为多少，我们都可以使用径向基函数。在本节的开头，我们分别在有一个变量和有两个变量的情况下使用了径向基函数。当变量为一个时，最简单的径向基函数公式为 $y = e^{-x^2}$，看起来像是带有凸起的线(图 11.24)。标准正态(高斯)分布与其相似，但公式略有不同，其下方的面积为 1。

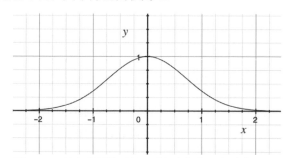

图 11.24　径向基函数示例，看起来很像正态(高斯)分布

注意，此凸处发生在 $x = 0$ 处。如果我们希望它出现在其他的点，比如 p，我们可以修改公式，并得到 $z = e^{-(x-p)^2}$。例如，以点 5 为中心的径向基函数正好是 $y = e^{-(x-5)^2}$。

当变量为两个时，最基本的径向基函数公式是 $z = e^{-(x^2+y^2)}$，如图 11.25 所示。同样，你可能会注意到，绘图看起来很像多变量正态分布。它也是多元正态分布的修改版本。

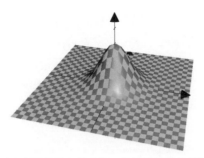

图 11.25　两个变量的径向基函数。绘图看起来也很像正态分布

这个凸处恰好发生在(0,0)点处。如果我们希望凸点出现在其他点，比如(p, q)，我们可以修改公式，得到 $y = e^{-[(x-p)^2+(y-p)^2]}$。例如，以点(2, −3)为中心的径向基函数正好是 $y = e^{-[(x-2)^2+(y+3)^2]}$。

当变量为 n 个时，基本径向基函数的公式为 $y = e^{-\left(x_1^2+\cdots+x_1^2\right)}$。我们无法在 $n+1$ 维上绘制图示，但是，想象一下捏住 n 维毯子并用手将其提起，这就是公式所呈现的样子。然而，因为我们使用的算法是纯数学的，所以计算机可以根据我们的需要在尽可能多的变量中运行算法。像往常一样，这个 n 维凸点以 0 为中心，但如果我们希望它以点$(p_1, \cdots, p_n)$为中心，则公式为 $y = e^{-[(x_1-p_1)^2+\cdots+(x_n-p_n)^2]}$。

衡量点的接近程度：相似度

要使用 RBF 内核构建 SVM，我们需要一个概念：相似度。如果两个点靠得很近，那么我们认为这两点相似；而如果两点相距很远，我们认为这两点不相似(图 11.26)。如果两个点彼此靠近，则相似度高；如果两个点彼此远离，则相似度低。如果两个点是同一个点，那么相似度为 1。理论上，如果两点相距无穷远，则相似度为 0。

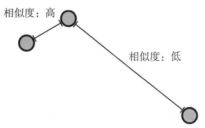

图 11.26　在相似度定义中，两个彼此靠近的点具有高相似度；距离较远的点具有低相似度

现在，我们需要找到相似度的公式。正如我们所见，两点之间的相似度随着两点间空间距离的增加而降低。因此，只要满足该条件，许多相似度公式就成立。本节使用的是指数函数，定义如下。对于点 p 和 q，相似度如下：

$$相似度(p, q) = e^{-距离(p,q)^2}$$

这个公式虽然看起来很复杂，但有一种简单的理解方式。两点(点 p 和 q)之间的相似度就是以 p 为中心并应用在点 q 上的径向基函数的高度。也就是说，如果在 p 点捏住毯子并将其提起，那么如果 q 距离 p 近，则 q 点的毯子高度高；如果 q 距离 p 远，则毯子的高度低。在图 11.27 中，我们可以查看一个变量情况下的图形。但也可以通过毯子类比，想象任意数量变量情况下的图形。

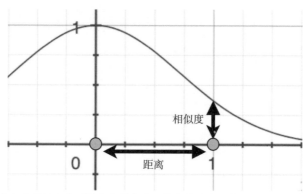

图 11.27　相似度的定义是径向基函数中点的高度，其中输入为距离。注意，距离越大，相似度越低；
　　　　距离越短，相似度越高

使用 RBF 内核训练 SVM

现在我们掌握了使用 RBF 内核训练 SVM 的所有工具，让我们看看如何将这些工具组合在一起。首先，我们看一下图 11.19 中显示的简单数据集。数据集如表 11.6 所示。

表 11.6　图 11.19 所示的一维数据集。注意，在该数据集中，标签为 0 的点正好位于标签
　　　　为 1 的两个点之间，因此线性不可分

点	x	y(标签)
1	-1	1
2	0	0
3	1	1

正如我们所见，这个数据集是线性不可分的。我们向数据集中添加几列，使其变得线性可分。我们添加的三列是相似度列，记录两者之间的相似度点。x_1 和 x_2 两点间的相似度为 $e^{(x_1-x_2)^2}$。在 Sim1 列中，我们将记录点 1 和其他三点间的相似度，以此类推。扩展数据集如表 11.7 所示。

表 11.7　我们通过添加 3 个新列来扩展表 11.6 中的数据集。每列分别记录所有点相对于每个点的相似度。这个扩展数据集存在于一个四维空间中，并且线性可分

点	x	Sim1	Sim2	Sim3	y
1	−1	1	0.368	0.018	1
2	0	0.368	1	0.368	0
3	1	0.018	0.368	1	1

这个扩展数据集现在是线性可分的！许多分类器可分离这个集合，特别是具有以下边界公式的分类器：

$$\hat{y} = \text{step}(\text{Sim1} - \text{Sim2} + \text{Sim3})$$

让我们预测每个点的标签，加以验证。如下所示。

- **点 1**：$\hat{y} = \text{step}(1 - 0.368 + 0.018) = \text{step}(0.65) = 1$
- **点 2**：$\hat{y} = \text{step}(0.368 - 1 + 0.368) = \text{step}(-0.264) = 0$
- **点 3**：$\hat{y} = \text{step}(0.018 - 0.368 + 1) = \text{step}(0.65) = 1$

此外，因为 $\text{Sim1} = e^{(x+1)^2}$，$\text{Sim2} = e^{(x-0)^2}$ 和 $\text{Sim3} = e^{(x-1)^2}$，所以最终分类器做出以下预测：

$$\hat{y} = \text{step}\left(e^{(x+1)^2} - e^{x^2} + e^{(x-1)^2}\right)$$

现在，让我们在二维中执行相同的程序。本节不需要代码，但计算量很大。如果你想了解详细计算信息，可以查看以下笔记：https://github.com/luisguiserrano/manning/blob/master/Chapter_11_Support_Vector_Machines/Calculating_similarities.ipynb。

请查看表 11.8 中的数据集，我们已经对其进行了图形分类(图 11.22 和图 11.23)。为方便起见，我们在图 11.28 中再次绘制了这一数据集。在该图中，标签为 0 的点显示为正方形，标签为 1 的点显示为三角形。

表 11.8　一个简单的二维数据集，如图 11.28 所示。我们将使用带有 RBF 内核的 SVM 对这个数据集进行分类

点	x_1	x_2	y
1	0	0	0
2	−1	0	0
3	0	−1	0
4	0	1	1
5	1	0	1
6	−1	1	1
7	1	−1	1

注意，在表 11.8 的第一列和图 11.28 中，我们对每个点进行了编号。这并不是数据的一部分；我们这样做只是为了方便。现在，将向该表中添加 7 列。每列分别是每个点的相似度。例如，我们为点 1 添加了一个名为 Sim1 的相似度列。此列中，每个点的条目是该点与点 1 之间的相似度。我们计算其中一个相似度，例如点 1 和点 6 的相似度。根据勾股定理，点 1 和点 6 之间的距离如下：

$$距离(点1, 点6) = \sqrt{(0+1)^2 + (0-1)^2} = \sqrt{2}$$

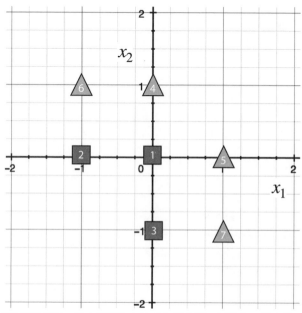

图 11.28 表 11.8 中数据集的图，其中标签为 0 的点为正方形，标签为 1 的点为三角形。注意，正方形和三角形线性不可分。我们将使用带有 RBF 内核的 SVM，利用曲线边界分离两者

因此，相似度正是

$$相似度(点 1, 点 6) = e^{-距离(p,q)^2} = e^{-2} = 0.135$$

这个数字出现在第 1 行和 Sim6 列中(并且通过对称性，也出现在第 6 行和 Sim1 列中)。可以在此表中再填写几个值来进一步验证，也可以查看整个表的计算笔记。结果如表 11.9 所示。

表 11.9 在表 11.8 的数据集中添加了 7 个相似度列，每一列都记录了与所有其他 6 个点的相似度

点	x_1	x_2	Sim1	Sim2	Sim3	Sim4	Sim5	Sim6	Sim7	y
1	0	0	1	0.368	0.368	0.368	0.368	0.135	0.135	0
2	−1	0	0.368	1	0.135	0.135	0.018	0.368	0.007	0

(续表)

点	x_1	x_2	Sim1	Sim2	Sim3	Sim4	Sim5	Sim6	Sim7	y
3	0	−1	0.368	0.135	1	0.018	0.135	0.007	0.368	0
4	0	1	0.368	0.135	0.018	1	0.135	0.368	0.007	1
5	1	0	0.368	0.018	0.135	0.135	1	0.007	0.368	1
6	−1	1	0.135	0.368	0.007	0.367	0.007	1	0	1
7	1	−1	0.135	0.007	0.368	0.007	0.368	0	1	1

注意以下几点：

(1) 每个点与自身的相似度始终为 1。

(2) 在图中，每对点距离近时相似度高；距离远时相似度低。

(3) 从 Sim1 到 Sim7 列构成的表是对称的，因为 p 和 q 之间的相似度与 q 和 p 之间的相似度相同(因为相似度仅取决于 p 和 q 之间的距离)。

(4) 点 6 和点 7 的相似度显示为 0，但实际上并非如此。点 6 和点 7 之间的距离是 $\sqrt{2^2+2^2}=\sqrt{8}$ ，所以相似度是 $e^{-8}=0.00033546262$ ，由于我们仅使用三位有效数字，因此四舍五入为 0。

现在，开始构建分类器！注意，由于表 11.8 较小，非线性分类器能分类其中的数据(因为点不能被一条线划分)。但是表 11.9 有更多特征，因此可拟合这样一个分类器。我们继续对数据进行 SVM 拟合。许多 SVM 都可以正确分类这一数据集，我也使用 Turi Create 在笔记中构建了一个可以正确分类的 SVM。但是，有一个简单的分类器也同样有效。该分类器具有以下权重：

● x_1 和 x_2 的权重为 0。

● $p=1$、2 和 3 时，Simp 的权重为 1。

● $p=4$、5、6 和 7 时，Simp 的权重为–1。

● 偏差为 $b=0$。

我们发现分类器在标记为 0 的点对应的列中添加了一个标签 −1，在标记为 1 的点对应的列中添加了一个标签 +1。这相当于在标签为 1 的任意点添加一座山，在标签为 0 的任意点添加一个山谷，如图 11.29 所示。使用表 11.7，将 Sim4、Sim5、Sim6 和 Sim7 列的值相加，然后减去 Sim1、Sim2 和 Sim3 列的值，即可从数学角度验证该方法是否有效。你会注意到前三行是负数，后四行是正数。因此，我们可以使用 0 作为阈值。同时，因为所有标记为 1 的点得分为正，标记为 0 的点得分为负，所以我们得到一个可正确分类数据集的分类器。使用阈值 0 等于使用海岸线来分隔图 11.29 中的点。

如果我们插入相似度函数，得到的分类器如下：

$$\hat{y}=\text{step}\left(-e^{x_1^2+x_2^2}-e^{(x_1+1)^2+x_2^2}-e^{x_1^2+(x_2+1)^2}+e^{x_1^2+(x_2-1)^2}+e^{(x_1-1)^2+x_2^2}+e^{(x_1+1)^2+(x_2-1)^2}+e^{(x_1-1)^2+(x_2+1)^2}\right)$$

　　总之，我们发现了一个线性不可分的数据集。我们使用径向基函数和点之间的相似度向数据集添加几列，从而构建了一个线性分类器(在更高维的空间中)。然后，我们将高维线性分类器投影到平面上，获得我们想要的分类器。图 11.29 展示了由此产生的曲线分类器。

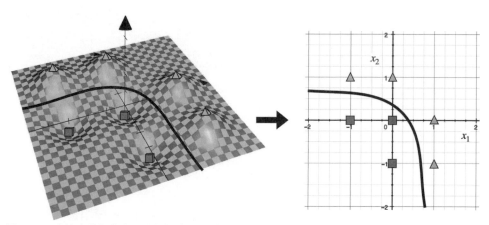

图 11.29　在这个数据集中，我们提高了所有三角形的位置，并降低了所有正方形的位置。然后，我们在高度 0 处绘制了一个将正方形和三角形分开的平面，该平面在曲面边界中与曲面相交。然后，我们将所有东西投影回二维，这个曲面边界是将三角形与正方形分开的边界。边界绘制在右侧

使用 RBF 内核发生的过拟合和欠拟合：γ 参数

　　在本节的开头，我们提到平面中的每个点都有一个径向基函数。其实，径向基函数还有很多。有的函数在某一点提高平面，并形成一个较窄的表面，而有的则形成一个较宽的表面，如图 11.30 所示。在实践中，我们需要调整径向基函数的宽度。为此，我们使用 γ 参数。当 γ 参数较小时，形成的表面很宽；当 γ 参数较大时，形成的表面很窄。

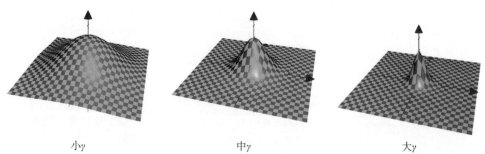

小 γ　　　　　　　　　　　　中 γ　　　　　　　　　　　　大 γ

图 11.30　γ 参数决定了表面的宽度。注意，γ 值较小时，表面非常宽；γ 值较大时，表面非常窄

　　γ 是一个超参数。复习一下，超参数是用于训练模型的规范。我们使用之前见过的方法来调整这个超参数，例如模型复杂度图(见第 4.4 节)。不同的 γ 值可能有过拟合

或欠拟合的倾向。让我们回顾一下本节开头的示例，例子中包含 3 个不同的 γ 值。图 11.31 展示了 3 个模型的绘图。

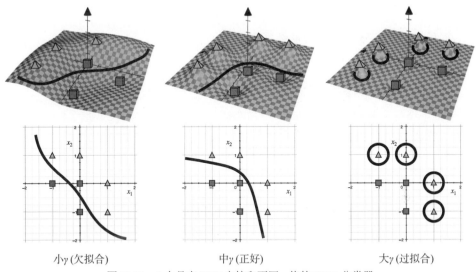

小γ(欠拟合)　　　　　中γ(正好)　　　　　大γ(过拟合)

图 11.31　3 个具有 RBF 内核和不同 γ 值的 SVM 分类器

注意，γ 值非常小时，模型会过拟合，因为曲线过于简单，不能很好地对数据进行分类。γ 值较大时，模型会严重过拟合，因为模型为每个三角形构建了一个小山峰，为每个正方形构建了一个小山谷，从而会把除了三角形周边区域外的几乎所有东西都归类为正方形。中等 γ 值似乎效果很好，因为构建的边界足够简单，但对点进行了正确分类。

当添加 γ 参数时，径向基函数的公式不会有太大变化——我们所要做的就是将指数乘以 γ。一般情况下，径向基函数的公式如下：

$$y = e^{-\gamma\left[(x_1-p_1)^2 + \cdots + (x_n-p_n)^2\right]}$$

不要为公式学习感到困扰——只要记住，即使在更高的维度上，我们制作的凸处也可以调整宽窄。同样，可对此进行编程并使其运作起来，这也是下一节的学习内容。

内核方法编程

现在，我们已经学习了 SVM 的内核方法。我们在 Scikit-Learn 中学习内核方法的编程，并使用多项式和 RBF 内核方法，在更复杂的数据集中训练模型。要在 Scikit-Learn 中使用特定内核训练 SVM，需要在定义 SVM 时添加内核作为参数。本节的代码如下。

- **笔记**：SVM_graphical_example.ipynb
  - https://github.com/luisguiserrano/manning/blob/master/Chapter_11_Support_Vector_Machines/SVM_graphical_example.ipynb

- **数据集:**
  - one_circle.csv
  - two_circles.csv

编写多项式内核来分类圆形数据集

在本节中，我们将学习如何在 Scikit-Learn 中编写多项式内核。为此，我们使用名为 one_circle.csv 的数据集，如图 11.32 所示。

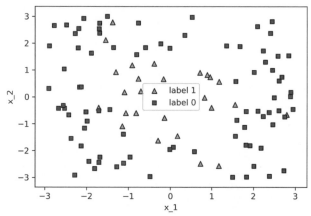

图 11.32　一个带有噪声的圆形数据集。我们将使用带有多项式内核的 SVM 对这个数据集进行分类

注意，除了一些异常值外，该数据集大部分是圆形的。我们训练一个 SVM 分类器，指定 kernel 参数为 poly，degree 参数为 2，如以下代码片段所示。我们选择 degree 为 2，是因为圆的公式是 2 阶多项式。结果如图 11.33 所示。

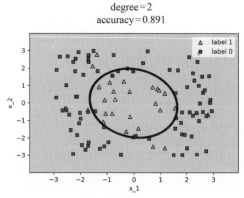

图 11.33　一个具有 2 阶多项式内核的 SVM 分类器

```
svm_degree_2 = SVC(kernel='poly', degree=2)
svm_degree_2.fit(features, labels)
```

注意，这个带有 2 阶多项式内核的 SVM 根据需要构建了一个主要为圆形的区域来绑定数据集。

编写 RBF 内核，对由两个相交圆形成的数据集进行分类，并使用 γ 参数

我们已经画了一个圆，但还可以再复杂一点。在本节中，我们将学习如何使用 RBF 内核对多个 SVM 进行编程，以对具有两个相交圆的数据集进行分类。数据集名为 two_circles.csv，如图 11.34 所示。

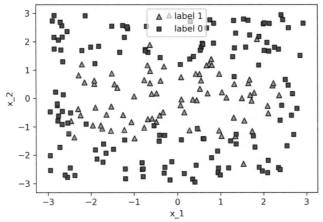

图 11.34　由两个相交圆组成的数据集，包含一些异常值。我们将使用带有 RBF 内核的 SVM 对这个数据集进行分类

我们指定 kerneL= 'rbf '，以使用 RBF 内核。还可以为 γ 参数指定一个值。我们将针对以下 γ(即 gamma)值训练 4 种不同的 SVM 分类器：0.1、1、10 和 100，如下所示：

```
svm_gamma_01 = SVC(kernel='rbf', gamma=0.1)        gamma = 0.1
svm_gamma_01.fit(features, labels)

svm_gamma_1 = SVC(kernel='rbf', gamma=1)        gamma = 1
svm_gamma_1.fit(features, labels)

svm_gamma_10 = SVC(kernel='rbf', gamma=10)        gamma = 10
svm_gamma_10.fit(features, labels)

svm_gamma_100 = SVC(kernel='rbf', gamma=100)        gamma = 100
svm_gamma_100.fit(features, labels)
```

4 个分类器如图 11.35 所示。注意，$\gamma = 0.1$ 时，模型有点欠拟合。模型认为边界是一个椭圆形，因此会犯一些错误。$\gamma = 1$ 的模型良好，可以很好地捕获数据。当 $\gamma = 10$ 时，我们可以看到模型开始过拟合。注意，模型尝试正确分类每个点，包括单独包围的异常值。当 $\gamma = 100$ 时，模型出现严重过拟合。这个分类器只用一个小的圆形区域包围每个三角形，并将其他所有东西分类为正方形。因此，对于这一模型，$\gamma = 1$ 是实验

所得的最佳值。

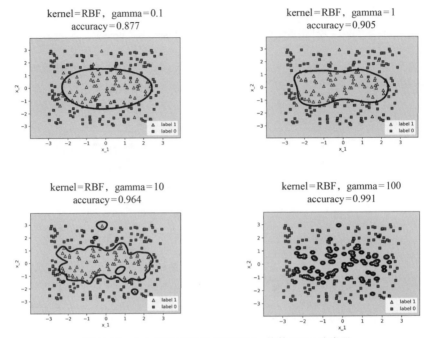

图 11.35   4 个具有 RBF 内核和不同 γ 值的 SVM 分类器

11.4   本章小结

- 支持向量机(support vector machine，SVM)是一种分类器。该分类器拟合两条平行线(或超平面)，并尝试让两条线相距尽可能远，同时尝试对数据进行正确分类。
- 构建 SVM 需要使用误差函数，误差函数包含两项：两个感知器误差的总和(每条平行线各一个)，以及距离误差(当两条平行线相距较远时，距离误差大；当两条平行线相距较近时，距离误差小)。
- 我们使用 C 参数，调节正确分类点和良好间隔边界之间的平衡。这一方法在训练时非常用，可以帮助我们控制偏好，即选择构建一个数据分类良好的分类器，还是选择一个具有良好间隔边界的分类器。
- 内核方法有效且强大，可用于构建非线性分类器。
- 内核方法使用函数帮助我们将数据集嵌入更高维的空间中，高维空间中的点可能更容易使用线性分类器进行分类。这相当于以巧妙的方式向数据集中添加新列，使添加列后的数据集线性可分。
- 内核有许多可用种类，包括多项式内核和 RBF 内核。多项式内核帮助我们构建多项式区域，例如圆、抛物线和双曲线。RBF 内核帮助我们构建更复杂的曲面区域。

11.5　练习

练习 11.1

(本练习完成了"距离误差函数：试图将两条线尽可能分开"一节所需的计算。)

用公式 $w_1x_1 + w_2x_1 + b = 1$ 和 $w_1x_1 + w_2x_1 + b = -1$ 证明直线之间的距离正好是

$$\frac{2}{\sqrt{w_1^2 + w_2^2}}。$$

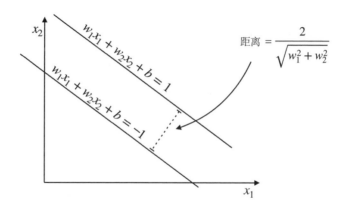

练习 11.2

正如我们在练习 5.3 中所学，构建一个模仿 XOR 门的感知器模型是不可能的。换句话说，用感知器模型拟合以下数据集(100%准确率)是不可能的：

x_1	x_2	y
0	0	0
0	1	1
1	0	1
1	1	0

这是因为这一数据集线性不可分。SVM 也是一个线性模型，存在同样的问题。但是，我们可以使用内核。应该使用什么内核将这个数据集变得线性可分呢？得到的 SVM 会是什么样子？

提示：请查看"使用多项式公式：多项式内核"一节中的示例 2，示例 2 解决了一个非常相似的问题。

组合模型以最大化结果：集成学习 | 第 **12** 章

哦，不，它们已经学会了集成方法！

在学习了许多有趣且实用的机器学习模型后，我们很想知道是否可以将这些分类器组合起来。值得庆幸的是，答案是肯定的。在本章中，我们将学习几种可以组合较弱的模型来构建更强模型的方法，主要学习的两种方法是 bagging 和 boosting。简单来说，bagging 以随机方式构建几个模型，并将模型连接在一起。而 boosting 则通过某种策略选择每个模型，以专注于修改先前模型的错误，以更智能的方式构建这些模型。在重要的机器学习问题中，这些集成方法作用显著。例如，一个团队使用不同的模型组合，获得了 Netflix 奖，而被授予 Netflix 奖的模型都是拟合 Netflix 收视率大数据集的最佳模型。

在本章中，将学习一些最强大、最流行的 bagging 和 boosting 模型，包括随机森林、AdaBoost、梯度提升和 XGBoost。其中大部分模型用于分类，有些模型用于回归。然而，大多数集成方法在这两种情况下都有效。

术语解释：在整本书中，我们将机器学习模型称为模型，有时也称为回归器或分类器，具体名称取决于模型任务。在本章中，我们引入术语学习器，也指机器学习模型。在文献中，当谈论集成方法时，学者通常使用弱学习器和强学习器这两个术语。但是，机器学习模型和学习器之间没有区别。

本章的所有代码都可在以下 GitHub 仓库中找到：https://github.com/luisguiserrano/manning/tree/master/Chapter_12_Ensemble_Methods。

12.1　获取朋友的帮助

我们使用以下类比可视化集成方法：想象一下，我们必须参加一个共 100 道题的考试，考试范围包括数学、地理、科学、历史和音乐等不同科目，题目答案为真或假。幸运的是，我们可以打电话给 5 个朋友——Adriana、Bob、Carlos、Dana 和 Emily——来帮助我们。但是，由于他们都要上班，所以没有时间回答全部 100 个问题，但他们非常乐意帮助我们解决其中的一部分。我们可以使用哪些技术来获得帮助？两种可能的技术如下。

技术 1：向每个朋友随机提问几个问题，让他们回答(确保每个问题都至少能从一个朋友那里得到答案)。在得到答复后，我们在众人给出的答案中选择出现次数最多的答案来回答问题。例如，如果两个朋友在问题 1 上的答案是"真"，一个朋友的答案是"假"，那么我们将问题 1 回答为"真"(如果"真""假"出现次数同样，则随机选择一个答案)。

技术 2：我们将考试交给 Adriana，并要求她只回答自己最确定的问题。我们假设这些答案是正确的，并将已经回答的问题从测试中删除。同样，现在我们将剩余的问题交给 Bob。我们重复以上操作，直到将试题传递给所有 5 个朋友。

技术 1 类似于 bagging 算法，技术 2 类似于 boosting 算法。更具体地说，bagging

和 boosting 使用一组名为弱学习器的模型，并将它们组合成一个强学习器(如图 12.1 所示)。

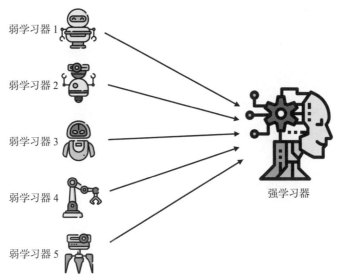

弱学习器 1

弱学习器 2

弱学习器 3

弱学习器 4

弱学习器 5

强学习器

图 12.1　集成方法组合几个弱学习器以构建一个强学习器

bagging：通过从数据集中抽取随机点来构建随机集(带有替换)。在每个集合上训练不同的模型。这些模型是弱学习器。然后组合弱学习器，形成强学习器，并通过投票(如果是分类模型)或计算预测的平均值(如果是回归模型)，完成预测。

boosting：首先训练一个随机模型，这是第一个弱学习器。在整个数据集上对其进行评估。缩小预测好的点，放大预测差的点。在这个修改后的数据集上训练第二个弱学习器。重复以上操作，直到建立数个模型。boosting 组合模型形成强学习器的方式与 bagging 相同，即投票或计算弱学习器的预测平均值。更具体地说，如果学习器是分类器，强学习器会预测最常见的弱学习器预测类别(因此称为投票)。如果存在联系，则在所有预测类别中随机选择。如果学习器是回归器，强学习器预测弱学习器给出的预测平均值。

本章中的大多数模型都使用决策树(用于回归和分类)作为弱学习器，因为决策树非常拟合这类方法。但是，在你阅读本章时，建议读者考虑如何组合其他类型的模型，例如感知器和 SVM。

我们一直在构建非常优秀的学习器。为什么我们要组合几个弱学习器，而不是从一开始就简单地构建一个强学习器？其中一个原因是，经过证明，相对于其他模型，集成方法的过拟合更少。简而言之，一个模型很容易过拟合，但如果你有多个模型用于同一数据集，则组合模型的过拟合较少。从某种意义上说，似乎一个学习器犯错时，其他学习器往往会改正错误，平均下来，组合模型的表现就会更好。

本章，我们将学习以下模型。第一个是 bagging 算法，后 3 个是 boosting 算法：

- 随机森林
- AdaBoost
- 梯度提升
- XGBoost

所有这些模型都适用于回归和分类。出于教育目的，我们在学习过程中将前两个模型作为分类模型，后两个模型作为回归模型。分类模型和回归模型的应用过程非常相似。但是，请仔细阅读每一个模型的相关信息，思考如何将其应用到两种不同的情况。要了解这些算法如何用于分类和回归，请参阅附录 C 中的链接，获取详细解释这两种情况的视频和阅读材料。

12.2　bagging：随机组合弱学习器以构建强学习器

在本节中，我们将学习一个最著名的 bagging 模型：随机森林。在随机森林中，弱学习器是在数据集中随机子集上训练的小型决策树。随机森林适用于分类问题和回归问题，过程类似。我们将在分类示例中学习随机森林。本节的代码如下。

- **笔记**：Random_forests_and_AdaBoost.ipynb
  - https://github.com/luisguiserrano/manning/blob/master/Chapter_12_Ensemble_Methods/Random_forests_and_AdaBoost.ipynb

我们使用了一个小型垃圾邮件和非垃圾邮件数据集，类似于第 8 章中使用的朴素贝叶斯模型。数据集如表 12.1 所示，绘图展示在图 12.2 中。数据集的特征是"彩票"和"促销"这两个词在邮件中出现的次数，标签是"是/否"，表示邮件是垃圾邮件(是)还是非垃圾邮件(否)。

表 12.1　垃圾邮件和非垃圾邮件表，以及每封邮件中"彩票"和"促销"字样的出现次数

彩票	促销	垃圾邮件
7	8	1
3	2	0
8	4	1
2	6	0
6	5	1
9	6	1
8	5	0
7	1	0
1	9	1
4	7	0

(续表)

彩票	促销	垃圾邮件
1	3	0
3	10	1
2	2	1
9	3	0
5	3	0
10	1	0
5	9	1
10	8	1

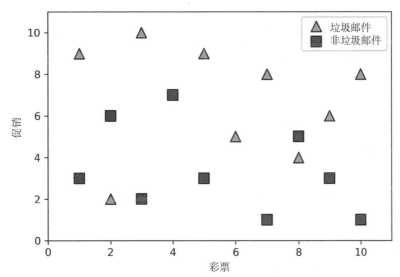

图 12.2　表 12.1 中数据集的绘图。垃圾邮件用三角形表示，非垃圾邮件用正方形表示。横轴和纵轴分别代表单词"彩票"和"促销"的出现次数

首先，过拟合决策树

在学习随机森林前，让我们为这些数据拟合一个决策树分类器，看看分类器表现如何。我们已经在第 9 章学习了决策树分类器，因此图 12.3 只显示最终结果，但可以在笔记中查看代码。图 12.3 的左边为实际的树(相当深！)，右边为边界的图示。注意，该分类器非常拟合数据集，尽管明显过拟合，但训练准确率为 100%。可通过模型尝试分类两个异常值察觉到模型过拟合，而没有注意到异常值本身。

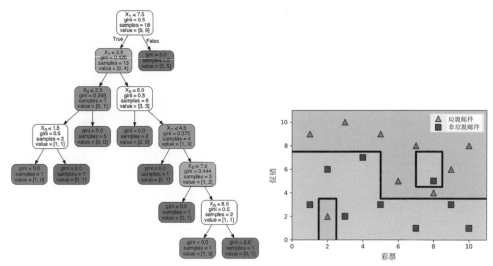

图 12.3　左图：分类数据集的决策树。右图：决策树定义的边界。注意，尽管决策树出现过拟合，但数据集分类良好，因为一个好的模型会将两个孤立的点视为异常值，而不是尝试将其正确分类

在接下来的部分中，我们将学习通过拟合随机森林来解决过拟合问题。

手动拟合随机森林

在本节中，我们将学习如何手动拟合随机森林。我们在实践中往往并不采用手动拟合的方法，学习手动拟合只是出于教育目的。简而言之，我们从数据集中挑选随机子集，并在每个子集上训练一个弱学习器(决策树)。有的数据点可能属于多个子集，而有的数据点可能不属于任何子集。弱学习器组合形成强学习器。强学习器的预测方式是让弱学习器投票。对于这个数据集，我们使用 3 个弱学习器。因为数据集有 18 个点，所以我们考虑 3 个子集，每个子集有 6 个数据点，如图 12.4 所示。

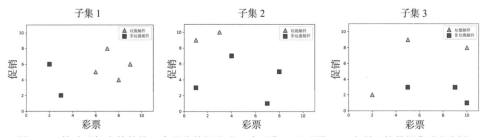

图 12.4　构建随机森林的第一步是将数据分成 3 个子集，即对图 12.2 中所示的数据集进行划分

接下来，我们继续构建 3 个弱学习器。在每个子集上拟合深度为 1 的决策树。回忆一下第 9 章，深度为 1 的决策树仅包含一个节点和两个叶节点。它的边界由一条水平线或垂直线组成，可以尽可能好地划分数据集。弱学习器如图 12.5 所示。

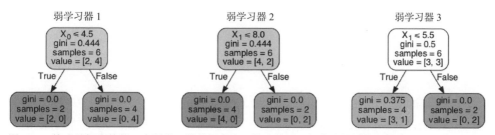

图 12.5　构成随机森林的 3 个弱学习器是深度为 1 的决策树。每个决策树分别拟合图 12.4 的 3 个子
集中对应的一个子集

我们通过投票将这些弱学习器组合成一个更强大的学习器。换句话说，对于任何输入，每个弱学习器预测的值为 0 或 1。强学习器做出的预测是 3 个弱学习器的输出中最常见的输出。图 12.6 展示了此类组合，弱学习器在顶部，强学习器在底部。

注意，随机森林是一个很好的分类器，可以对大多数点进行正确分类。但为了不过拟合数据，随机森林允许出现一些错误。然而，我们不需要手动训练这些随机森林，因为 Scikit-Learn 可以训练随机森林，下一节将详细介绍这一点。

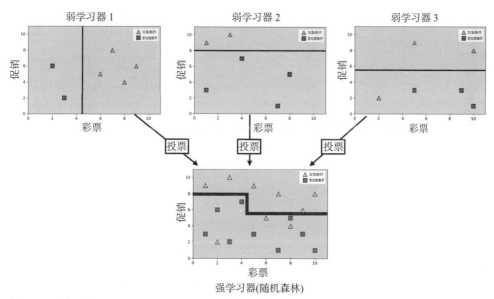

图 12.6　获得随机森林预测的方法是结合 3 个弱学习器的预测。顶部为图 12.5 中决策树的 3 个边界。
底部为 3 个决策树投票所得的随机森林的边界

在 Scikit-Learn 中训练随机森林

在本节中，我们将学习如何使用 Scikit-Learn 训练随机森林。在下面的代码中，我们使用了 RandomForestClassifier 包。首先将数据放在两个 Pandas 数据框架中，称为 features 和 labels，如下所示：

```
from sklearn.ensemble import RandomForestClassifier
random_forest_classifier = RandomForestClassifier(random_state=0,
    n_estimators=5, max_depth=1)
random_forest_classifier.fit(features, labels)
random_forest_classifier.score(features, labels)
```

在前面的代码中,我们使用 n_estimators 超参数指定需要 5 个弱学习器。这些弱学习器也是决策树,我们使用 max_depth 超参数指定这些决策树深度为 1。模型如图 12.7 所示。注意,虽然这个模型犯了一些错误,但设法找到了一个很好的边界。垃圾邮件是那些出现了很多"彩票"和"促销"(图右上方)的邮件,而非垃圾邮件里这些词出现的次数并不多(图左下方)。

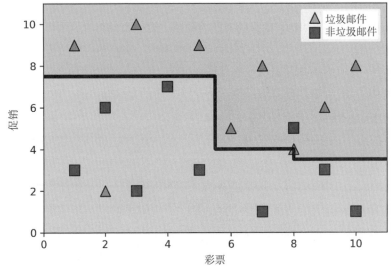

图 12.7 Scikit-Learn 得到的随机森林的边界。注意,随机森林对数据集分类良好,并将两个错误分类的点视为异常值,而不是尝试将其正确分类

Scikit-Learn 可以帮助我们可视化并绘制单个弱学习器(请参阅笔记以获取代码)。弱学习器如图 12.8 所示。注意,并非所有弱学习器都是有用的。例如,第一个弱学习器将每个点都归类为非垃圾邮件。

在本节中,我们使用深度为 1 的决策树作为弱学习器。但一般来说,我们可以使用任何深度的决策树。试试改变 max_depth 超参数,使用更深的决策树重新训练模型,看看随机森林是什么样子!

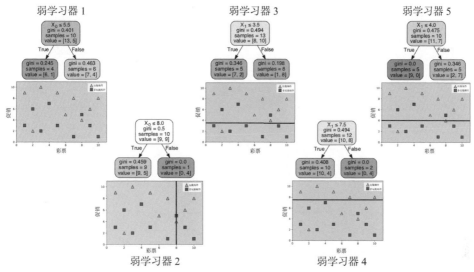

图 12.8 随机森林由使用 Scikit-Learn 获得的 5 个弱学习器形成。每个弱学习器都是深度为 1 的决策树，结合起来形成如图 12.7 所示的强学习器

12.3 AdaBoost: 以智能方式组合弱学习器以构建强学习器

boosting 与 bagging 类似，因为两种方式都是组合几个弱学习器来构建一个强学习器。不同之处在于，在 boosting 中，我们不会随机选择弱学习器。相反，我们会关注先前学习器的弱点，构建每个新的学习器。在本节中，我们将学习一种名为 AdaBoost 的强大 boosting 技术，该技术开发于 1997 年，开发者为 Freund 和 Schapire(参考附录 C)。AdaBoost 是自适应 boosting(adaptive boosting)的缩写，适用于回归和分类。我们将在一个能够清楚说明训练算法的分类示例中使用 AdaBoost。

在 AdaBoost 中，每个弱学习器都是深度为 1 的决策树，就像在随机森林中一样。不同之处在于，每个弱学习器都在整个数据集上进行训练，而不是在其中的一部分上进行训练。唯一需要注意的是，在训练完每个弱学习器后，我们扩大被错误分类的点，以此修改数据集，以便之后的弱学习器更加关注这些错误之处。简而言之，AdaBoost 的工作原理如下。

用于训练 AdaBoost 模型的伪代码

- 在第一个数据集上训练第一个弱学习器。
- 对每个新弱学习器重复以下步骤。
  - 弱学习器训练后，点修改如下:
  - 错误分类的点被放大。
  - 在修改后的数据集上训练一个新的弱学习器。

在本节中，我们将通过示例更详细地开发此伪代码。我们使用的数据集有两类(三角形和正方形)，如图 12.9 所示。

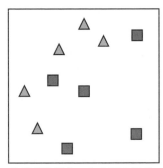

图 12.9　即将使用 AdaBoost 分类的数据集，包含两个标签，分别用三角形和正方形表示

AdaBoost 重点：构建弱学习器

在接下来的两个小节中，我们将学习如何构建 AdaBoost 模型，拟合图 12.9 中所示的数据集。首先，我们构建弱学习器，然后将弱学习器组合成一个强学习器。

第一步，为每个点分配权重 1，如图 12.10 左侧所示。接下来，我们在这个数据集上构建一个弱学习器。回顾一下，弱学习器是深度为 1 的决策树。深度为 1 的决策树对应于最佳划分点的水平线或垂直线。可以完成这项工作的决策树有很多，但我们将选择图 12.10 中间所示的垂直线。该决策树正确分类了左侧的两个三角形和右侧的5 个正方形，并错误地将 3 个三角形分类到线右边。下一步，放大 3 个错误分类的点，以获得之后弱学习器的更多关注。为放大错误分类的点，请记住每个点最初的权重为1。我们将弱学习器的重新缩放因子定义为正确分类点的数量除以错误分类的点。在本例中，重新缩放因子是 7/3=2.33。我们用重新缩放因子来继续调整每个错误分类的点的大小，如图 12.10 右侧所示。

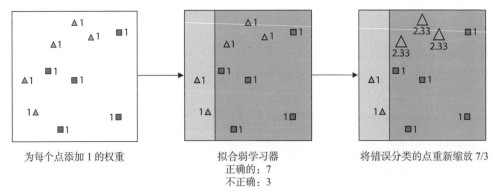

为每个点添加 1 的权重　　拟合弱学习器　　将错误分类的点重新缩放 7/3
正确的：7
不正确：3

图 12.10　拟合 AdaBoost 模型的第一个弱学习器。左图：数据集，每个点的权重为 1。中间：最拟合此数据集的弱学习器。右图：重新缩放的数据集，我们使用重新缩放因子将错误分类的点放大了 7/3

　　现在，我们已经构建了第一个弱学习器，再以相同的方式构建下一个。第二个弱学习器如图 12.11 所示。图的左侧展示了重新缩放的数据集。第二个弱学习器是最拟合该数据集的学习器。这是什么意思呢？因为点的权重不同，所以我们想要的弱学习器是其正确分类的点的权重相加，总和最高的弱学习器。这个弱学习器是图 12.11 中间的水平线。现在，我们继续计算重新缩放因子。因为现在的点有了权重，所以我们需要稍微修改重新缩放因子的定义，将其改为正确分类点的权重之和除以错误分类点的权重之和。前者是 2.33+2.33+2.33+1+1+1+1≈11，后者是 1+1+1=3。因此，重新缩放因子为 11/3≈3.67。我们继续将 3 个错误分类点的权重乘以因子 3.67，如图 12.11 右侧所示。

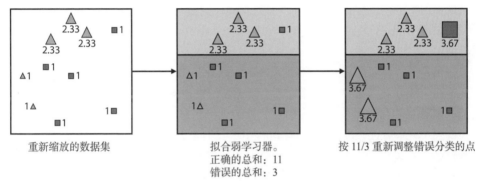

图 12.11　拟合 AdaBoost 模型的第二个弱学习器。左图：图 12.10 中重新缩放的数据集。中间：最拟合重新缩放的数据集的弱学习器——正确分类点的权重总和最大的弱学习器。右图：新的重新缩放的数据集，我们使用重新放缩因子将错误分类的点放大了 11/3

　　以这种方式继续训练，直到我们建立了尽可能多的弱学习器。本例中，我们只构建了 3 个弱学习器。第三个弱学习器是一条垂直线，如图 12.12 所示。

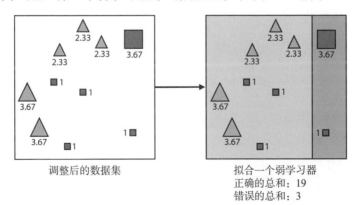

图 12.12　拟合 AdaBoost 模型的第三个弱学习器。左图：图 12.11 中重新缩放的数据集。右图：最拟合这个重新缩放的数据集的弱学习器

这就是构建弱学习器的方式。现在，我们需要将它们组合成一个强学习器。方法与构建随机森林的方法类似，但使用了更多的数学知识，如下一节所示。

将弱学习器组合成强学习器

现在，我们已经构建了弱学习器。在本节中，我们将学习一种将弱学习器组合成一个强学习器的有效方法：让分类器投票，就像在随机森林分类器中那样，但这一次，优秀的学习器比糟糕的学习器有更多的发言权。如果分类器真的很糟糕，那么它的投票实际上将是负的。

为了解释这一点，假设我们有 3 个朋友：诚实的 Teresa、捉摸不定的 Umbert 和谎话连篇的 Lenny。诚实的 Teresa 一直说真话，谎话连篇的 Lenny 几乎总是说谎，而捉摸不定的 Umbert 大约一半时间说真话，另一半时间说谎。在这 3 个朋友中，哪个最没用？

在我看来，诚实的 Teresa 非常可靠，因为她几乎总是说实话，所以值得信任。在其他两个中，我更喜欢谎话连篇的 Lenny。如果当问他是/否问题时，他几乎总是撒谎，那么我们只需要将他回答的反面视为正确答案，那么大多数时候我们都是几乎正确的！另一方面，捉摸不定的 Umbert 对我们毫无用处，因为我们不知道他是在说真话还是在说谎。在那种情况下，如果我们要给每个朋友所说的话打分，我会给诚实的 Teresa 一个高的正分，撒谎的 Lenny 一个高的负分，给捉摸不定的 Umbert 一个 0 分。

现在，想象我们的 3 个朋友是一个具有两类的数据集中训练的弱学习器。诚实的 Teresa 是一个准确率非常高的分类器，撒谎的 Lenny 是一个准确率非常低的分类器，而捉摸不定的 Umbert 是一个准确率接近 50% 的分类器。我们想要构建一个强学习器，通过 3 个弱学习器的加权投票获得预测。因此，我们为每个弱学习器分配一个分数，这就是学习器在最终投票中的投票数。此外，我们希望通过以下方式分配分数：

- 诚实的 Teresa 分类器获得了很高的正分。
- 捉摸不定的 Umbert 分类器接近 0 分。
- 撒谎的 Lenny 分类器获得了很高的负分。

换句话说，弱学习器的分数是一个具有以下属性的数字：

(1) 当学习器的准确率大于 0.5 时为正

(2) 当模型准确率为 0.5 时为 0

(3) 当学习器的准确率小于 0.5 时为负

(4) 当学习器的准确率接近 1 时是一个很大的正数

(5) 当学习器的准确率接近 0 时是一个很大的负数

为了让满足上述属性 (1)～(5) 的弱学习器能够得到合适的分数，我们使用概率中的一个流行概念，称为 logit，或对数赔率。下一节将详细介绍对数赔率。

概率、赔率和对数赔率

你可能发现，在赌博中，人们从不谈概率，但总是谈论赔率。赔率是什么？在以下意义上，赔率类似于概率：如果我们多次运行实验，并记录某一特定结果发生的次数，则该结果的概率是它发生的次数除以实验的运行总次数，该结果的赔率是它发生的次数除以它没有发生的次数。

例如，骰子掷到 1 的概率是 1/6，但赔率是 1/5。如果一匹马在每 4 场比赛中赢了 3 场，那么这匹马赢得一场比赛的概率是 3/4，赔率是 $\frac{3}{1}=3$。赔率的公式很简单：如果一个事件的概率是 x，那么赔率是 $\frac{x}{1-x}$。例如，在骰子的例子中，概率是 $\frac{1}{6}$，赔率是

$$\frac{\frac{1}{6}}{1-\frac{1}{6}}=\frac{1}{5}$$

注意，因为概率是介于 0 和 1 之间的数字，所以赔率是介于 0 和 ∞ 之间的数字。

现在让我们回到最初的目标。我们正在寻找满足上述 1~5 属性的函数。赔率函数很接近这一目标，但不完全满足，因为它只输出正值。通过取对数，可将赔率转化为满足上述(1)~(5)属性的函数。因此，我们获得对数赔率，也称为 logit，定义如下：

$$\text{log-odds}(x)=\ln\frac{x}{1-x}$$

图 12.13 显示了对数赔率函数 $y=\ln\frac{x}{1-x}$ 的图形。注意这个函数满足(1)~(5)属性。

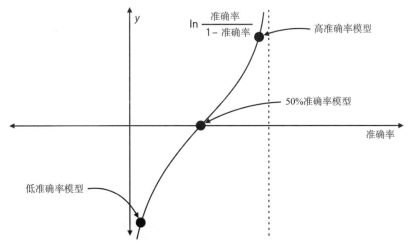

图 12.13 曲线显示了对数赔率函数与准确率的关系。注意，准确率较小时，对数赔率是一个非常大的负数；准确率较高时，对数赔率是一个非常大的正数。当准确率为 50%(或 0.5)时，对数赔率恰好为 0

因此，我们需要做的就是使用对数赔率函数计算每个弱学习器的分数。我们将对数赔率函数应用于准确率。表 12.2 包含弱学习器的准确率和该准确率的对数赔率值。注意，根据需要，准确率高的模型具有较高的正分数，准确率低的模型具有较高的负分数，而准确率接近 0.5 的模型分数接近 0。

表 12.2　弱分类器的准确率，以及使用对数赔率计算的相应分数。注意，准确率非常低的模型会得到很大的负分，准确率非常高的值会得到很大的正分，而准确率接近 0.5 的模型分数接近 0

准确率	对数赔率(弱学习器的得分)
0.01	−4.595
0.1	−2.197
0.2	−1.386
0.5	0
0.8	1.386
0.9	2.197
0.99	4.595

组合分类器

现在，我们已经确定使用对数赔率为弱分类器打分，可以继续加入弱分类器，构建强学习器。回想一下，弱学习器的准确率是正确分类的点的分数之和除以所有点的分数之和，如图 12.10～图 12.12 所示。

- 弱学习器 1

  - 准确率：$\dfrac{7}{10}$

  - 分数：$\ln\left(\dfrac{7}{3}\right) \approx 0.847$

- 弱学习器 2

  - 准确率：$\dfrac{11}{14}$

  - 分数：$\ln\left(\dfrac{11}{3}\right) \approx 1.299$

- 弱学习器 3

  - 准确率：$\dfrac{19}{22}$

  - 分数：$\ln\left(\dfrac{19}{3}\right) \approx 1.846$

强学习器通过弱分类器的加权投票获得预测，其中每个分类器的投票是各自的分数。一个简单方法是将弱学习器的预测从 0 和 1 改为–1 和 1，将每个预测乘以弱学习器的分数，然后将其相加。如果结果预测大于或等于 0，则强学习器预测为 1；如果结果预测小于 0，则强学习器预测为 0。投票过程如图 12.14 所示，预测如图 12.15 所示。还要注意，在图 12.15 中，结果分类器正确分类了数据集中的每个点。

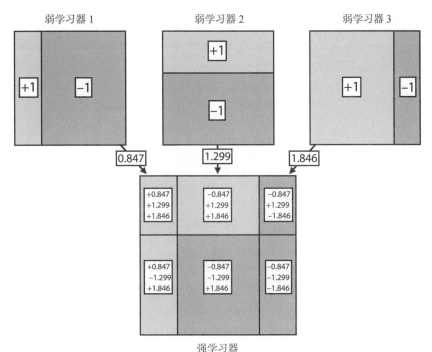

图 12.14　在 AdaBoost 模型中将弱学习器组合成强学习器。使用对数赔率对每个弱学习器进行评分，并让弱学习器根据分数进行投票(分数越大，学习器的投票权就越大)。下图中的每个区域都包含弱学习器的分数总和。注意，为了简化计算，弱学习器的预测是 +1 和 –1，而不是 1 和 0

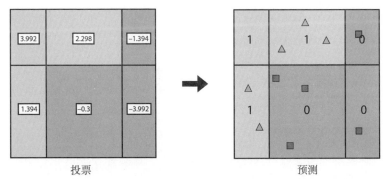

图 12.15　获得 AdaBoost 模型的预测。添加弱学习器的分数(如图 12.14 所示)之后，如果分数总和大于或等于 0，则预测为 1，否则预测为 0

在 Scikit-Learn 中编写 AdaBoost

在本节中，我们将学习如何使用 Scikit-Learn 训练 AdaBoost 模型。我们在"手动拟合随机森林"一节中使用的垃圾邮件数据集上进行训练，并将数据集绘制在图 12.16 中。我们继续使用前面部分使用的笔记，如下所示。

- **笔记**：Random_forests_and_AdaBoost.ipynb
  - https://github.com/luisguiserrano/manning/blob/master/Chapter_12_Ensemble_Methods/Random_forests_and_AdaBoost.ipynb

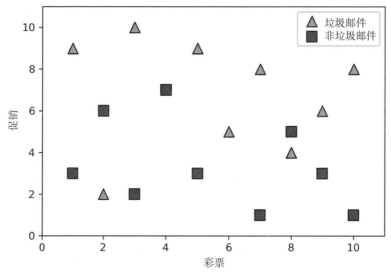

图 12.16　在这个数据集中，我们使用 Scikit-Learn 训练一个 AdaBoost 分类器。该数据集与 bagging 部分中的垃圾邮件数据集相同，特征是单词"彩票"和"垃圾邮件"的出现次数，垃圾邮件用三角形表示，非垃圾邮件用正方形表示

数据集位于两个名为 features 和 labels 的 Pandas 数据框架中，使用 Scikit-Learn 中的 AdaBoostClassifier 包完成训练。我们指定该模型将使用 6 个具有 n_estimators 超参数的弱学习器，如下所示：

```
from sklearn.ensemble import AdaBoostClassifier
adaboost_classifier = AdaBoostClassifier(n_estimators=6)
adaboost_classifier.fit(features, labels)
adaboost_classifier.score(features, labels)
```

结果模型的边界如图 12.17 所示。

进一步探索 6 个弱学习器及其分数(代码见笔记)。弱学习器的边界绘制在图 12.18 中，且笔记明确显示，所有弱学习器的分数都是 1。

注意，图 12.17 中的强学习器是通过为图 12.18 中的每个弱学习器分配 1 分并让其投票而获得的。

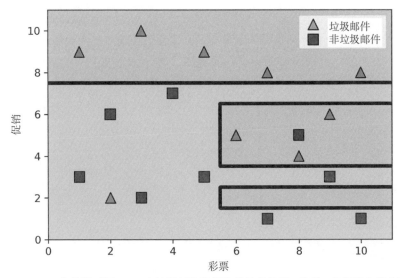

图 12.17　AdaBoost 分类器对图 12.16 中垃圾邮件数据集的处理结果。注意，分类器在拟合数据集方面做得很好，并且不会过拟合

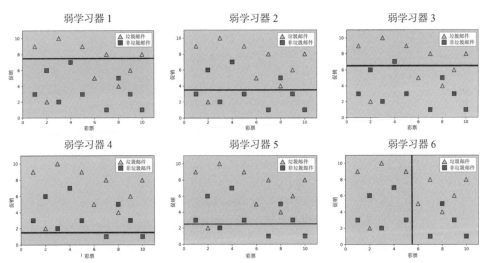

图 12.18　AdaBoost 模型中的 6 个弱学习器。每一个弱学习器都是深度为 1 的决策树，组合形成图 12.17 中的强学习器

12.4 梯度提升：使用决策树构建强学习器

在本节中，我们将学习梯度提升。梯度提升是目前最流行和最成功的机器学习模型之一。这类模型与 AdaBoost 类似，弱学习器都是决策树，每个弱学习器的目标都是从之前的错误中学习。梯度提升和 AdaBoost 之间的区别在于，在梯度提升中存在

深度大于 1 的决策树。梯度提升可用于回归和分类，但为了便于解释，我们在本节使用回归示例。如果要将梯度提升用于分类，则需要进行一些小的调整。要了解更多信息，请查看附录 C 中视频和阅读材料的链接。本节的代码如下。

- **笔记**：Gradient_boosting_and_XGBoost.ipynb
  - https://github.com/luisguiserrano/manning/blob/master/Chapter_12_Ensemble_
    Methods/Gradient_boosting_and_XGBoost.ipynb

本节使用的例子与 9.6 节中的例子相同，研究某些用户对应用程序的参与程度。特征是用户的年龄，标签是用户与应用程序的使用天数(表 12.3)。数据集如图 12.19 所示。

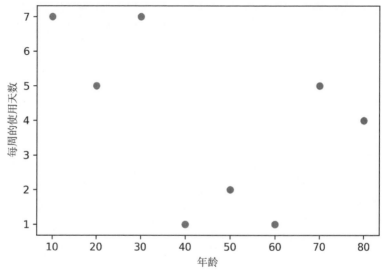

图 12.19 表 12.3 中用户参与度数据集的图示。横轴代表用户的年龄，纵轴代表用户每周使用应用程序的天数

表 12.3 一个小型数据集，包含 8 个用户、用户年龄以及用户对应用程序的参与度。参与度以用户在一周内打开应用程序的天数来衡量。我们将使用梯度提升来拟合这个数据集

特征(年龄)	标签(使用)
10	7
20	5
30	7
40	1
50	2
60	1
70	5
80	4

梯度提升就是创建一个拟合数据集的树序列。我们将使用两个超参数，分别是树的数量(设置为 5)，以及学习率(设置为 0.8)。第一个弱学习器很简单：深度为 0 的决策树最拟合数据集。深度为 0 的决策树只是一个节点，为数据集中的每个点分配相同的标签。因为最小化的误差函数是均方误差，所以预测的最佳值是标签的平均值。这个数据集的标签平均值是 4，所以第一个弱学习器是一个节点，为每个点分配的预测为 4。

下一步，计算残差，并为残差拟合一个新的决策树。残差为标签与第一个弱学习器的预测之间的差异。如你所见，这样做是为了训练决策树，以填补第一棵树留下的空白。标签、预测和残差如表 12.4 所示。

表 12.4   第一个弱学习器的预测是标签的平均值。我们训练第二个弱学习器，以拟合
第一个弱学习器的残差

特征(年龄)	标签(使用)	弱学习器 1 的预测	残差	弱学习器 2 的预测
10	7	4	3	3
20	5	4	2	2
30	7	4	3	2
40	1	4	−3	−2.667
50	2	4	−2	−2.667
60	1	4	−3	−2.667
70	5	4	1	0.5
80	4	4	0	0.5

第二个弱学习器是拟合这些残差的决策树。决策树可以为我们想要的任何深度，但本例中，我们将确保所有弱学习器的深度最多为 2。决策树(连同边界)如图 12.20 所示，表 12.4 的最右列显示预测。我们使用 Scikit-Learn 获得第二棵决策树；请参阅笔记详细了解相关程序。

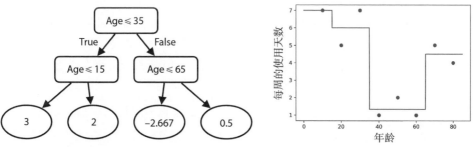

图 12.20   梯度提升模型中的第二个弱学习器。这个学习器是一个深度为 2 的决策树，如图所示。预测显示在右图中

　　重复上述操作，计算新的残差，并训练一个新的弱学习器来拟合新的残差。然而，有一点需要注意——要计算前两个弱学习器的预测，我们首先需要将第二个弱学习器的预测乘以学习率。回顾一下，我们使用的学习率为 0.8。因此，前两个弱学习器的组合预测是第一个弱学习器预测(即 4)加上第二个弱学习器预测的 0.8 倍。这样做是为了避免过拟合训练数据。我们的目标是通过慢慢地找到解决方案来模仿梯度下降算法，而将预测乘以学习率可以帮助我们慢慢找到学习方案。新的残差是原始标签减去前两个弱学习器的组合预测。如表 12.5 所示。

表 12.5　前两个弱学习器的标签和预测，以及残差。第一个弱学习器的预测是标签的平均值。第二个弱学习器的预测如图 12.20 所示。组合预测等于第一个弱学习器的预测加上学习率(0.8)与第二个弱学习器的预测的乘积。残差是标签与前两个弱学习器的组合预测之间的差异

标签	弱学习器 1 的预测	弱学习器 2 的预测	弱学习器 2 的预测 与学习率的乘积	弱学习器 1 和弱学习器 2 的预测	残差
7	4	3	2.4	6.4	0.6
5	4	2	1.6	5.6	−0.6
7	4	2	1.6	5.6	1.4
1	4	−2.667	−2.13	1.87	−0.87
2	4	−2.667	−2.13	1.87	0.13
1	4	−2.667	−2.13	1.87	−0.87
5	4	0.5	0.4	4.4	0.6
4	4	0.5	0.4	4.4	−0.4

　　现在，我们可以继续在新的残差上拟合一个新的弱学习器，并计算前两个弱学习器的组合预测。操作方法是用 0.8(学习率)乘以第二个和第三个弱学习器的预测总和，并将乘积与第一个弱学习器的预测相加。我们为每个想要构建的弱学习器重复这个过程，可以使用 Scikit-Learn 中的 GradientBoostingRegressor 包(代码在笔记中)来完成这一过程，而不需要手动操作。接下来的几行代码展示了拟合模型并进行预测的方法。注意，我们最多将树的深度设置为 2，将树的数量设置为 5，将学习率设置为 0.8。超参数是 max_depth、n_estimators 和 learning_rate。还要注意，如果我们想要 5 棵树，我们必须将 n_estimators 超参数设置为 4，因为第一棵树没有被计算在内。

```
from sklearn.ensemble import GradientBoostingRegressor
gradient_boosting_regressor = GradientBoostingRegressor(max_depth=2,
    n_estimators=4, learning_rate=0.8)
gradient_boosting_regressor.fit(features, labels)
gradient_boosting_regressor.predict(features)
```

生成的强学习器如图 12.21 所示。注意，它在预测值方面做得很好。

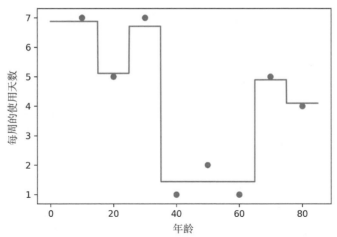

图 12.21　梯度提升回归器中强学习器的预测图。注意，该模型非常拟合数据集

　　实际上，还可以更进一步研究，实际绘制所得的 5 个弱学习器。详细信息记录在笔记中，5 个弱学习器如图 12.22 所示。注意，最后一个弱学习器的预测远小于第一个弱学习器的预测，因为每个弱学习器都在预测前一个弱学习器的错误，并且错误也在每一步上变得越来越小。

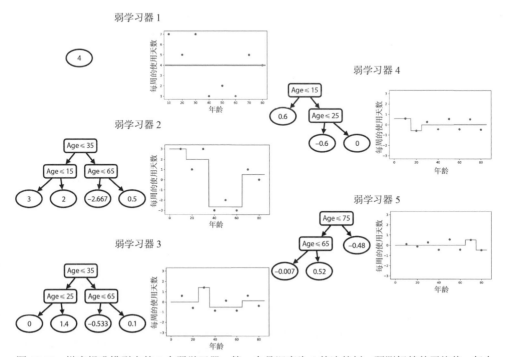

图 12.22　梯度提升模型中的 5 个弱学习器。第一个是深度为 0 的决策树，预测标签的平均值。每个连续的弱学习器都是一个深度最大为 2 的决策树，它拟合前一个弱学习器给出的预测的残差。注意，弱学习器的预测会越来越小，因为强学习器的预测越接近标签，残差就越小

最后，我们可以使用 Scikit-Learn 或手动计算来查看预测，如下所示。

- 年龄 = 10，预测 = 6.87
- 年龄 = 20，预测 = 5.11
- 年龄 = 30，预测 = 6.71
- 年龄 = 40，预测 = 1.43
- 年龄 = 50，预测 = 1.43
- 年龄 = 60，预测 = 1.43
- 年龄 = 70，预测 = 4.90
- 年龄 = 80，预测 = 4.10

12.5 XGBoost：一种梯度提升的极端方法

XGBoost 代表极限梯度提升，是最流行、最强大、最有效的梯度提升实现手段之一。2016 年，陈天奇和 Carlos Guestrin 创建了 XGBoost 模型(参考附录 C)，这一模型通常优于其他分类模型和回归模型。在本节中，我们将学习 XGBoost 的工作原理，使用的例子与 12.4 节中的例子相同。

XGBoost 使用决策树作为弱学习器。就像我们之前学习的 boosting 方法一样，我们将每个弱学习器设计为专注于之前学习器的弱点。更具体地说，每棵树都是为了拟合先前树预测的残差而构建的。但是，XGBoost 与 boosting 之间存在一些小的差异，例如树的构建方式。在 XGBoost 中，我们使用一种名为相似度得分的决策树。此外，我们添加了一个修剪步骤来防止过拟合，如果树的分支不满足某些条件，就会被删除。在本节中，我们将更详细地介绍这一点。

XGBoost 相似度得分：衡量集合相似度的新方法

在本小节中，我们将学习 XGBoost 的主要构建块，这是一种衡量集合元素相似度的方法。这个指标被恰当地称为相似度得分。在开始学习之前，让我们做一个小练习。以下三组中，哪一组相似度最高，哪一组相似度最低？

- 集合 1：{10, –10, 4}
- 集合 2：{7, 7, 7}
- 集合 3：{7}

如果你认为集合 2 的相似度最高而集合 1 的相似度最低，那么你的直觉是正确的。在集合 1 中，元素彼此不同，因此相似度最低。集合 2 和集合 3 难以比较，因为两个集合都有相同的元素，但相同元素出现的次数不同。但是，集合 2 的数字 7 出现了 3 次，而集合 3 只出现了一次。因此，集合 2 中的元素比集合 3 中的元素更同质或更相似。

要量化相似度，请考虑以下指标。给定一个集合 $\{a_1, a_2, \cdots, a_n\}$，相似度得分是元素和的平方除以元素的个数，即 $\dfrac{(a_1 + a_2 + \cdots + a_n)^2}{n}$。让我们计算上面三组的相似度分数，如下所示。

- 集合 1：相似度得分 $= \dfrac{(10-10+4)^2}{3} \approx 5.33$

- 集合 2：相似度得分 $= \dfrac{(7+7+7)^2}{3} = 147$

- 集合 3：相似度得分 $= \dfrac{7^2}{1} = 49$

注意，正如预期的那样，集合 2 的相似度得分最高，集合 1 的相似度得分最低。

注意：这个相似度得分并不完美。我们可以说集合 $\{1,1,1\}$ 比集合 $\{7,8,9\}$ 更相似，但是 $\{1,1,1\}$ 的相似度得分为 3，而 $\{7,8,9\}$ 的相似度得分是 192。然而，就我们的算法而言，这个分数仍然有效。相似度得分的主要目标是能够很好地分离大值和小值，而这个目标已经达到，我们将在当前示例中验证这一点。

超参数 λ 与相似度得分相关，有助于防止过拟合。使用该超参数时，我们将其加到相似度分数的分母上，得到公式 $\dfrac{(a_1 + a_2 + \cdots + a_n)^2}{n + \lambda}$。因此，如果 $\lambda = 2$，则集合 1 的相似度分数现在为 $\dfrac{(10-10+4)^2}{3+2} = 3.2$。我们不会在例子中使用超参数 λ，但是在代码部分，我们将学习如何设置想要的 λ 值。

构建弱学习器

在本小节中，我们将学习构建弱学习器。为了便于说明，我们使用 12.4 节中的相同示例。为方便起见，表 12.6 最左边的两列展示相同的数据集。这是一个应用用户的数据集，特征是用户的年龄，标签是每周使用应用程序的天数。该数据集如图 12.19 所示。

表 12.6　与表 12.3 相同的数据集，包含用户、用户年龄以及用户每周使用应用程序的天数。第三列为 XGBoost 模型中第一个弱学习器的预测。默认情况下，这些预测都是 0.5。最后一列为残差，即标签和预测之间的差异

特征(年龄)	标签(使用)	第一个弱学习器的预测	残差
10	7	0.5	6.5
20	5	0.5	4.5

（续表）

特征(年龄)	标签(使用)	第一个弱学习器的预测	残差
30	7	0.5	6.5
40	1	0.5	0.5
50	2	0.5	1.5
60	1	0.5	0.5
70	5	0.5	4.5
80	4	0.5	3.5

训练 XGBoost 模型的过程与训练梯度提升树的过程类似。第一个弱学习器是一棵决策树，为每个数据点给出 0.5 的预测。在构建这个弱学习器之后，我们计算残差，即标签和预测标签之间的差异。表 12.6 最右侧的两列给出了这两个值。

在我们开始构建其他树之前，需要先决定树的深度。为了不让例子过于复杂，我们再次选择最大深度 2。这意味着深度到达 2 时，我们就停止构建弱学习器。最大深度是一个超参数，我们将在"用 Python 训练 XGBoost 模型"一节中深入学习。

为了构建第二个弱学习器，我们需要使用相似度得分，为残差拟合一个决策树。我们照例在根节点处拥有整个数据集。因此，我们首先计算整个数据集的相似度分数，如下所示：

$$相似性 = \frac{(6.5+4.5+6.5+0.5+1.5+0.5+4.5+3.5)^2}{8}$$

现在，我们继续以所有可能的方式使用年龄特征划分节点，就像我们对决策树所做的那样。每次划分时，我们计算每个叶子对应子集的相似度得分，并将得分相加，就可得到划分对应的组合相似度得分。分数如下。

划分根节点，数据集为{6.5,4.5,6.5,0.5,1.5,0.5,4.5,3.5}，相似度得分=98。

- 在 15 处划分
  - 左节点：{6.5}；相似度得分：42.25
  - 右节点：{4.5,6.5,0.5,1.5,0.5,4.5,3.5}；相似度得分：66.04
  - 组合相似度得分：108.29
- 在 25 处划分
  - 左节点：{6.5,4.5}；相似度得分：60.5
  - 右节点：{6.5,0.5,1.5,0.5,4.5,3.5}；相似度得分：48.17
  - 组合相似度得分：108.67
- 在 35 处划分
  - 左节点：{6.5,4.5,6.5}；相似度得分：102.08
  - 右节点：{0.5,1.5,0.5,4.5,3.5}；相似度得分：22.05

　　－　组合相似度得分：124.13
- 在 45 处划分
  - 左节点：{6.5,4.5,6.5,0.5}；相似度得分：81
  - 右节点：{1.5,0.5,4.5,3.5}；相似度得分：25
  - 组合相似度得分：106
- 在 55 处划分
  - 左节点：{6.5,4.5,6.5,0.5,1.5}；相似度得分：76.05
  - 右节点：{0.5,4.5,3.5}；相似度得分：24.08
  - 组合相似度得分：100.13
- 在 65 处划分
  - 左节点：{6.5,4.5,6.5,0.5,1.5,0.5}；相似度得分：66.67
  - 右节点：{4.5,3.5}；相似度得分：32
  - 组合相似度得分：98.67
- 在 75 处划分
  - 左节点：{6.5,4.5,6.5,0.5,1.5,0.5,4.5}；相似度得分：85.75
  - 右节点：{3.5}；相似度得分：12.25
  - 组合相似度得分：98

　　如计算所示，在年龄=35 处时划分，可以得到最佳组合相似度得分。根节点将在此处划分。

　　接下来，我们继续以相同的方式划分每个节点上的数据集。

　　划分左节点，数据集为{6.5,4.5,6.5}，相似度得分为 102.08。
- 在 15 处划分
  - 左节点：{6.5}；相似度得分：42.25
  - 右节点：{4.5,6.5}；相似度得分：60.5
  - 相似度得分：102.75
- 在 25 处划分
  - 左节点：{6.5,4.5}；相似度得分：60.5
  - 右节点：{6.5}；相似度得分：42.25
  - 相似度得分：102.75

　　两个划分都为我们提供了相同的组合相似度得分，因此我们可以使用两者中的任意一个。让我们在 15 处划分。现在，转到右侧的节点。

　　划分右侧节点，数据集为{0.5,1.5,0.5,4.5,3.5}，相似度得分为 22.05。
- 在 45 处划分
  - 左节点：{0.5}；相似度得分：0.25
  - 右节点：{1.5,0.5,4.5,3.5}；相似度得分：25

- 相似度得分：25.25
- 在 55 处划分
  - 左节点：{0.5,1.5}；相似度得分：2
  - 右节点：{0.5,4.5,3.5}；相似度得分：24.08
  - 相似度得分：26.08
- 在 65 处划分
  - 左节点：{0.5,1.5,0.5}；相似度得分：2.08
  - 右节点：{4.5,3.5}；相似度得分：32
  - 相似度得分：34.08
- 在 75 处划分
  - 左节点：{0.5,1.5,0.5,4.5}；相似度得分：12.25
  - 右节点：{3.5}；相似度得分：12.25
  - 相似度得分：24.5

　　从这里，我们得出结论，在年龄=65 岁时划分最佳。现在树的深度为 2，按照我们最初的决定，我们停止构建弱学习器。生成的树以及节点的相似度得分如图 12.23 所示。

　　第二个弱学习器几乎就是如此。在继续构建更多弱学习器之前，我们需要一些操作来帮助减少过拟合。

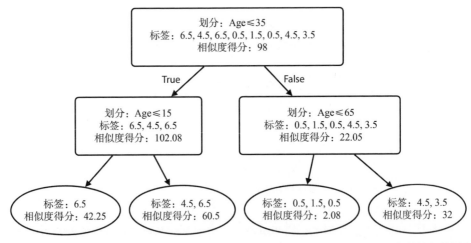

图 12.23　XGBoost 分类器中的第二个弱学习器。对于每个节点，我们可以看到基于年龄特征的划分、与该节点对应的标签以及每组标签的相似度得分。为每个节点选择的划分是能够将叶子的组合相似度得分最大化的划分。可以看到每个叶子相应的标签及其相似度得分

决策树修剪：通过简化弱学习器来减少过拟合

　　XGBoost 的一大特点是不会出现过拟合。XGBoost 使用了一些超参数以达到这一

目的，"用 Python 训练 XGBoost 模型"一节将详细介绍这些超参数。其中一个超参数是最小划分损失。如果组合相似度得分并不明显大于原始节点的相似度得分，最小划分损失可以阻止继续划分。组合相似度得分与原始节点相似度得分的差异称为相似度增益。例如，在决策树的根节点中，相似度得分为 98，节点的组合相似度得分为 124.13。因此，相似度增益为 124.13 – 98 = 26.13。同理，左边节点的相似度增益为 0.67，右边节点的相似度增益为 12.03，如图 12.24 所示。

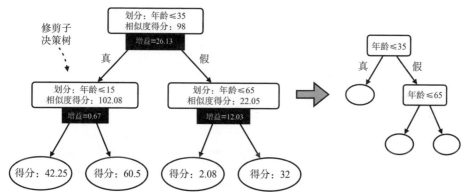

图 12.24　左边是与图 12.23 相同的决策树和一条额外的信息：相似度增益。我们通过从组合中减去每个节点的相似度得分来获得叶子的相似度得分。只有相似度增益(最小划分损失超参数)高于 1 时，划分才可以继续进行，因此一处划分停止。修剪过的决策树如右边所示，也就是我们现在的弱学习器

我们将最小划分损失设置为 1，在此设置下，唯一被阻止的划分是左侧节点(年龄≤15)上的划分。因此，第二个弱学习器与图 12.24 右侧的学习器类似。

做出预测

现在，我们已经构建了第二个弱学习器，让我们用第二个弱学习器进行预测。获得预测的方式与从使用其他决策树获得预测的方式相同，即取叶子对应标签的平均值。第二个弱学习器的预测如图 12.25 所示。

现在，计算前两个弱学习器的组合预测。为了避免过拟合，我们使用在梯度提升中使用的技术，即将所有弱学习器(第一个除外)的预测乘以学习率，以此模拟梯度下降法。梯度下降法中，模型经过多次迭代，慢慢收敛到一个好的预测。我们使用的学习率是 0.7。因此，前两个弱学习器的组合预测等于第一个弱学习器的预测加上第二个弱学习器的预测乘以 0.7。例如，第一个数据点的预测是

$$0.5 + 5.83 \cdot 0.7 \approx 4.58$$

表 12.7 的第五列为前两个弱学习器的组合预测。

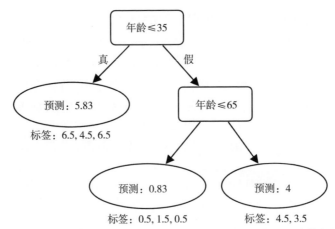

图 12.25 XGBoost 模型中经过修剪的第二个弱学习器。图中的树与图 12.24 中的相同，但带有预测。
每个叶子的预测对应于该叶子标签的平均值

表 12.7 前两个弱学习器的标签和预测，以及残差。将第一个弱学习器的预测(始终为 0.5)加上学习率(0.7)
和第二个弱学习器的预测的乘积，获得组合预测。残差是标签和组合预测之间的差异

标签(使用)	弱学习器 1 的预测	弱学习器 2 的预测	弱学习器 2 的预测与 学习率的乘积	组合预测	残差
7	0.5	5.83	4.08	4.58	2.42
5	0.5	5.83	4.08	4.58	0.42
7	0.5	5.83	4.08	4.58	2.42
1	0.5	0.83	0.58	1.08	−0.08
2	0.5	0.83	0.58	1.08	0.92
1	0.5	0.83	0.58	1.08	−0.08
5	0.5	4	2.8	3.3	1.7
4	0.5	4	2.8	3.3	0.7

注意，组合预测比第一个弱学习器的预测更接近标签。下一步，迭代。我们为所有数据点计算新的残差，为新的残差拟合一棵树，对其进行修剪，计算新的组合预测，并重复以上操作。开始时选择的另一个超参数规定了我们想要多少决策树。为了继续构建这些决策树，我们需要使用一个名为 XGBoost 的 Python 包，这个包非常实用。

用 Python 训练 XGBoost 模型

在本节中，我们将学习使用 Python 包 xgboost 训练模型，以拟合当前数据集。本节的代码与上一节的代码来源于同一个笔记，如下所示。

- **笔记**：Gradient_boosting_and_XGBoost.ipynb
  - https://github.com/luisguiserrano/manning/blob/master/Chapter_12_Ensemble_Methods/Gradient_boosting_and_XGBoost.ipynb

在开始之前，让我们修改一下为这个模型定义的超参数。

number of estimators 弱学习器的数量。注意，在 XGBoost 包中，第一个弱学习器不计入评估器中。在本例中，我们将该超参数设置为 3，因此我们将拥有 4 个弱学习器。

maximum depth 每个决策树(弱学习器)的最大深度。我们将其设置为 2。

lambda parameter 添加到相似度分母的数字。我们将其设置为 0。

minimum split loss 允许划分发生的相似度得分的最小增益。我们将其设置为 1。

learning rate 第二个到最后一个弱学习器的预测需要乘以学习率。我们将其设置为 0.7。

我们使用以下代码行导入包，构建一个名为 XGBRegressor 的模型，并将其拟合到数据集中：

```
from xgboost import XGBRegressor
xgboost_regressor = XGBRegressor(random_state=0,
                                 n_estimators=3,
                                 max_depth=2,
                                 reg_lambda=0,
                                 min_split_loss=1,
                                 learning_rate=0.7)
xgboost_regressor.fit(features, labels)
```

模型如图 12.26 所示。注意，该模型非常拟合数据集。

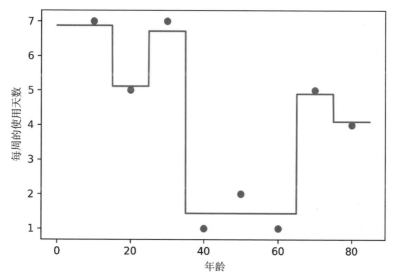

图 12.26 XGBoost 模型的预测图。注意，该模型非常拟合数据集

xgboost 包还可以帮助我们查看弱学习器，如图 12.24 所示。以这种方式获得的树，其标签已经乘以了 0.7 的学习率。与图 12.25 中手动获得的树和图 12.27 中左侧第二棵树的预测相比，这一点非常明显。

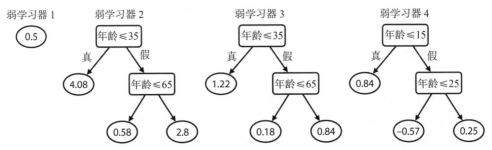

图 12.27　在 XGBoost 模型中组成强学习器的 4 个弱学习器。注意，第一个弱学习器总是给出 0.5 的
　　　　　预测。其他 3 个弱学习器在形状上都十分相似，这是一个巧合。但是，注意，每棵树的预
　　　　　测值都在变小，因为每次拟合的残差都在变小。此外，注意，第二个弱学习器与我们在图
　　　　　12.25 中手动获得的树相同，唯一的区别是在这棵树中，预测值乘以 0.7 的学习率

因此，我们只需要添加每棵树的预测就可以获得强学习器的预测。例如，对于 20
岁的用户，预测如下。

- 弱学习器 1：0.5
- 弱学习器 2：4.08
- 弱学习器 3：1.22
- 弱学习器 4：−0.57

因此，预测为 0.5 + 4.08 + 1.22 − 0.57 = 5.23。其他点的预测如下：

- 年龄 =10；预测 = 6.64
- 年龄 =20；预测 = 5.23
- 年龄 =30；预测 = 6.05
- 年龄 =40；预测 = 1.51
- 年龄 =50；预测 = 1.51
- 年龄 =60；预测 = 1.51
- 年龄 =70；预测 = 4.39
- 年龄 =80；预测 = 4.39

12.6　集成方法的应用

集成方法成本较低，但性能出色，是目前最有用的机器学习技术之一。集成方法
应用最多的一个地方是机器学习挑战赛，例如 Netflix 挑战赛。Netflix 挑战赛是 Netflix
组织的一项竞赛。Netflix 将一些数据匿名化并公开，参赛者的目标是建立一个比
Netflix 本身更好的推荐系统；推出最佳系统的单位将赢得一百万美元的奖金。为了取
得最终胜利，团队往往会集结一众优秀的学习者。更多相关信息，请查看附录 C 中的
参考资料。

12.7　本章小结

- 集成方法训练一些弱学习器，并组合弱学习器形成强学习器。集成方法可以有效构建强大模型，这些模型在真实数据集上取得了很好的结果。
- 集成方法可用于回归和分类。
- 集成方法的类型主要有两种：bagging 和 boosting。
- bagging 集成(又名 bootstrap)在数据的随机子集上构建连续的学习器，并将这些学习器组合成一个强学习器。强学习器基于多数投票进行预测。
- boosting 构建一系列学习器，每个学习器专注于前一个学习器的弱点。boosting 将这些学习器组合成一个强大的分类器，该分类器根据学习器的加权投票进行预测。
- AdaBoost、梯度提升和 XGBoost 是 3 种先进的 boosting 算法，在处理真实数据集时表现出色。
- 集成方法的应用范围很广，包括推荐算法以及在医学、生物学领域中的应用。

12.8　练习

练习 12.1

增强的强学习器 L 由 3 个弱学习器 L_1、L_2 和 L_3 组成。它们的权重分别为 1、0.4 和 1.2。对于特定点，L_1 和 L_2 预测其标签为正，L_3 预测其为负。学习器 L 在这一点上做出的最终预测是什么？

练习 12.2

我们正在对大小为 100 的数据集训练 AdaBoost 模型。当前的弱学习器正确分类了 100 个数据点中的 68 个。在最终模型中，我们分配给该学习器的权重是多少？

理论付诸实践：数据工程和机器学习真实示例

第 **13** 章

本章主要内容：

- 清洗和预处理数据，以供模型读取
- 使用 Scikit-Learn 训练和评估多个模型
- 使用网格搜索为模型选择合适超参数
- 使用 k 折交叉验证，同时应用数据进行训练和验证

在整本书中,我们学习了监督学习中一些最重要的算法,并对这些算法进行编程,用其对多个数据集进行预测。然而,在真实数据上训练模型的过程需要更多的步骤,这就是本章要讨论的内容。

数据科学家最基本的工作之一是清洗和预处理数据。这一步至关重要,因为计算机无法彻底完成这一工作。要正确清洗数据,必须充分了解数据和要解决的问题。在本章中,我们将看到一些最重要的用于清洗和预处理数据的技术。然后,我们将深入研究这些特征,并应用一些特征工程,使得特征能够为模型所用。下一步,我们将模型划分为训练集、验证集和测试集,在数据集上训练多个模型,并对其进行评估。这样,我们就能够为数据集选择性能最好的模型。最后,我们将学习一些重要的方法,例如网格搜索,来为模型找到最合适的超参数。

我们将在泰坦尼克号数据集上应用所有步骤。泰坦尼克号数据集是一个用于学习和练习机器学习技术的数据集,下一节将对该数据集进行详细介绍。本章包含大量编程内容。我们使用的两个 Python 包是 Pandas 和 Scikit-Learn,这两个包在本书中应用广泛。Pandas 包非常适合处理数据,可以帮助打开文件、加载数据、将数据组织为表(称为数据框架)等。Scikit-Learn 非常适合训练和评估模型,可以有效实现本书中学习的大多数算法。

本章使用的代码和数据集如下。

- **笔记**:End_to_end_example.ipynb
  - https://github.com/luisguiserrano/manning/blob/master/Chapter_13_End_to_end_example/End_to_end_example.ipynb
- **数据集**:titanic.csv

13.1 泰坦尼克号数据集

在本节中,我们加载并研究数据集。对于数据科学家来说,数据的加载和处理是一项至关重要的技能,因为模型是否成功在很大程度上取决于输入数据的预处理方式。我们使用 Pandas 包执行以下操作。

在本章中,我们将使用一个用于学习机器学习的流行示例:泰坦尼克号(Titanic)数据集。在较高级别上,该数据集包含许多泰坦尼克号乘客的相关信息,包括乘客姓名、年龄、婚姻状况、登船港口和舱位。最重要的是,它还包含乘客是否生存的相关信息。可以在 Kaggle(www.kaggle.com)中找到该数据集。Kaggle 是一个著名的在线社区,包含大量数据集和竞赛,强烈推荐读者一看。

提示:我们使用的数据集是一个历史(Historic)数据集,正如你想象的那样,数据集中包含 1912 年以来的许多社会偏见。历史数据集不提供修改或额外抽样的机会,并不反映当前社会的常规世界观。历史数据集中的一些例子缺乏对非二元性别的认同，区别对待不同性别和社会阶层的乘客。我们将把这个数据集当作一个数字表来评估，因为我们相信对于模型构建和预测而言，这是一个非常丰富的数据集。然而，作为数据科学家，我们有责任始终注意数据中的偏见，例如关于种族、性别认同、性取向、社会地位、能力、国籍、信仰等的偏见，并尽我们所能确保建立的模型不会使历史偏见永久化。

数据集特征

泰坦尼克号数据集包含了泰坦尼克号上 891 名乘客的姓名和信息，包括是否幸存。以下是数据集的列。

- **PassengerId**：每位乘客的编号，从 1 到 891
- **Name**：乘客全名
- **Sex**：乘客的性别(男性或女性)
- **Age**：乘客的年龄(整数)
- **Pclass**：乘客乘坐的舱位，包括头等舱、二等舱或三等舱
- **SibSp**：乘客的兄弟姐妹和配偶的数量(如果乘客独自旅行，则为 0)
- **Parch**：乘客的父母和孩子的人数(如果乘客独自旅行，则为 0)
- **Ticket**：票号
- **Fare**：乘客以英镑支付的票价
- **Cabin**：乘客旅行的客舱
- **Embarked**：乘客登船的港口：C 代表瑟堡，Q 代表皇后镇，S 代表南安普敦
- **Survived**：乘客幸存(1)或没有幸存(0)

使用 Pandas 加载数据集

在本节中，我们将学习如何使用 Pandas 打开数据集，并将其加载到 DataFrame 中。Pandas 使用 DataFrame 存储数据表。我已经从 www.kaggle.com 下载了数据，并将其存储为名为 Titanic.csv 的 CSV(逗号分隔值)文件。在处理 Pandas 之前，我们必须使用以下命令导入 Pandas：

```
import Pandas
```

现在，我们已经加载了 Pandas，还需要加载数据集。为了存储数据集，Pandas 使用两个对象：DataFrame 和 Series。两者本质上没有什么区别，唯一不同之处在于 Series 用于只有一列的数据集，DataFrame 可以用于多列的数据集。

我们可以使用以下命令将数据集加载为 DataFrame：

```
raw_data = pandas.read_csv('./titanic.csv', index_col="PassengerId")
```

此命令将数据集存储到名为 raw_data 的 Pandas 数据框架中。我们将该数据框架

命名为 raw_data，是因为我们想要对其进行清洗，并在之后对其进行预处理。我们加载这一数据框架，就可以看到第一行看起来像表 13.1。一般来说，Pandas 会添加一个额外的列，对数据集中的所有元素进行编号。因为数据集已经带有编号，所以可指定 index_col="PassengerId"，将此索引设置为编号列。因此，我们可能会看到在这个数据集中，行从 1 开始索引，而不是从 0 开始，这在实践中更加常见。

表 13.1　泰坦尼克号数据集包含泰坦尼克号的乘客信息，包括是否幸存。此处，我们使用 Pandas 打开数据集，并打印出行和列。注意，该数据集有 891 行和 12 列

PassengerId	Survived	Pclass	Name	Sex	Age	SibSp	Parch	Ticket	Fare	Cabin	Embarked
1	0	3	Braund, Mr. Owen Harris	male	22.0	1	0	A/5 21171	7.2500	NaN	S
2	1	1	Cumings, Mrs. John Bradley (Florence Briggs Th...	female	38.0	1	0	17599	71.2833	C85	C
3	1	3	Heikkinen, Miss Laina	female	26.0	0	0	STON/O2. 3101282	7.9250	NaN	S
...	...	...	...	...	...	...	...	......	...	...	...
890	1	1	Behr, Mr. Karl Howell	male	26.0	0	0	111369	30.0000	C148	C
891	0	3	Dooley, Mr. Patrick	male	32.0	0	0	370376	7.7500	NaN	Q

保存和加载数据集

在开始研究数据集之前，我们学习一个非常方便的小步骤。在每个环节结束时，将数据集保存在一个 CSV 文件中。在下一环节开始时，再次加载这部分文件。这样，我们就可以放下这本书或退出 Jupyter Notebook。稍后，我们可以在任何检查点回来处理数据，而不必从头开始重新运行所有命令。对于像这样的小数据集，重新运行命令没什么大不了的，但想象一下在处理大量数据时有多麻烦。序列化和保存数据非常重要，可以减少时间和功耗。

以下是每个环节结束时保存的数据集的名称。
- "泰坦尼克号数据集"：raw_data
- "清洗数据集"：clean_data
- "特征工程"：preprocessed_data

保存和加载的命令如下：

```
tablename.to_csv('./filename.csv', index=None)
tablename = pandas.read_csv('./filename.csv')
```

Pandas 在加载数据集时会添加一个索引列为每个元素编号。我们可以忽略这一列，但是在保存数据集时，必须设置参数 index = None，以避免保存不必要的索引列。

数据集已经有一个名为 PassengerId 的索引列。如果我们想改用这一列作为 Pandas 中的默认索引列，可以在加载数据集时指定 index_col='PassengerId'(但我们不会这样做)。

使用 Pandas 研究数据集

在本节中，我们将学习一些有用的数据集研究方法。第一个是长度函数，即 len。此函数返回数据集中的行数，如下所示：

```
len(raw_data)
Output: 891
```

这意味着数据集有 891 行。我们使用 columns DataFrame 属性输出列名，如下所示：

```
raw_data.columns
Output: Index(['PassengerId', 'Survived', 'Pclass', 'Name', 'Sex', 'Age',
    'SibSp', 'Parch', 'Ticket', 'Fare', 'Cabin', 'Embarked'], dtype='object')
```

现在，让我们探索其中一列。我们使用以下命令浏览 Survived 列：

```
raw_data['Survived']
Output:
0, 1, 1, 1, 0, .., 0, 1, 0, 1, 0
Name: Survived, Length: 891, dtype: int64
```

第一列是乘客的索引(1 到 891)。如果乘客没有幸存下来，则第二列显示为 0；如果乘客幸存，则显示为 1。然而，如果我们想要两列——例如姓名和年龄——我们可使用下面的命令：

```
raw_data[['Name', 'Age']]
```

这将返回一个仅有两列的数据框架。

现在，假设我们想知道有多少乘客幸存。可使用 sum 函数对 Survived 列中的数值求 sum，如下所示：

```
sum(raw_data['Survived'])
Output: 342
```

这表明在数据集中的 891 名乘客中，只有 342 人幸存下来。

就 Pandas 处理数据集提供的所有功能而言，这只是冰山一角。可访问 pandas.pydata.org，了解更多信息。

13.2　清洗数据集：缺失值及其处理方法

我们已经了解了如何处理数据框架，现在，让我们学习一些数据集的清洗技术。为什么数据清洗很重要？在现实生活中，数据可能是混乱的，将混乱的数据输入模型通常会导致模型出错。数据科学家在训练模型之前对数据集进行探索和清洗非常重要，这样可以让数据集更好地为模型所用。

我们遇到的第一个问题是带有缺失值的数据集。由于人为失误或计算机误差，或者仅仅是由于数据收集存在问题，数据集并不总是包含所有值。将模型拟合到具有缺失值的数据集可能导致误差。泰坦尼克号数据集也存在缺失数据。例如数据集的Cabin 列，如下所示：

```
raw_data['Cabin']
Output:
0        NaN
1        C85
2        NaN
3        C123
4        NaN
...
886      NaN
887      B42
888      NaN
889      C148
890      NaN
Name: Cabin, Length: 891, dtype: object
```

该列中包含一些舱室名称，例如 C123 或 C148，但大多数值为 NaN。NaN 或"非数字"意味着条目要么丢失或不可读，要么无法转换为数字。这可能是由于笔误而发生的；可以想象，泰坦尼克号的记录已经很老旧了，一些信息已经丢失，或者当时的工作人员根本没有记录所有乘客的舱号。无论哪种方式，我们都不希望数据集中存在NaN 值。我们需要做出决定：应该处理这些 NaN 值还是完全删除该列？首先，让我们检查数据集的每一列中有多少 NaN 值。我们的最终决定将取决于该问题的答案。

我们使用 isna(或 isnull)函数找出每列中的 NaN 值数量。如果条目为 NaN，则 isna函数返回 1；否则，函数返回 0。因此，如果我们对这些值求和，我们会得到每列中NaN 的条目数，如下所示：

```
raw_data.isna().sum()
Output:
PassengerId      0
Survived         0
Pclass           0
Name             0
Sex              0
Age              177
```

```
SibSp              0
Parch              0
Ticket             0
Fare               0
Cabin            687
Embarked           2
```

我们从中得知缺少数据的列分别是：Age，缺少 177 个值；Cabin，缺少 687 个值；和 Embarked，缺少 2 个值。处理丢失数据的方法有数种，我们会将不同的方法应用于此数据集中的不同列。

删除缺少数据的列

当一列缺少太多值时，其特征对模型可能没有用。这种情况下，Cabin 似乎不是一个好特征。在 891 行中，有 687 行缺失值。应该删除此特征。我们可以使用 Pandas 中的 drop 函数来完成删除操作，如下所示。我们将创建一个名为 clean_data 的新数据框架来存储将要清洗的数据：

```
clean_data = raw_data.drop('Cabin', axis=1)
```

drop 函数的参数如下：
- 需要删除的列的名称
- axis 参数，当要删除列时，参数为 1；要删除行时，参数为 0

然后，我们将这个函数的输出分配给变量 clean_data，表明我们想用删除后的列所在的数据框架替换名为 data 的旧数据框架。

如何不舍弃整列：填补缺失数据

我们并不总是想直接删除丢失数据的列，因为这样可能导致丢失重要信息。除了删除数据列，还可以用有意义的值填充数据。例如 Age 列，如下所示：

```
clean_data['Age']
Output:
0  22.0
1      38.0
2      26.0
3      35.0
4      35.0
      ...
886    27.0
887    19.0
888     NaN
889    26.0
890    32.0
Name: Age, Length: 891, dtype: float64
```

正如我们之前的计算结果所示，Age 列共有 891 个值，其中只有 177 个值缺失，数量并不多。年龄列很有用，所以我们不会将其删除。那么，我们该如何处理这些缺失值呢？处理方式有很多，但最常见的方法是用其他值的平均值或中位数填充缺失值，这也是此处选择的处理方法。首先，我们使用中值函数计算中值，得到 28。接下来使用 fillna 函数，用我们给它的值填充缺失值，如下一个代码片段所示：

```
median_age = clean_data["Age"].median()
clean_data["Age"] = clean_data["Age"].fillna(median_age)
```

第三个包含缺失值的列是 Embarked，缺少两个值。我们可以做什么呢？我们无法使用平均值，因为列中的内容是字母，而不是数字。幸运的是，该列共有 891 行，其中只有两行缺少内容，所以我们不会丢失太多信息。建议将 Embarked 列中缺失值的乘客归入同一类，可以称此类为 U，表示 Unknown(即"未知")。以下代码行将执行此操作：

```
clean_data["Embarked"] = clean_data["Embarked"].fillna('U')
```

最后，可将这个数据框架保存在一个名为 clean_titanic_data 的 CSV 文件中，以便在下一节中使用：

```
clean_data.to_csv('./clean_titanic_data.csv', index=None)
```

13.3　特征工程：在训练模型之前转换数据集中的特征

现在，我们已经清理了数据集，离训练模型又近了一步。但是，我们仍然需要执行一些重要的数据操作，这也是本节的内容重点。第一项操作是将数据类型从数值转换为分类，反之亦然。第二项操作是进行特征选择，我们需要决定手动删除部分特征，以改进模型的训练。

复习一下，在第 2 章，我们学习到特征包含两种类型，数值特征和分类特征。数值特征是以数字形式存储的特征。在这个数据集中，年龄、票价和等级等特征是数值特征。分类特征是包含多个类别的特征。例如，性别特征包含两个类：女性和男性。登船特征包含 3 个等级，C 代表瑟堡，Q 代表皇后镇，S 代表南安普敦。

正如本书所示，机器学习模型将数字作为输入。如果是这样，我们如何输入单词 female 或字母 Q 呢？我们需要一种将分类特征转化为数值特征的方法。此外，你可能不相信，但有时我们可能会喜欢将数值特征视为分类特征，从而便于训练，我们可能会把数字分类成 1～10、11～20 等。稍后将对此展开详细介绍。

此外，乘客舱位(称为 Pclass)之类的特征真的是数据特征或分类特征吗？我们应该将舱位视为 1 到 3 之间的数字，还是第一、第二和第三这 3 个等级？本节将揭开谜底。

在本节中，我们将数据框架称为 preprocessed_data。该数据集的前几行如表 13.2 所示。

表 13.2　清洗后数据集的前五行。我们将继续预处理数据以进行训练

PassengerId	Survived	Pclass	Name	Sex	Age	SibSp	Parch	Ticket	Fare	Embarked
1	0	3	Braund, Mr. Owen Harris	male	22.0	1	0	A/5 21171	7.2500	S
2	1	1	Cumings, Mrs. John Bradley (Florence Briggs Th....	female	38.0	1	0	PC 17599	71.2833	C
3	1	3	Heikkinen, Miss. Laina	female	26.0	0	0	STON/O2. 3101282	7.9250	S
4	1	1	Futrelle, Mrs. Jacques Heath (Lily May Peel)	female	35.0	1	0	113803	53.1000	S
5	0	3	Allen, Mr. William Henry	male	35.0	0	0	373450	8.0500	S

将分类数据转化为数值数据：独热编码

如前所述，机器学习模型会执行很多数学运算，要在数据中执行数学运算，我们必须确保所有数据都是数值型的。如果有任何列包含分类数据，必须将其转换为数值。在本节中，我们将学习一种方法以有效执行此操作，该方法使用的技术被称为独热编码。

在我们深入研究独热编码之前，有一个问题：为什么不能简单地为每个类附加一个不同的数字呢？例如，如果特征有 10 个类，为什么不将它们编号为 0、1、2、…、9？因为这会强制产生我们可能不想要的特征排序。例如，如果 Embarked 列具有三类 C、Q 和 S，分别对应于瑟堡、皇后镇和南安普敦，将数字 0、1 和 2 分配给这三类相当于暗示模型皇后镇的值介于瑟堡和南安普顿的值之间，但这不一定是真的。一个复杂的模型可能能够处理这种隐式排序，但简单的模型(例如线性模型)会受到影响。我们想让这些值更加相互独立，这就是独热编程的有用之处。

独热编程的工作方式如下：首先，我们查看该特征有多少个类，并构建尽可能多的新列。例如，有两个特征类别(女性和男性)的列会被转换为两列，一列指女性，一列指男性。为清楚起见，可将这些列称为 gender_male 和 gender_female。然后，我们查看每位乘客。如果乘客是女性，则 gender_female 列的值为 1，gender_male 列的值为 0。如果乘客是男性，则操作相反。

如果列中包含更多类别，例如 embarked 列，那么我们该怎么办？因为该列包含三类(C 代表瑟堡，Q 代表皇后镇，S 代表南安普敦)，所以我们简单地创建 3 个名为 embarked_c、embarked_q 和 embarked_s 的列。这样，如果一名乘客登上南安普敦，那么第三列将是 1，其他两列是 0。过程如图 13.1 所示。

	gender
乘客 1	F
乘客 2	M
乘客 3	M
乘客 4	F

	gender_female	gender_male
乘客 1	1	0
乘客 2	0	1
乘客 3	0	1
乘客 4	1	0

	embarked
乘客 1	Q
乘客 2	S
乘客 3	C
乘客 4	S

	embarked_c	embarked_q	embarked_s
乘客 1	0	1	0
乘客 2	0	0	1
乘客 3	1	0	0
乘客 4	0	0	1

图 13.1　对数据进行独热编码，将其全部转换为数字，以供机器学习模型读取。左侧，具有分类特征的列，例如 gender 或 embarked。右侧，将这些分类特征转化为数值特征

我们在 Pandas 函数 get_dummies 的帮助下进行独热编码。我们用这一函数创建一些新列，然后将这些列附加到数据集。一定不要忘记删除原始列，因为这些信息是多余的。在 gender 和 embarked 列中进行独热编码的代码如下所示：

将数据集与新创建的列连接起来　　　　　　　　　　　　　　　用独热编码的列创建列

```
gender_columns = pandas.get_dummies(data['Sex'], prefix='Sex')
embarked_columns = pandas.get_dummies(data["Pclass"], prefix="Pclass")

preprocessed_data = pandas.concat([preprocessed_data, gender_columns], axis=1)
preprocessed_data = pandas.concat([preprocessed_data, embarked_columns], axis=1)

preprocessed_data = preprocessed_data.drop(['Sex', 'Embarked'], axis=1)
```

从数据集中删除旧列

有时这个过程可能代价很大。想象一下一个包含 500 个类的列，这将为表添加 500 个新列！不仅如此，行将变得非常稀疏，即行的内容将主要是 0。现在想象一下，如果我们有许多列，每个列有数百个类——表会变得太大而无法处理。这种情况下，作为数据科学家，请使用你的标准做出决定。如果计算能力和存储空间充足，能够处理数千列甚至数百万列，那么独热编码是没有问题的。如果这些资源有限，也许我们可以将类扩大，以生成更少的列。例如，如果有一个包含 100 种动物类型的列，可将它们归为 6 个列，分别是哺乳动物、鸟类、鱼类、两栖动物、无脊椎动物和爬行动物。

可以对数据特征进行独热编码吗？如果可以，那么这样做的原因是什么？

显然，如果一个特征的分类是男性和女性，最好的处理策略是对其进行独热编码。但是，对于一些数值特征，我们可能仍要考虑独热编码。例如 Pclass 列。此列具有 0、

1 和 2 类，分别用于第一类、第二类和第三类。我们应该将其保留为数值特征，还是应该将其独热编码为 3 个特征，Pclass1、Pclass2 和 Pclass3？这当然是值得商榷的，两种选择都论据充分。有人可能会争辩说，如果数据集不能给模型带来潜在的性能改进，我们就不希望进行不必要的数据集扩充。我们可以使用经验法则来决定是否将一列划分为数列，问问自己：这个特征是否与结果直接相关？换句话说，增加特征的值是否会使乘客更有可能(或不太可能)幸存下来？人们会想象，也许舱位越高，乘客生还的可能性就越大。让我们通过一些数据看看情况是否如此(请参阅笔记中的代码)，如下所示：

- 在头等舱，62.96%的乘客生还。
- 在二等舱，47.28%的乘客生还。
- 在三等舱，24.24%的乘客生还。

注意，幸存可能性最低的是二等舱的乘客。因此，增加(或减少)舱位等级会自动提高生存机会是不正确的。因此，我建议对这个特性进行独热编码，如下所示：

```
categorized_pclass_columns = pd.get_dummies(preprocessed_data['Pclass'],
    prefix='Pclass')
preprocessed_data = pd.concat([preprocessed_data, categorized_pclass_columns],
    axis=1)
preprocessed_data = preprocessed_data.drop(['Pclass'], axis=1)
```

将数值数据转换为分类数据(为什么要这样做？)：分档

在上一节中，我们学习了将分类数据转化为数值数据。在本节中，我们将看到如何将数值数据转化为分类数据。为什么要这样做？让我们看一个例子。

让我们看看年龄列。年龄列没有大问题，而且都是数字。机器学习模型回答以下问题："年龄在多大程度上决定了乘客是否在泰坦尼克号上幸存？"想象一下，我们有一个生存的线性模型。这样的模型最终会得到以下两个结论之一：

- 乘客年龄越大，幸存的可能性就越大。
- 乘客年龄越大，幸存的可能性就越小。

然而，情况总是如此吗？如果年龄和幸存率之间的关系不是那么简单呢？如果在20 到 30 岁之间的乘客幸存率最高，而其他所有年龄段的乘客幸存率都很小呢？如果20 岁到 30 岁之间的乘客幸存率最低呢？我们需要赋予模型所有的自由，以确定不同年龄段乘客生存的可能性大小。我们该如何做呢？

有许多非线性模型可以处理这个问题，但我们仍然应该修改 Age 列，使模型能够更自由地探索数据。对年龄进行分组是一种非常有效的方法，即将年龄分成几个不同的类。例如，可将年龄列变成：

- 0~10 岁
- 11~20 岁

- 21～30 岁
- 31～40 岁
- 41～50 岁
- 51～60 岁
- 61～70 岁
- 71～80 岁
- 81 岁以上

这种方式似于独热编码，从某种意义上讲，它把年龄列变成 9 个新列。执行此操作的代码如下：

```
bins = [0, 10, 20, 30, 40, 50, 60, 70, 80]
categorized_age = pandas.cut(preprocessed_data['Age'], bins)
preprocessed_data['Categorized_age'] = categorized_age
preprocessed_data = preprocessed_data.drop(["Age"], axis=1)
```

特征选择：摆脱不必要的特征

在"删除缺少数据的列"一节中，我们删除了表中的一些列，因为它们包含太多的缺失值。但是，其他有些列也需要删除，因为它们对于模型来说不是必需的，更坏情况下，它们可能会彻底破坏模型！在本节中，我们将讨论哪些特征应该删除。但在此之前，先看看这些特征，并考虑哪些特征对模型不利。特性如下。

- **passengerId**：每个乘客对应的唯一编号
- **Name**：乘客全名
- **Sex**(两个类别)：旅客的性别为男性或女性
- **Age**(多个类别)：乘客的年龄为整数
- **Pclass**(多个类别)：乘客乘坐的舱位：一级、二级或三级
- **SibSp**：乘客的兄弟姐妹和配偶的数量(如果乘客独自旅行，则为 0)
- **Parch**：乘客的父母和孩子的人数(如果乘客独自旅行，则为 0)
- **Ticket**：票号
- **Fare**：乘客以英镑支付的票价
- **Cabin**：乘客旅行的客舱
- **Embarked**：乘客登船的港口：C 代表瑟堡，Q 代表皇后镇，S 代表南安普敦
- **Survived**：乘客幸存(1)或没有幸存(0)

首先，让我们看一下 Name 特征。我们应该在模型中考虑它吗？绝对不需要，因为每个乘客都有不同的姓名(也许只有极少数例外，但这并不重要)。因此，模型将被训练为简单地学习幸存乘客的姓名，而无法获得任何陌生乘客的姓名信息。模型正在记忆数据——而不是学习任何有关特征的有意义东西。这意味着模型严重过拟合，因此，我们应该完全去掉 Name 列。

Ticket 和 PassengerId 特征与 Name 特征存在相同的问题，因为每个乘客的这些特征都是唯一的。这两列也将被删除。drop 函数将帮助我们执行此操作，如下所示：

```
preprocessed_data = preprocessed_data.drop(['Name', 'Ticket', 'PassengerId'],
    axis=1)
```

Survived 特征怎么样——我们不应该也去掉这一特征吗？确实！在训练时在数据集中保留 Survived 特征列，模型会简单地根据这一特征确定乘客是否幸存，从而导致过拟合。这就像是查看答案直接在考试中作弊。我们暂时还不会将它从数据集中移除，稍后，将数据集划分为特征和标签以进行训练时，会移除这一列。

同样，可将此数据集保存在 csv 文件 preprocessed_titanic_data.csv 中，以供下一节使用。

13.4　训练模型

现在，数据已经完成预处理，我们可以开始在数据上训练不同的模型。我们应该选择本书介绍的哪类模型：决策树、SVM 还是逻辑分类器？答案取决于模型评估。在本节中，我们将了解如何训练多个不同的模型，在验证数据集上评估模型，并选择拟合数据集的最佳模型。

照例，我们从上一节保存数据的文件中加载数据，如下所示。我们将其称为 data。

```
data = pandas.read_csv('preprocessed_titanic_data.csv')
```

表 13.3 包含预处理数据的前几行。注意，数据共有 27 列，此处仅展示部分列。

表 13.3　预处理数据的前五行，**准备输入模型**。注意，数据有 21 列，比以前多得多。这些多出的列是在对现有特征进行独热编码和合并时创建的

Survived	SibSp	Parch	Fare	Sex_Female	Sex_Male	Pclass_C	Pclass_Q	Pclass_S	Pclass_U	⋯	归类_Age_(10,20]
0	1	0	7.25000	0	1	0	0	1	0	⋯	0
1	1	0	71.2833	1	0	1	0	0	0	⋯	0
1	0	0	7.9250	1	0	0	0	1	0	⋯	0
1	1	0	53.1000	1	0	0	0	1	0	⋯	0
0	0	0	8.0500	0	1	0	0	1	0	⋯	0

提示：如果你从笔记运行代码，可能会得到不同的数字。

将数据划分为特征和标签，进行训练和验证

我们的数据集是一个包含特征和标签的表，需要进行两次划分。首先，我**们需要**

将特征与标签分开，以将其提供给模型。接下来，我们需要形成训练集和测试集。这就是本节的主要内容。

我们使用 drop 函数将数据集划分为两个称为 features 和 labels 的表，如下所示：

```
features = data.drop(["Survived"], axis=1)
labels = data["Survived"]
```

接下来，将数据划分为训练集和验证集。我们将 60%的数据用于训练，20%的数据用于验证，20%的数据用于测试。我们使用 Scikit-Learn 函数 train_test_split 划分数据集。在此函数中，使用 test_size 参数指定要验证的数据百分比，输出 4 个名为 features_train、features_test、labels_train、labels_test 的表。

如果想将数据划分成 80%的训练集和 20%的测试集，可以使用以下代码：

```
from sklearn.model_selection import train_test_split
features_train, features_test, labels_train, labels_test =
train_test_split(features, labels, test_size=0.2)
```

然而，我们想要 60%的训练集、20%的验证集和 20%的测试集，因此需要使用 train_test_split 函数两次：一次用于分离训练数据集，一次用于划分验证集和测试集，如下所示：

```
features_train, features_validation_test, labels_train,
    labels_validation_test = train_test_split(features, labels,
    test_size=0.4)
features_validation, features_test, labels_validation,
    labels_test = train_test_split(features_validation_test,
    labels_validation_test, test_size=0.5)
```

提示：你可能会看到，在笔记中，我们在这个函数中指定了一个固定的 random_state。这是因为 train_test_split 在划分数据时会对其进行混洗。我们修复随机状态，以确保总是得到相同的划分。

查看这些数据框架的长度，会发现训练集的长度是 534，验证集的长度是 178，测试集的长度是 179。现在，回顾一下，第 4 章中的黄金法则指出，永远不要将测试数据集用于模型训练或决策。因此，我们将在最后保存测试集，以供我们决定想要的模型类型。我们将使用训练集训练模型，使用验证集决定选择什么模型。

在数据集上训练多个模型

我们来到了有趣的部分：训练模型！在本节中，我们将看到如何通过几行代码在 Scikit-Learn 中训练多个不同的模型。

首先，我们从训练逻辑回归模型开始。我们通过创建 LogisticRegression 的实例并使用 fit 方法训练 LogisticRegression，如下所示：

```
from sklearn.linear_model import LogisticRegression
lr_model = LogisticRegression()
lr_model.fit(features_train, labels_train)
```

我们还要训练一个决策树、一个朴素贝叶斯模型、一个 SVM、一个随机森林、一个梯度提升树和一个 AdaBoost 模型，如下面的代码所示：

```
from sklearn.tree import DecisionTreeClassifier, GaussianNB, SVC,
    RandomForestClassifier, GradientBoostingClassifier, AdaBoostClassifier

dt_model = DecisionTreeClassifier()
dt_model.fit(features_train, labels_train)

nb_model = GaussianNB()
nb_model.fit(features_train, labels_train)

svm_model = SVC()
svm_model.fit(features_train, labels_train)

rf_model = RandomForestClassifier()
rf_model.fit(features_train, labels_train)

gb_model = GradientBoostingClassifier()
gb_model.fit(features_train, labels_train)

ab_model = AdaBoostClassifier()
ab_model.fit(features_train, labels_train)
```

哪个模型更好？评估模型

我们已经训练了一些模型，现在需要选择最好的模型。在本节中，我们通过不同的指标，使用验证集进行模型评估。回想一下，在第 7 章中我们学习了准确率、召回率、查准率和 F_1 分数。让我们复习一下，以上指标的定义如下。

准确率　正确标记的点数与总点数之比。

召回率　在具有正标签的点中，正确分类的点所占的比例。换句话说，召回率 = TP / (TP + FN)，其中 TP 是真阳性的数量，FN 是假阴性的数量。

查准率　在已分类为正类点中，正确分类的点所占的比例。换句话说，查准率 = TP / (TP + FP)，其中 FP 是假阳性的数量。

F_1-分数　查准率和召回率的调和平均值。F_1-分数是查准率和召回率之间的数字，但更接近两者中较小的一个。

测试每个模型的准确率

让我们从评估模型的准确率开始。Scikit-Learn 中的 score 函数将执行此操作，如下所示：

```
lr_model.score(features_validation, labels_validation)
Output:
0.7932960893854749
```

为其他所有模型计算准确率，得到以下结果。结果被四舍五入为两位小数(整个过程请参见笔记)。

准确率

- **逻辑回归**：0.77
- **决策树**：0.78
- **朴素贝叶斯**：0.72
- **SVM**：0.68
- **随机森林**：0.7875
- **梯度提升**：0.81
- **AdaBoost**：0.76

这暗示该数据集中的最佳模型是梯度提升树，因为它在验证集上准确率最高(81%，对泰坦尼克号数据集而言相当不错)。这并不奇怪，因为这个算法通常都表现得很好。

可以遵循类似的过程计算召回率、查准率和 F_1 分数。你将独自完成召回率和查准率部分的计算，我会与你一起计算 F_1 分数。

测试每个模型的 F_1 分数

F_1 分数的检查方法如下。首先，我们必须输出模型的预测，使用 predict 函数。然后，我们使用 f1_score 函数，如下：

使用该模型进行预测

```
lr_predicted_labels = lr_model.predict(features_validation)
f1_score(labels_validation, lr_predicted_labels)
Output:
0.6870229007633588
```

计算 F_1 分数的输出

和以前一样，我们可以对所有模型执行此操作，并得到以下结果。

F_1-分数

- **逻辑回归**：0.69
- **决策树**：0.71
- **朴素贝叶斯**：0.63
- **SVM**：0.42
- **随机森林**：0.68

- **梯度提升**：0.74
- **AdaBoost**：0.69

同样，梯度提升树以 0.74 的 F_1 分数获胜。鉴于其分数远高于其他模型，我们可以有把握地得出结论，在这些模型中，梯度提升树是最好的。注意，因为数据集具有高度非线性，所以基于树的模型总体上表现良好，这并不奇怪。在这个数据集上训练神经网络和 XGBoost 模型也很有趣，建议读者尝试！

测试模型

在使用验证集比较模型后，我们终于做出决定，选择梯度提升树作为这个数据集的最佳模型。不要惊讶；梯度提升树(及其近亲 XGBoost)赢得了大多数比赛。但是为了看看我们是否真的做得很好，或者我们是否不小心过拟合，我们需要对这个模型进行最终测试：在尚未接触过的测试集中测试模型。

首先，让我们评估准确率，如下：

```
gb_model.score(features_test, labels_test)
Output:
0.8324022346368715
```

现在，让我们看看 F_1 分数，如下所示：

```
gb_predicted_test_labels = gb_model.predict(features_test)
f1_score(labels_test, gb_predicted_test_labels)
Output:
0.8026315789473685
```

这些分数对于泰坦尼克号数据集来说相当不错。因此，我们毫无负担地表示我们的模型是好的。

然而，我们在没有涉及超参数的情况下训练这些模型，意味着 Scikit-Learn 为模型选择了一些标准的超参数。有没有办法找到模型的最佳超参数？我们将在下一节学习如何找到最佳超参数。

13.5　调整超参数以找到最佳模型：网格搜索

在上一节中，我们训练了几个模型，发现梯度提升树在其中表现最好。然而，我们没有探索其他不同的超参数组合，所以训练还有改进的空间。在本节中，我们将看到一种有用的技术，帮助我们在许多超参数组合中进行搜索，为数据找到一个好模型。

梯度提升树的性能与泰坦尼克号数据集的性能差不多，所以我们不必理会。SVM 非常糟糕，表现最差，准确率为 69%，F_1 分数为 0.42。然而，我们相信 SVM 是一个强大的机器学习模型。也许这个 SVM 表现糟糕因为超参数出了问题，或许有更好的超参数组合。

提示：在本节中，我们对参数进行了一些选择。有些选择是基于经验的，有些基于标准做法，有些是任意的。建议读者在做出任何选择时尝试遵循类似的程序，并尝试突破模型的当前分数！

我们使用一种名为网格搜索的方法提高 SVM 性能。该方法在不同的超参数组合上多次训练模型，并选择验证集上表现最好的一个。

首先，让我们从选择一个内核。在实践中，我们发现 RBF(径向基函数)内核往往表现良好，所以选择这个内核。回忆一下第 9 章，与 RBF 核一起使用的超参数是 γ，一个实数。我们用两个 γ 值来训练 SVM，即 1 和 10。为什么是 1 和 10？通常，我们在搜索超参数时倾向于进行指数搜索，因此会尝试 0.1、1、10、100、1000 等值，而不是 1、2、3、4、5。这种指数搜索覆盖了更大的空间，从而更有可能找到合适的超参数，而进行这种类型的搜索是数据科学家的标准做法。

再次回忆第 9 章，与 SVM 相关的另一个超参数是 C 参数。同样，我们尝试使用 $C=1$ 和 $C=10$ 来训练模型。因此我们得到 4 种可能的训练模型。

模型 1：内核 = RBF，$\gamma=1$，$C=1$

模型 2：内核 = RBF，$\gamma=1$，$C=10$

模型 3：内核 = RBF，$\gamma=10$，$C=1$

模型 4：内核 = RBF，$\gamma=10$，$C=10$

可使用以下 8 行代码轻松训练训练集中的所有模型：

```
svm_1_1 = SVC(kernel='rbf', C=1, gamma=1)
svm_1_1.fit(features_train, labels_train)

svm_1_10 = SVC(kernel='rbf', C=1, gamma=10)
svm_1_10.fit(features_train, labels_train)

svm_10_1 = SVC(kernel='rbf', C=10, gamma=1)
svm_10_1.fit(features_train, labels_train)

svm_10_10 = SVC(kernel='rbf', C=10, gamma=10)
svm_10_10.fit(features_train, labels_train)
```

现在，我们使用准确率(另一种任意选择——也可以使用 F_1 分数、查准率或召回率)评估模型。分数记录在表 13.4 中。

表 13.4　网格搜索方法可以搜索超参数的多种组合并选择最佳模型

	$C = 1$	$C = 10$
gamma = 0.1	0.69	**0.72**
gamma = 1	0.70	0.70
gamma = 10	0.67	0.65

在这里，我们使用网格搜索来选择 SVM 中参数 C 和 γ 的最佳组合，使用准确率比较验证集中的模型。注意，最好的模型中 $\gamma = 0.1$ 且 $C = 10$，准确率为 0.72。

注意，从表 13.4 中可以看出，最佳准确率为 0.72，由 $\gamma = 0.1$ 和 $C = 1$ 的模型得出。与未指定任何超参数时获得 0.68 的准确率相比，我们已经实现了一定的改进。

如果有更多的参数，我们只需要用这些参数制作一个网格，并训练所有可能的模型。注意，随着我们探索的选择越来越多，模型数量迅速增加。例如，如果我们想探索 5 个 γ 值和 4 个 C 值，我们必须训练 20 个模型(5 乘以 4)。还可添加更多超参数——例如，如果我们想尝试第三个超参数，而这个超参数有 7 个值，我们将需要训练总共 140 个模型(5 乘以 4 乘以 7)。随着模型数量快速增长，我们需要以一种能够很好地探索超参数空间的方式进行选择，而不必训练大量模型。

Scikit-Learn 提供了一种简单的实现方法：使用 GridSearchCV 对象。首先，我们将超参数定义为字典，字典的键是参数的名称，与此键对应的值是我们想要为超参数尝试的值列表。这种情况下，让我们探索以下超参数组合：

核：RBF

C：0.01, 0.1, 1, 10, 100

γ：0.01, 0.1, 1, 10, 100

下面的代码将做到这一点：

```
svm_parameters = {'kernel': ['rbf'],          字典，包含超参数和我们
                  'C': [0.01, 0.1, 1 , 10, 100],   想要尝试的值
                  'gamma': [0.01, 0.1, 1, 10, 100]
                 }
svm = SVC()          普通的 SVM，没有超参数

svm_gs = GridSearchCV(estimator = svm,
                      param_grid = svm_parameters)    GridSearchCV 对象，我们在其
                                                       中传递 SVM 和超参数字典
svm_gs.fit(features_train, labels_train)

          GridSearchCV 模型的拟合方式
          与在 Scikit-Learn 中拟合常规模
          型的方式相同
```

我们用超参数字典中给出的所有超参数组合训练了 25 个模型。现在，我们选择这些模型中最好的，并将其命名为 svm_winner。让我们计算这个模型在验证集上的准确率，如下所示：

```
svm_winner = svm_gs.best_estimator_
svm_winner.score(features_validation, labels_validation)
Output:
0.7303370786516854
```

最佳模型达到了 0.73 的准确率，优于原始的 0.68。我们仍然可以运行更大的超参数搜索来改进这个模型，建议读者自己尝试。现在，让我们探索最终的最佳 SVM 模型使用的超参数，如下所示：

```
svm_winner
Output:
SVC(C=10, break_ties=False, cache_size=200, class_weight=None, coef0=0.0,
decision_function_shape='ovr', degree=3, gamma=0.01, kernel='rbf',
max_iter=-1, probability=False, random_state=None, shrinking=True,
tol=0.001, verbose=False)
```

获胜模型使用了 $\gamma = 0.01$ 和 $C = 10$ 的 RBF 内核。

挑战：建议读者尝试在其他模型上使用网格搜索，看看可以在多大程度上提高获胜模型的准确率和 F_1 分数！如果你的分数不错，请在 Kaggle 数据集上运行，并使用此链接提交你的预测：https://www.kaggle.com/c/titanic/submit。

还有一个问题：GridSearchCV 末尾的 CV 是什么？CV 代表交叉验证，也是下一节的学习内容。

13.6 使用 k 折交叉验证来重用训练和验证数据

本节将要学习的方法是本章中使用的传统训练-验证-测试方法的替代。这种方法被称为 k 折交叉验证，在许多情况下都很有用，特别是在数据集很小时。

在整个示例中，我们将 60% 的数据用于训练，20% 用于验证，最后 20% 用于测试。这在实践中是有效的，但似乎我们会丢失一些数据，对吗？我们最终只用 60% 的数据训练模型，可能会对模型造成损害，尤其是在数据集很小时。k 折交叉验证方法将所有数据用于训练和测试，并多次循环使用。工作原理如下：

(1) 将数据划分为 k 个相等(或几乎相等)的部分。

(2) 将模型训练 k 次，使用 $k-1$ 部分的并集作为训练集，其余部分作为验证集。

(3) 该模型的最终分数是 k 步的验证分数的平均值。

图 13.2 为四重交叉验证的图示。

这个方法就是 GridSearchCV 中使用的方法，我们可以输入 svm_gs.cv_results_ 查看过程结果。结果很长，因此此处并不显示，但可以在笔记中查看。

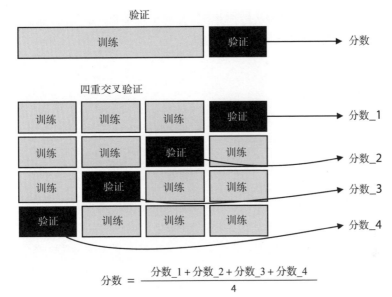

$$分数 = \frac{分数\_1 + 分数\_2 + 分数\_3 + 分数\_4}{4}$$

图 13.2　k 折交叉回收数据，以将其用作训练和验证，是一种非常实用的方法。顶部为经典的训练验
　　　证划分。底部为四重交叉验证的说明。我们将数据划分成 4 个相等(或几乎相等)的部分，
　　　然后训练模型四次，每次选择三部分作为训练集，剩下的一部分作为验证集。该模型的分
　　　数是在每个验证集上获得的 4 个分数的平均值

13.7　本章小结

- Pandas 是一个有用的 Python 包，用于打开、操作和保存数据集。
- 数据清洗是必要的，因为数据可能存在缺失值之类的问题。
- 特征可以是数值和分类。数值特征是数字，例如年龄。分类特征是类别或类型，例如狗/猫/鸟。
- 机器学习模型只接收数值，因此要将分类数据提供给机器学习模型，必须将其转换为数值数据，独热编码可以帮助我们实现这一点。
- 某些情况下，我们可能希望将数值特征也视为分类特征，数据分类可以帮助我们实现这一点。
- 使用特征选择去除数据中不必要的特征很重要。
- Scikit-Learn 是一个用于训练、测试和评估机器学习模型的有用包。
- 在训练模型之前，我们必须将数据划分为训练集、验证集和测试集。Pandas 函数可以帮助我们实现这一点。
- 网格搜索是一种为模型寻找最佳超参数的方法。该方法在一组(有时很大)超参数上训练多个模型。

- k 折交叉验证是一种回收数据并将其用作训练集和验证集的方法。该方法在数据的不同部分训练和测试多个模型。

13.8　练习

练习 13.1

仓库包含一个名为 test.csv 的文件。这是一个载有更多泰坦尼克号乘客的文件，但是不包含幸存列。

1. 参照本章的处理方式，预处理这个文件中的数据。
2. 使用任何一种模型预测此数据集中的标签。根据你的模型，有多少乘客幸存？
3. 比较本章所有模型的性能，你认为测试集中，有多少乘客实际幸存下来？